职业教育信息技术类系列教材

局域网组建与维护

第2版

主　编　宁　蒙

副主编　李　娜　赵　建

参　编　翟奎林　王家洋

主　审　夏　冰

机械工业出版社

本书以社会需求为出发点，并结合职业学校学生的特点和实际教学环境，以网络组建与管理维护的工作流程为脉络，详细讲述了局域网组建和维护的方法与技巧。本书内容主要包括：局域网的基础知识、组网与布线技术、Windows Server 2008 网络操作系统的安装与管理、Internet 信息服务管理、局域网规划设计与组建实例以及局域网管理和安全维护知识等。本书图文并茂，条理清晰，通俗易懂，内容翔实，多处采用实例教学，在读者难于理解和掌握的部分给出了提示或注意，让读者能够更快地提高自己的网络技能。另外，本书配有大量的实例和练习，能让读者在不断的实际操作中更牢固地掌握书中讲解的内容。

本书编写时参考了人力资源与社会保障部职业标准中对“计算机网络技术人员”国家职业资格三级和四级的知识与技能要求，并部分参考了全国计算机信息高新技术考试“局域网管理”模块（高级网络管理员）的有关标准要求，以及全国职业院校计算机技能大赛的相关比赛要求。通过本书的学习，并配以相应的实训，应可以达到“计算机网络技术人员“职业资格四级或三级的要求。

本书适合作为各类计算机培训学校、职业院校、大中专院校的网络组建与维护管理的教材，也适用于网络组建与维护等方面工作的技术人员。

本书配套有电子课件，读者可登录机械工业出版社网站（www.cmpedu.com）以教师身份免费下载或联系编辑（QQ：1315817958）索取。

图书在版编目（CIP）数据

局域网组建与维护 / 宁蒙主编．—2 版．—北京：机械工业出版社，2011.10（2023.1 重印）
职业教育信息技术类系列教材
ISBN 978-7-111-36207-4

Ⅰ．①局…　Ⅱ．①宁…　Ⅲ．①局域网—中等专业学校—教材
Ⅳ．① TP393.1

中国版本图书馆 CIP 数据核字（2011）第 215614 号

机械工业出版社（北京市百万庄大街 22 号　邮政编码 100037）
策划编辑：梁　伟　　　责任编辑：蔡　岩
封面设计：马精明　　　责任印制：单爱军
北京虎彩文化传播有限公司印刷
2023 年 1 月第 2 版 • 第 8 次印刷
184mm×260mm • 16.25 印张 • 401 千字
标准书号：ISBN 978-7-111-36207-4
定价：35.00 元

电话服务　　　　　　　网络服务
客服电话：010-88361066　　机　工　官　网：www.cmpbook.com
　　　　　010-88379833　　机　工　官　博：weibo.com/cmp1952
　　　　　010-68326294　　金　　书　　网：www.golden-book.com
封底无防伪标均为盗版　　机工教育服务网：www.cmpedu.com

前　言

随着局域网在人们日常工作和生活中的不断普及，其应用范围越来越广。与此同时，网络组建与管理中出现的疑难问题也越来越多。了解局域网组建的基本知识，掌握局域网的管理与维护的方法乃至网络安全防护已成为计算机网络技术人员的基本岗位能力要求。本书即迎合这一时代趋势，针对目前计算机网络技术这一行业中不同层次读者的实际需要，讲解他们最基本也是最迫切想要掌握的内容。本书内容主要包括：局域网的基础知识、组网与布线技术、Windows Server 2008 网络操作系统的安装与管理、Internet 信息服务管理、局域网规划设计与组建实例以及局域网管理和安全维护知识等。

本书共 8 章，分 5 部分，各部分具体内容如下。

第 1 部分（第 1 ～ 2 章）：主要讲解局域网的基础知识、网络软硬件组成、典型交换机和路由器的连接与配置及综合布线的相关知识与技能。

第 2 部分（第 3 ～ 4 章）：主要讲解 Windows Server 2008 网络操作系统的管理与配置，主要包括活动目录管理、资源管理、IIS（Web 服务、FTP 服务、DNS 服务、DHCP 服务以及电子邮件服务等）。

第 3 部分（第 5 章）：结合校园网实例，综合运用前 4 章所学内容，完成一个局域网的规划与组建。

第 4 部分（第 6 ～ 7 章）：主要介绍网络组建后的管理与维护，包括网络管理工具的使用、网络故障排除以及网络安全防范的相关知识与技能。

第 5 部分（第 8 章）：本章是配合前 7 章的内容而安排的实训。

本书图文并茂，条理清晰，通俗易懂，内容翔实，多处采用实例教学，在读者难于理解和掌握的部分给出了提示或注意，大部分内容可以在虚拟机和模拟软件中完成，使读者能够更快地提高自己的网络技能。另外，本书配有大量的实例和练习，能让读者在不断的实际操作中更牢固地掌握书中讲解的内容。

本书适合作为各类计算机培训学校、职业院校、大中专院校网络组建与维护管理的教材，也适用于网络组建与维护等方面工作的技术人员。

本书由宁蒙主编。其中宁蒙负责编写第 1、6、7 章，赵建负责编写第 2 章，李娜负责编写第 3、4 章，王家洋负责编写第 5 章，翟奎林负责编写第 8 章，全书由夏冰主审。

虽然我们在编写本书的过程中倾注了大量心血，但恐百密之中仍有疏漏，恳请广大读者及专家不吝赐教。

编　者

目 录

第1章 局域网组网技术概述

人力资源与社会保障部职业标准中对计算机网络技术人员工作范围的定义是“设计、建设、管理和维护计算机网络，熟练掌握多种网络技术与应用，提供计算机及网络技术咨询与支持，保障和支持企业信息安全”。作为网络管理与建设者，在学习有关局域网规划、分析、设计与实施知识与技能之前，有必要掌握局域网的基本知识。通过本章学习，应了解关于局域网的有关基础知识，并能掌握网络硬件与软件的组成及选择知识，了解网络管理与安全的相关知识。

学习目标	
知识要求	1）掌握局域网的基本组成与分类。 2）了解主要的局域网体系标准。 3）掌握局域网硬件设备组成与选配知识。 4）了解局域网软件组成与网络操作系统知识。 5）掌握常见网络协议以及IP地址分类与规划知识。 6）了解网络管理与安全知识。
岗位职业能力目标	1）能够识别网络服务器与工作站系统。 2）能够识别网络设备，并会连接主要网络设备。 3）能够安装并配置网络协议。 4）能进行IP地址分配与管理。 5）能使用常用的网络分析命令。

1.1 局域网功能与应用

计算机网络按照覆盖的地理范围分，可分为局域网、广域网、城域网。其中，局域网相对于广域网和城域网，其网络组成比较简单，但功能实用，作为网络技术人员，应清楚地了解局域网的主要功能与应用以及网络的组成和关键技术。

1.1.1 局域网概述

20世纪70年代末期出现的计算机局域网（Local Area Network，LAN）技术使计算机网络发生了巨大的变化。根据IEEE（国际电子电气工程师协会）的描述，局域网是“把分散在一个建筑物或相邻几个建筑物中的计算机、终端、大容量存储器的外围设备、控制器、显示器以及为连接其他网络而使用的网络连接器等相互连接起来，以很高的速度进行通信的系统”。局域网可以实现文件管理、应用软件共享、打印机共享、工作组内的日程安排、电子邮件和传真通信服务等功能。

局域网（LAN）技术在20世纪80年代获得了发展和广泛普及，并在20世纪90年代步入高速发展阶段。局域网的普及是计算机技术和通信技术发展的必然结果，相对于ISO/OSI的7层体系模型，局域网的网络底层协议是非常简单的，局域网的体系结构相当于OSI模型中的最低的物理层和数据链路层，实现起来非常容易。同时局域网允许采用多种访问控制方式和传输介质，不但可以采用CSMA/CD（载波监听多路访问/冲突检测）技术，也可以使用Token Ring（令牌环控制技术）以及令牌总线技术。其传输介质可以使用以双绞线、光纤为主的有线介质，也可以采用无线介质。同时，局域网支持简单的点对点通信或多点通信，允许低速或高速的外部设备以及不同型号的计算机连接到网络中。

局域网的主要特点是：覆盖地理范围有限（0.1～2.5km）；数据传输速率高（10～10000Mbit/s）；传输误码率低。

1.1.2 局域网组成与分类

局域网的组成主要包括网络硬件和网络软件两大部分。网络硬件主要包括：网络服务器、工作站、外设、网卡、传输介质以及各类网络连接设备，如集线器（HUB）、交换机（Switch）、中继器、光纤设备、无线AP等。如果需要与Internet连接，还需要防火墙（Firewall）、路由器（Router）等设备。网络软件则主要包括：网络操作系统、网络应用软件、网络协议软件以及网络管理和安全软件等。典型局域网组成如图1-1所示。

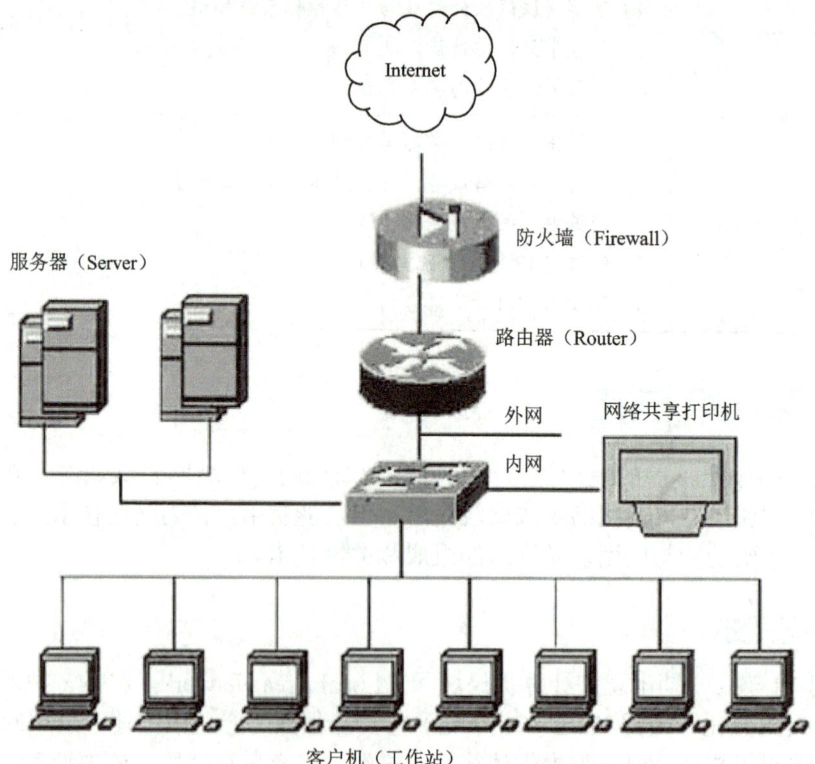

图1-1　典型局域网组成

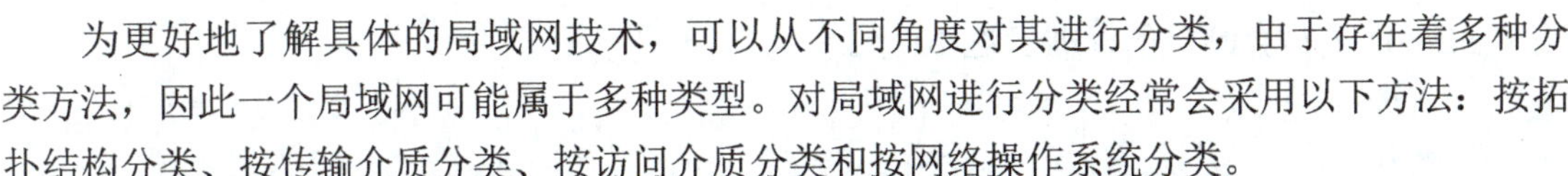

为更好地了解具体的局域网技术，可以从不同角度对其进行分类，由于存在着多种分类方法，因此一个局域网可能属于多种类型。对局域网进行分类经常会采用以下方法：按拓扑结构分类、按传输介质分类、按访问介质分类和按网络操作系统分类。

（1）按网络拓扑结构（Topology）分类　局域网根据其采用的拓扑结构，可分为总线型局域网、环型局域网、星型局域网和混合型局域网等类型，这种分类方法是目前最常用的。

（2）按传输介质分类　局域网根据其采用的传输介质，可分为同轴电缆局域网（如 10 BASE 2）、双绞线局域网（100 BASE T）和光纤局域网（1000 BASE FX）。若采用 RF、微波，则可以称为无线局域网（WLAN）。

（3）按访问介质的方式分类　局域网根据对介质的访问方式，可以分为：以太网（Ethernet 以及 Fast Ethernet）、令牌环网（Token Ring）、FDDI 网（光纤分布式数据接口）、异步传输模式网（ATM）等。

（4）按网络操作系统分类　局域网按其所使用的网络操作系统进行分类，可分为 Novell 公司的 NetWare 网，Microsoft 公司的 Windows NT/2000/2003/2008 网以及 UNIX/Linux 网等。

当然，还有很多其他的分类方法，如：按数据的传输速度分类、按信息的交换方式分类等。无论局域网络采用什么样的分类方式，其基本工作原理是相似的，分类只是从不同角度来分析网络而已。

1.2　局域网技术体系

早期的局域网网络技术都是不同厂家专有，互不兼容。后来，IEEE 推动了局域网技术的标准化，由此先后制定了 IEEE 802 系列局域网技术标准，使得在建设局域网时可以选用不同厂家的设备，并能保证其兼容性。这一系列标准覆盖了双绞线、同轴电缆、光纤和无线等多种传输介质和组网方式，并包括网络测试和管理的内容。随着新技术的不断出现，这一系列标准仍在不断地更新变化之中。

1.2.1　IEEE 802 系列标准体系

局域网可以采用多种技术来实现，其中用得最多的就是以太网（Ethernet）。1972 年，Metcalfe 和 David Boggs 设计了一套网络将计算机连接起来，称该网络为以太网（Ethernet），其灵感来自于“电磁辐射是可以通过发光的以太来传播的这一想法”。最初的实验型以太网以 2.94Mbit/s 的速度运行在粗同轴电缆上，并采用总线拓扑结构。几年后，以太网在星型结构的光缆上实现。1985 年，以太网开始在屏蔽双绞线（STP）上运行，之后成功地在无屏蔽双绞线（UTP）上运行，其传输速率也从 10Mbit/s 提升到 100Mbit/s，甚至可以达到 1000Mbit/s，局域网的传输速度目前还有很大的提升空间。

1982 年 2 月，IEEE 成立了 IEEE 802 委员会，专门从事局域网的标准化工作，该委员会制定了一系列局域网标准，该标准称为 IEEE 802 标准，包括局域网参考模型与各层协议。而 Xerox 则把它拥有的以太网专利移交给了 IEEE。1989 年，ISO（国际标准化组织）正式认可并采纳了 IEEE 802.3 为以太网标准，包含在 ISO 8802-1 以及 ISO 8802-6 等文件中。目前，由 IEEE 802 委员会制定的标准已近 20 个。

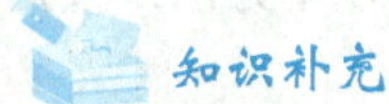

IEEE（Institute of Electrical and Electronics Engineers，读做 eye-triple-e，I-3E）是美国电气和电子工程师协会的英文简写，IEEE 于 1963 年 1 月 1 日由美国无线电工程师协会（IRE，创立于 1912 年）和美国电气工程师协会（AIEE，创建于 1884 年）合并而成，是一个区域和技术互为补充的组织结构，其总部在美国纽约市。IEEE 在 150 多个国家拥有 300 多个地方分会，IEEE 北京分部于 1985 年成立。透过多元化的会员，该组织在太空、计算机、电信、生物医学、电力及消费性电子产品等领域中都具有权威性。同时它还有 35 个专业学会和两个联合会。IEEE 发表过多种杂志、学报、书籍，并于每年组织 300 多次专业会议。IEEE 定义的标准在工业界有极大的影响。

按照 IEEE 802 标准，局域网体系结构由物理层、媒体访问控制子层（Media Access Control，MAC）和逻辑链路控制子层（Logical Link Control，LLC）组成。实际上只对应了 ISO/OSI 网络体系结构的底两层。从这个意义上讲，局域网实际就是一个通信网络系统。

IEEE 802 标准中对局域网影响最大的当属 IEEE 802.3 标准，该标准也是以太网的主要技术标准，它基于 CSMA/CD 机制（冲突检测多路访问 / 载波侦听），采用共享介质的方式实现计算机之间的通信。比较常用的以太网数据传输速率为 100Mbit/s，更新的标准则支持 1000Mbit/s 和 10000Mbit/s 的速率。IEEE 802.3 的扩展包括 802.3u（快速以太网 Fast Ethernet）、802.3z（千兆位以太网 Gigabit Ethernet）、802.3af（基于以太网供电 POE：Power On Ethernet）。

其他 IEEE 802 标准还包括：802.1（高层局域网协议）、令牌环（Token Ring，IBM 所创，之后申请为 IEEE 802.5 标准）和 FDDI（光纤分布数字接口，IEEE 802.8）以及 802.13（有线电视）、802.14（交互式电视网）、802.15（无线个人局域网）、802.16（宽带无线接入）等。

近两年来，随着 IEEE 802.11 标准的制定，无线局域网的应用大为普及。该标准采用 2.4GHz 和 5.8GHz 的频段，数据传输速率可以达到 11Mbit/s 和 54Mbit/s 甚至更多。

目前，IEEE 802 标准仍在不断发展和完善之中，其中某些标准可能会有所变化。今后，在设计网络以及购买网络设备和组建局域网的时候，应注意严格遵守 IEEE 系列标准。

1.2.2 Intranet 技术

近年来，伴随着 Internet 及其相关技术的出现和高速发展，很多企业为满足其业务发展和现代化管理的需要建立了基于 Intranet 的企业信息系统。Intranet 其实就是基于 Internet 技术的企业内部园区网，是 Internet 技术在企业局域网（LAN）或广域网（WAN）上的应用，是一个集计算机技术、网络通信技术、数据库管理技术为一体的大型网络系统。

Intranet 的设计思路是在网络内部采用 TCP/IP 作为通信协议，利用 Internet 的 Web 技术作为平台，通过防火墙把内部网络和 Internet 隔开。

Intranet 的应用模型被称为 B/W/D（Bowser/Web Server/Data Server，即浏览器 /Web 服务

器/数据库服务器）三层模型，该模型把传统的客户机/服务器（C/S）二层模型中的服务器（S）分解成一个 Web 服务器和一个或多个数据库服务器。

Intranet 由主干网、部门局域网、Internet 接入网和远程访问系统组成。其主干网大多采用快速以太网或直接采用光纤网络作为主干网。整个主干网以计算机网络中心为中心节点并向外辐射，通过各部门节点构成主干网。网络中原有的较小规模的局域网通常以 100Mbit/s 速率连接至主干交换机上。Internet 接入系统由快速以太主干网连接部分、防火墙部分、Internet 信息服务部分、用户管理和计费网部分组成，如图 1-2 所示。

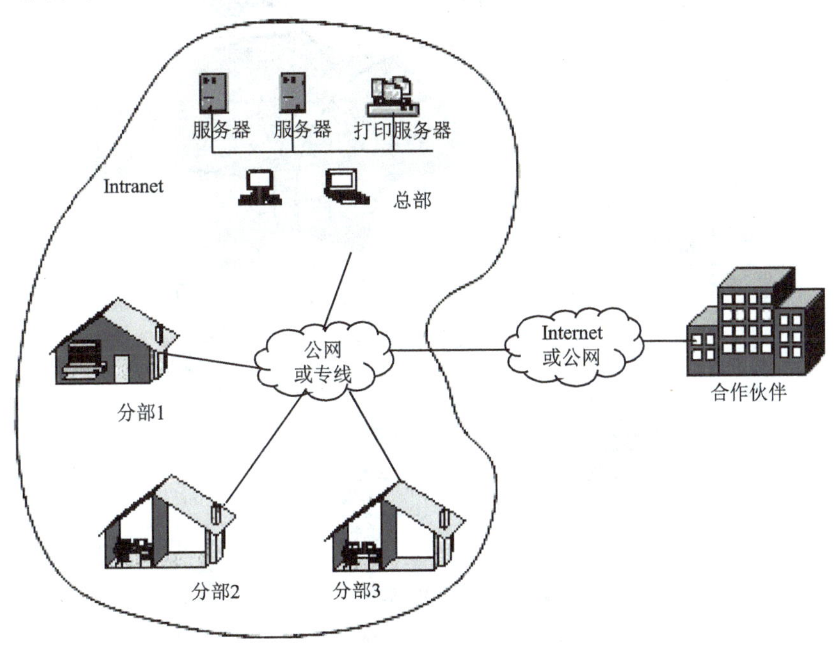

图 1-2　Intranet 示意图

很显然，大部分的办公网络以及校园网都可采用 Intranet 技术，本书所讲述的局域网，其实质也是基于 Intranet 的。

1.2.3　局域网主干网与接入技术

很多初学者在设计规划网络时不知道从哪些地方切入，其实问题并非那么复杂，在实际的网络设计和建设中，首先应选择局域网的主干网以及网络接入技术，这些工作的开展对网络建设的成功与否起着决定性的作用。选择适合网络需求特点的主流网络技术，不但能保证网络的高性能，还能保证网络的先进性和扩展性，能够在未来向更新技术平滑过渡，保护用户的投资。

1. 局域网主干网技术

目前在局域网络上应用最广泛的主干网络根据网络的不同规模和应用可以分为 FDDI、ATM（异步传输模式）以及千兆位以太网等。

（1）FDDI　FDDI（光纤分布式数据接口）是一种基于令牌环的高速 LAN 技术，其标准为 ANSI×3T9.5/ISO 9384。FDDI 物理结构是两个平行的、相对作反向传输的双环（主环与备环）结构网，一般通过光纤实现，可以被看成是一个令牌环网协议的高速版本，如图 1-3 所示。其双环结构有非常好的冗余特性。FDDI 有两种接入方式：双端口连接站（DAS）、单端口连接站（SAS）。DAS 方式比较贵，有冗余功能；SAS 需要有源集中器，无冗余功能。

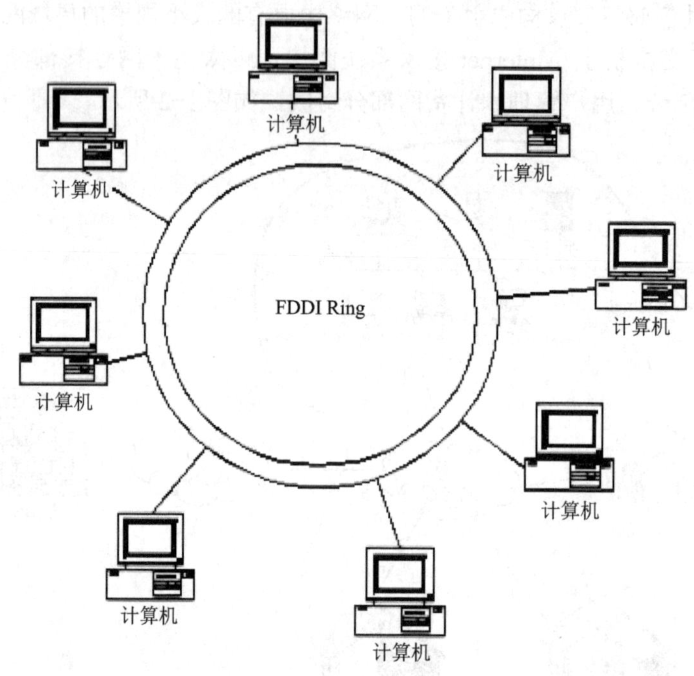

图 1-3　FDDI 网络拓扑图

铜线分布式数据接口（CDDI）是 FDDI 的一种变型，可以在便宜的铜线电缆上运行而使用相同的协议。

FDDI 和 CDDI 的优点是冗余度、内置的网络管理、有保证的访问和广泛的适用性。但 FDDI/CDDI 比较昂贵和复杂，同时缺乏对多种应用服务和 QoS 的支持。

（2）ATM　ATM（异步传输模式）是一种将分组交换与电路交换优点相结合的网络技术，采用定长的 53 字节的帧格式，其中 48 字节为信息的有效负荷，另有 5 字节为信元头部，如图 1-4 所示。对于有效负荷在中间节点不作检验，信息的校验在通信的末端设备中进行，以保证高的传输速率和低的时延。ATM 能够将多种服务多路复用到一种基础设施上，满足功能越来越强的台式机对带宽不断增长的需求，并能提供 VLAN 和多媒体等新的网络服务。

ATM 技术目前主要应用在专用网络和核心网络的范围内，而延展到外围和用户端均可采用传统的网络技术（以太网、快速以太网、令牌环网等）。

（3）千兆位以太网技术（Gigabit Ethernet）　该技术以简单的快速以太网技术为基础，为网络主干提供 1Gbit/s 以上的带宽。千兆位以太网技术以自然的方法来升级现有的以太网络、工作站、管理工具。千兆位以太网与其他速度相当的高速网络技术相比价格低而且升级容易。千兆位以太网继续采用 IEEE 802.3 标准，并可以继续使用 IEEE 802.3 帧格式，共享模式下仍使用 CSMA/CD。

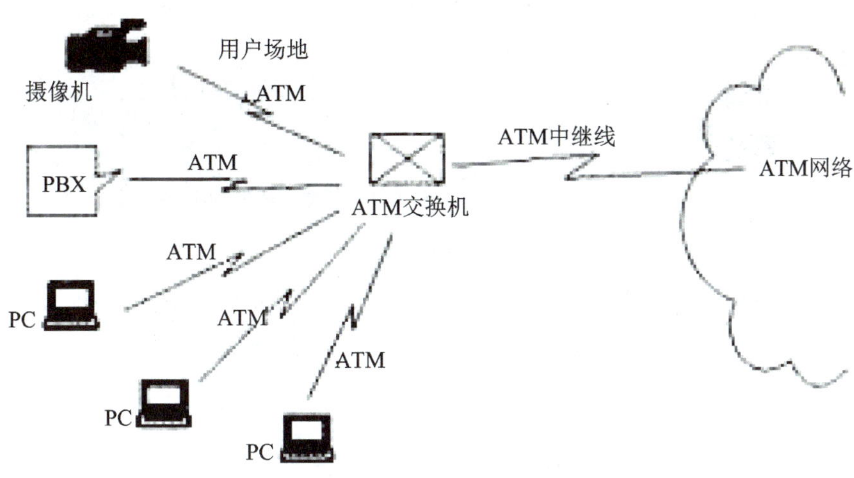

图 1-4　ATM 网络拓扑图

千兆位以太网通过采用带中继、交换功能的网络设备以及多种激光器和光纤将连接距离扩展到了 500 ～ 3000m。如采用 1300nm 激光器和 50 μm 的单模光纤传输距离可以达到 3km。很多核心交换机上的千兆位以太网接口还支持 1000Base-ZX 的标准，采用光纤可以支持高达 100km 的传输距离。

目前，千兆位以太网支持单模光纤（1000 BASE-LX）、多模光纤（1000 BASE-SX）和同轴电缆，支持 5 类非屏蔽双绞线（UTP）的标准正在制定中。IEEE 已批准千兆位以太网工程 IEEE 802.3z 任务组提出的标准。同时正在发展基于 UTP、STP 的千兆位以太网。

在以上这些主干网技术中，千兆位以太网以其在局域网领域中支持高带宽、多传输介质、多种服务、保证 QoS 等特点正逐渐占据主流位置，成为大部分局域网的主干网首选。

2. 局域网接入 Internet

Internet 的发展使得局域网不可能成为信息孤岛，几乎所有的局域网都要求能与 Internet 相连。目前局域网接入 Internet 的方式主要有：光纤专线、DDN、ISDN、xDSL、Cable Modem 等。下面简单介绍几种主要连接方式。

（1）光纤接入　光纤是速度最快的 Internet 接入方式，适用于对带宽要求较高的大型局域网 Internet 接入，当然它的技术要求和成本也是最高的。根据光纤深入用户的程度，可分为 FTTC、FTTZ、FTTO、FTTF、FTTH 等。由于成本、用户需求和市场等方面的原因，FTTx 仍然是一个长期的任务。目前主要应用的是 FTTC，也就是从 ISP 到用户企业利用光纤，其余部分则混合实现。光纤接入原理如图 1-5 所示。

（2）xDSL 接入　xDSL 是 DSL 的统称，意为数字用户线路，目前有对称 DSL 技术（HDSL 高速率 DSL、MVL 多虚拟数字用户线）和非对称 DSL 技术（ADSL：非对称 DSL、RADSL：速率自适应 DSL、VDSL：极高速率 DSL），其中应用比较多的是 ADSL，其结构如图 1-6 所示。ADSL（Asymmetric Digital Subscriber Loop）技术，即非对称数字用户环路技术，就是利用现有的一对电话铜线，为用户提供上、下行不对称的传输速率（带宽），通常，上行（从用户到网络）可达 1Mbit/s，下行（从网络到用户）可达 8Mbit/s。ADSL 上网使用的介质依旧是普通电话线路，其使用的接入设备是 ADSL 调制解调器，并利用分隔器实现网络信号与电话音频信号的分隔。

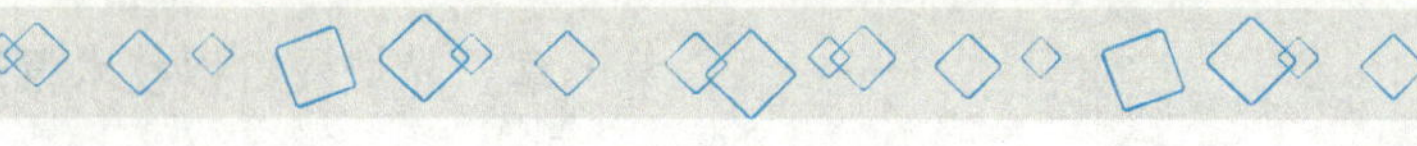

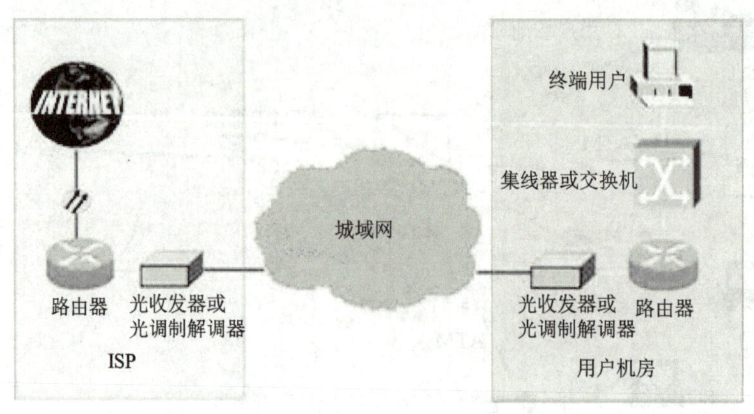

图 1-5　光纤接入示意图

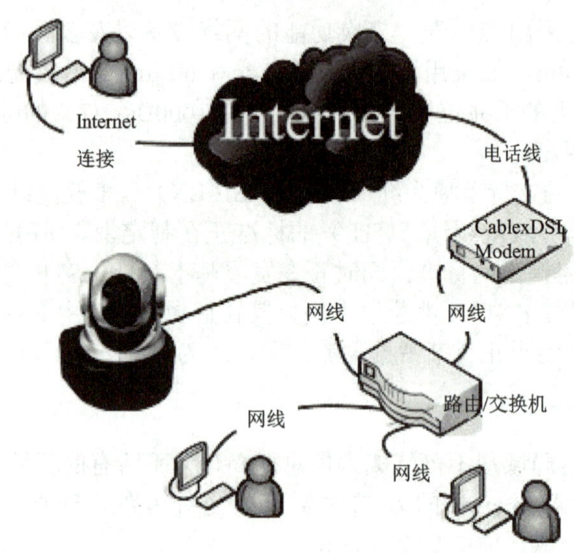

图 1-6　ADSL 网络接入示意图

（3）DDN　DDN 是数字数据网的简写，是早期局域网接入 Internet 的主要方式之一，速度最高可达 2Mbit/s。

至于其他的方式，如 Cabel Modem 接入、电力线接入、无线接入，由于目前在实现或技术保证方面有一定困难，因此没有得到广泛使用，这里就不再一一介绍了。

相对而言，对于一般的中小型网络，采用光纤接入和 ADSL 接入在我国是比较常见的，在技术和资金上也是比较容易实现的。大部分局域网主要是采用以光纤作为主干网传输介质，同时采用 ADSL 或光纤接入实现 Internet 接入。从 2009 年开始，我国的互联网络面临一次提速高潮，在用户端所采用的就是以光纤和双绞线为主的接入技术。

1.2.4　无线局域网技术

目前广泛使用的网络是以双绞线和光纤为主的有线网络，虽然有线网络因为传输速度高、产品众多、技术发展快而成为市场主流，但有线网络始终存在两个不尽如人意的地方：一方面，布线限制过多，难于随意扩充和管理维护；另一方面，不适应移动计算设备的日益普及的实际需要，难于实现对网络的自由存取，不能达到人们希望的移动化和个人化。在这种情况下，采用无线传输媒体的计算机网络就成为有线网络的有力补充。

一般来讲，凡是采用无线传输媒体的计算机局域网都可称为无线局域网（Wireless Local－Area Network，WLAN），无线局域网是以无线电波作为传输介质，主要有 3 种技术：蓝牙技术、红外线通信技术、微波技术，其参数对比见表 1-1。IEEE 802.11 标准中定义了 3 个可选的物理层实现方式，分别是红外线（IR）基带物理层和两种无线频率（RF）物理层（直接序列式扩频（FHSS）、跳频扩展频谱（DSSS））。WLAN 自 20 世纪 90 年代诞生以来，经过不断完善，特别是在提高了数据传输速率和改善了安全问题以后，其应用得到迅速普及。

表 1-1　三种无线技术参数的比较

技　术	802.11 无线局域网标准	HomeRF	Bluetooth（蓝牙）
传输速度	11 ～ 54Mbit/s（更快）	1，2，10Mbit/s	30 ～ 400Kbit/s
应用范围	办公区和校园局域网	家庭办公室，私人住宅和庭院的网络	短距离数码设备与计算机之间
终端类型	笔记本电脑，平板电脑	笔记本电脑，台式电脑，modem	笔记本电脑，移动电话，掌上电脑、GPS
接入方式	接入方式多样化	点对点或每节点多种设备的接入	点对点或每节点多种设备的接入
覆盖范围	50 ～ 300ft（1ft=0.3048m）	150ft	30ft
传输协议	直接顺次发射频谱	跳频发射频谱	窄带发射频谱
支持公司	Cisco，Lucent，3Com，WECA consortium	Apple，Compaq，Dell，HomeRF 工作群，Intel，Motorola	“蓝牙”研究组，Ericsson，Motorola，Nokia

为了解决不同公司的 WLAN 设备的连接，进一步推动无线局域网的发展，IEEE 先后推出了 IEEE 802.11 系列标准来解决 WLAN 的传输和安全问题，如 IEEE 802.11a、IEEE 802.11b 等，2003 年 7 月 802.11 工作组又批准了 802.11g 标准。

为了实现高带宽、高质量的 WLAN 服务，使无线局域网达到以太网的性能水平，2009 年 9 月 11 日，IEEE 标准委员会批准通过 802.11n 标准。在传输速率方面，通过 MIMO（多入多出）技术，802.11n 可以提供 300Mbit/s 甚至高达 600Mbit/s。在覆盖范围方面，802.11n 采用智能天线技术，通过多组独立天线组成的天线阵列，可以动态调整波束，覆盖范围可以扩大到几平方公里。在兼容性方面，802.11n 采用了一种软件无线电技术，使得不同系统的基站和终端都可以通过这一平台的不同软件实现互通和兼容，不但能实现 802.11n 向前后兼容，而且可以实现 WLAN 与无线广域网络如 3G 的结合。

无线局域网按拓扑结构分可以分为无中心网络拓扑结构和有中心网络拓扑结构。在实际应用中，根据具体情况通常是把两种结构混合使用。

1. 无中心网络拓扑结构（Peer to Peer）

无中心网络（无 AP 网络）也称对等拓扑网络或 Ad-hoc 网络，就是网络中的任意两个站点都可以直接通信，这种结构主要应用在用户较少的网络，在中型网络中基本不采用。它覆盖的服务区称 IBSS。用于一台无线工作站主机（STA，Station）和另一台或多台其他无线工作站主机的直接通信，该网络无法接入有线网络中，只能独立使用，这是最简单的无线局域网结构，如图 1-7 所示。一个对等网络由一组有无线接口的计算机组成。这些计算机要有相同的工作组名、ESSID 和密码以及相同的工作信道。

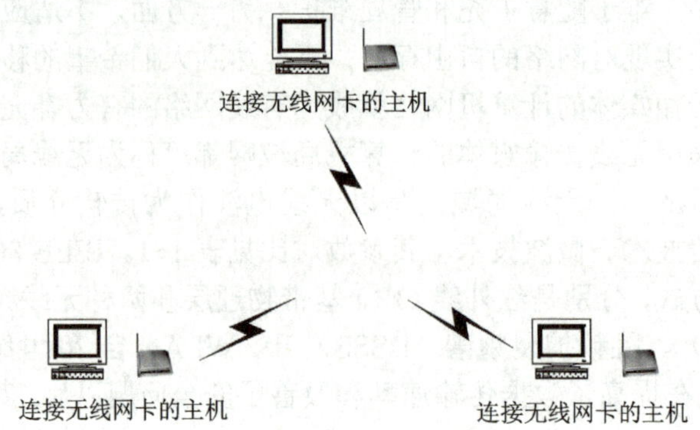

图 1-7 无中心网络结构

2. 有中心拓扑结构（Hub—Based）

有中心拓扑结构也称 Infrastructure 模式网络，由无线访问点（AP）、无线工作站（STA）以及分布式系统（DSS）构成。就是网络中有一个无线 AP 作为中心站，控制所有站点对网络的访问。当无线局域网需要接入有线网络比如 Internet 时，只需要将中心站点接入有线网络就可以了。其结构如图 1-8 所示。其他节点访问网络时需要连接到无线 AP。

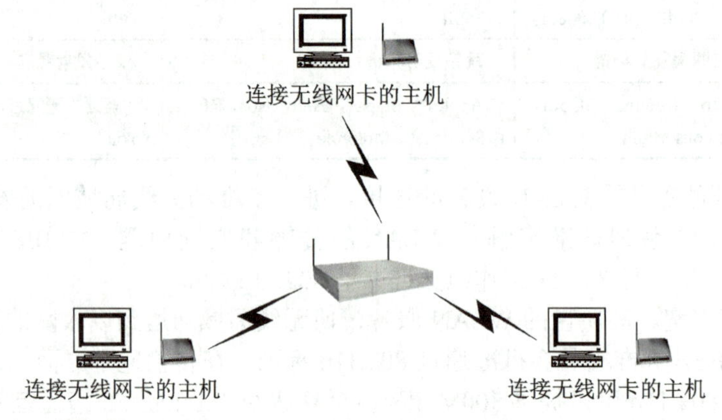

图 1-8 有中心无线局域网结构

无线局域网有以下特点：

（1）灵活性和移动性　无线局域网在无线信号覆盖区域内的任何一个位置都可以接入网络。连接到无线局域网的用户可以移动且能同时与网络保持连接。

（2）安装便捷　无线局域网可以免去或最大限度地减少网络布线的工作量，一般只要安装一个或多个接入点设备，就可建立覆盖整个区域的局域网络。

（3）易于进行网络规划和调整　当发生办公地点或网络拓扑改变时，无线局域网不需要重新布线。

（4）故障定位容易　无线局域网很容易定位故障，只需更换故障设备即可恢复网络连接。

（5）易于扩展　无线局域网有多种配置方式，可以从只有几个节点的小型局域网扩展到上千节点的大型网络，并且能够提供节点间“漫游”等有线网络无法实现的特性。

由于无线局域网有以上诸多优点，因此其发展十分迅速。最近几年，无线局域网已经在企业、医院、商店、工厂、饭店、宾馆和学校等场合得到了广泛的应用。

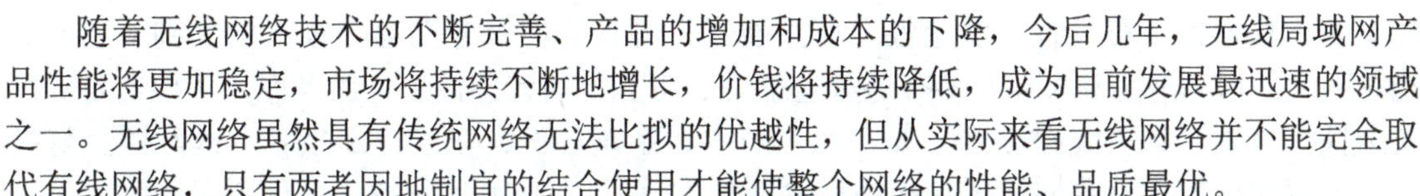

随着无线网络技术的不断完善、产品的增加和成本的下降，今后几年，无线局域网产品性能将更加稳定，市场将持续不断地增长，价钱将持续降低，成为目前发展最迅速的领域之一。无线网络虽然具有传统网络无法比拟的优越性，但从实际来看无线网络并不能完全取代有线网络，只有两者因地制宜的结合使用才能使整个网络的性能、品质最优。

1.3　网络硬件组成与选择

在局域网的组成中，各种网络硬件设备具有非常重要的作用。一个网络能否发挥最大功能，其先天基础，即硬件设备是非常重要的。主要的硬件设备包括服务器与工作站、传输介质、接入设备、互连设备等。

1.3.1　服务器与工作站

在局域网硬件中，计算机主机系统是必要的组成部分，这里所说的计算机系统主要包括服务器（Server）和工作站（Workstation）。下面简单介绍一下服务器以及工作站的具体功能以及技术指标，重点是有关服务器的知识。

1. 服务器简介

服务器是指一类管理网络资源并为用户提供服务的计算机，英文名称为 Server，是网络的中枢和信息化的核心。它通常分为文件服务器、数据库服务器和应用程序服务器。网络操作系统在服务器上运行。相对于普通 PC 来说，服务器在稳定性、安全性、性能等方面都要求更高，因此 CPU、芯片组、内存、磁盘系统、网络等硬件和普通 PC 有所不同，价格也比较昂贵。

【实例 1-1】

小王是公司的网络管理员，公司网络规模并不很大，现在面临这样一个问题：公司里有一些数据需要共享，而且这些数据还很重要。那么，公司是否应为数据资料存储而单独购买专用的服务器？如果要购买应该如何选择呢？

【分析】是否购买服务器主要是看对资源共享集中管理的需求，和公司的规模并无直接关系。网络服务器的分类有很多，品牌也有很多。因此，首先应该了解什么是服务器，服务器的作用与分类，购买时要综合考虑最终购买与服务成本，才可以选择到合适的服务器。购买服务器的同时还应注意考虑 UPS 以及数据备份系统等相关设备。

在局域网中，服务器是非常重要的设备，小型的对等网络（如：网吧）一般并不需要安装专门的服务器系统，而稍具规模的网络根据网络的功能需求会安装一台或多台服务器。服务器可以将其 CPU、内存、磁盘、打印机、数据等资源提供给网络用户使用，并负责对这些资源的管理，协调网络用户对这些资源的使用，并能够提供各种共享服务（网络、Web 应用、数据库、文件、打印等）以及其他方面的高性能应用。可以说，服务器的性能是整个网络功能的瓶颈。这就要求服务器具有较高的性能，包括较快的处理速度、较大的内存、较大容量和较快访问速度的磁盘等，配套的服务器主板也有和家用机及系统不同的设计要求，如图 1-9 所示。服务器的构成与日常所用的计算机（PC）有很多不同之处，由于其高性能主要体现在高速度的运算能力、长时间的可靠运行、强大的外部数据吞吐能力等方面，因此服务器在处理能力、稳定性、可靠性、安全性、可扩展性、可管理性等方面存在很大的区别。主要表现在强大的运算能力和多用户多任务处理能力、可靠性与管理性上，服务器为了保证足够的安全性，采用了很多先进技术，如：冗余技术、系统备份、在线诊断技术、故障预报警技术、内存纠错技术、热插拔技术和远程诊断技术等，图 1-10 所示为 RAID 磁盘阵列卡。这个 RAID 卡使绝大多数故障能够在不停机的情况下得到及时的修复，具有极强的可管理性。当然，这些区别的存在使得服务器的设计和制造变得很复杂，其价格也会相对较贵。

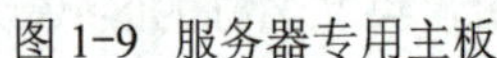

图 1-9　服务器专用主板

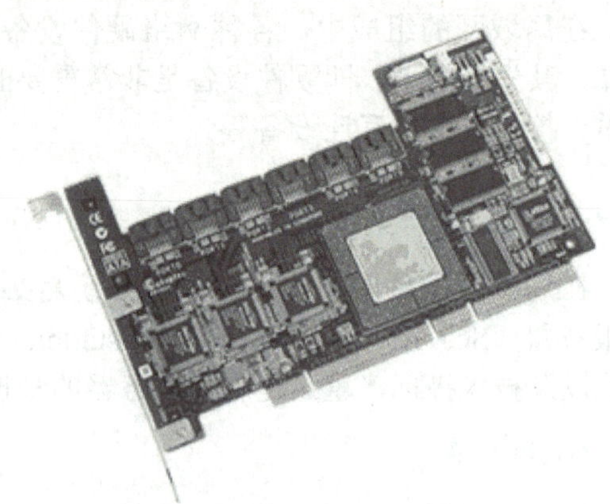

图 1-10　服务器用 RAID 卡

在建设网络的过程中，如何选择一个适合的服务器是比较复杂的问题，并非越贵的服务器就越适合，要解决这个问题，应该先了解服务器的分类，服务器分类主要包括：

1）按服务器的处理器架构可分为 IA（Intel Architecture，Intel 架构）架构服务器和 RISC（Reduced Instruction Set Computing 精简指令集）架构服务器。

2）按应用层次划分为入门级服务器、工作组级服务器、部门级服务器和企业级服务器四类。层次越高，其配置越高级，价格也越贵，但其支撑的业务能力也越强。

3）按服务器的机箱结构来划分，可以把服务器划分为“塔式服务器”、“机架式服务器”和“刀片式服务器”三类。分别如图 1-11、图 1-12、图 1-13 所示。

【说明】所谓机架式服务器的 1U、2U、4U 等规格实际是一种标准尺寸的称谓，其中 1U=1.75in（1in=0.0254m），可安装在标准的 19in 机柜里面。而刀片式服务器是一种 HAHD（High Availability High Density，高可用高密度）的低成本服务器平台，是专门为特殊应用行业和高密度计算机环境设计的，其中每一块“刀片”实际上就是一块系统母板，类似于一个独立的服务器。

其他的分类方式还有很多，如按服务器用途划分可分为通用型服务器和专用型服务器两类，也可分为数据库服务器、文件服务器、打印服务器、通信服务器等。

作为中小企业应用的规模而言，尽管规模不是很大，但是涉及的方面并不少，如构建财务系统服务器、Web 服务器、文件服务器、邮件服务器甚至部署 ERP、CRM 应用。由于中小企业的预算有限，因此服务器的应用模式更特殊一些，往往会把多种应用构建于一台服务器上，面向中小企业应用的服务器要求“全”，具备良好的平衡性才能满足中小企业应用中“一机多能”的特殊需求。因此中小企业采购服务器的同时，不仅仅要关注服务器的价格，更应该考虑总体拥有成本（TCO），也就是要考虑人员成本费用、维护费用、管理费用、升级成本等。

图 1-11 塔式服务器

图 1-12 机架式服务器

图 1-13 刀片式服务器

在本例中，可以考虑购买塔式工作组级服务器，具体品牌可选择联想、浪潮、曙光等国内知名品牌，也可选择 DELL、IBM、惠普等国际品牌，价格在 1 ～ 3 万之间。

2. 工作站简介

相对于复杂的服务器系统，网络工作站的选择比较简单，任何计算机都可以作为网络工作站，目前使用量多的网络工作站就是基于 x86 CPU 的微机了，因为这类计算机的数量最多，用户最多，而且网络产品也最多。在考虑网络工作站的配置时，应主要考虑：采用哪种桌面操作系统，如 Windows XP/VISTA/7，配置哪种网络协议；网卡采用哪种传输介质接口，是采用有线介质还是无线介质；是采用无盘站还是有盘站。

由于目前网络设备的兼容化和规范化，一般的工作站选择主要考虑其稳定性和接入能力即可，不用额外考虑过多因素。

此外，在网吧与计算机培训机房，还可以采用无盘站技术，无盘站不需要磁盘支持，无盘站在网卡安装了特殊的启动芯片，如图 1-14 所示。启动时，无盘站通过网络从远端服务器下载系统启动文件映像，并由此支持来自网络的操作系统的启动过程，直接实现网络远程启动，主要技术有 PXE 和 RPL。无盘站不但价格经济，而且便于管理和维护，也是一种不错的选择。

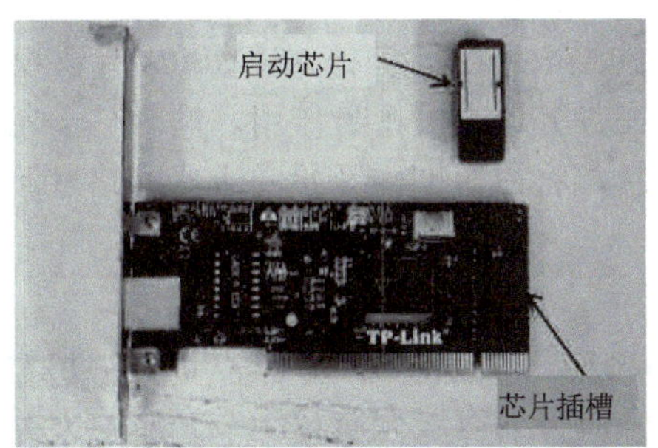

图 1-14 支持无盘启动芯片的网卡

1.3.2 网卡

网卡也叫“网络适配器”（Network Interface Card，NIC），网卡是局域网中最基本的部件之一，它是连接计算机与网络的硬件设备。服务器与工作站都必须借助于网卡才能实现数据的通信。

网卡的主要工作原理是处理计算机发往网络的数据，并将数据分解为适当大小的数据包后由网络发送出去。对于网卡而言，每块网卡都有一个唯一的48位二进制的网络节点地址，叫做MAC地址（物理地址），该地址是以太网中网络寻址的主要依据。

网卡有很多种，分别适用于不同的传输介质和工作环境。主要分类有：

（1）按总线接口类型分　按网卡的总线接口类型来分一般可分为ISA接口网卡、PCI接口网卡以及在服务器上使用的PCI-X总线接口类型的网卡，笔记本电脑所使用的网卡是PCMCIA接口类型的。部分网卡也可以是USB接口，如图1-15所示。

（2）按网络接口划分　目前常见的接口主要有以太网的RJ-45接口、细同轴电缆的BNC接口和粗同轴电缆AUI接口、光纤接口（见图1-16）、ATM接口等。而且有的网卡为了适用于更广泛的应用环境，提供了两种或多种类型的接口，如有的网卡会同时提供RJ-45、BNC接口或AUI接口。RJ-45接口是最为常见的一种网卡，也是应用最广的一种接口类型网卡，这主要得益于双绞线以太网应用的普及。如图1-17所示为RJ-45接口的网卡示意图。

（3）按带宽划分　目前主流的网卡主要有10Mbit/s网卡、100Mbit/s以太网卡、10Mbit/s/100Mbit/s自适应网卡、1000Mbit/s千兆以太网卡四种。

（4）按网卡应用领域来分　根据网卡所应用的计算机类型来分，可以将网卡分为应用于工作站的网卡和应用于服务器的网卡。主流的服务器网卡都为64位千兆网卡，其接口数量、稳定性、纠错等方面都有比较明显的提高。

图1-15　USB接口网卡

图1-16　光纤网卡

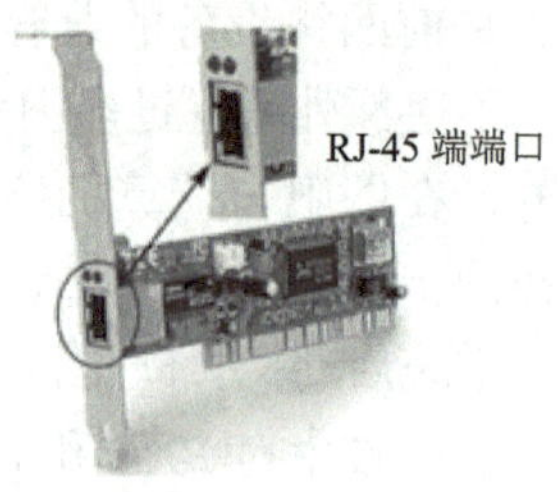

图1-17　RJ-45网卡

目前，局域网使用最多的是RJ-45接口的100Mbit/s的双绞线网卡，不过，由于无线网络的不断普及，无线网卡也在部分场合发挥着作用。同时，千兆网卡价格的不断下调，使未来的网卡市场会面对一次革新，将在短期内开始向千兆网络过渡。

1.3.3　网络传输介质

传输介质泛指计算机网络中用于连接各个计算机的物理媒体，特指用来连接各个通信处理设备的物理介质。传输介质分为有线介质和无线介质两大类。有线介质分为同轴电缆、双绞线、光纤。无线介质又分为无线电、微波、通信卫星、红外线传输等。

1. 双绞线

双绞线电缆由两对或更多对绝缘的细芯铜导线束相互缠绕构成。双绞线有两种标准：非屏蔽双绞线（UTP）（见图1-18）和屏蔽双绞线（STP）（见图1-19）。近来一些制造商又提出一种新型的双绞线标准：网孔屏蔽双绞线（ScTP）。STP屏蔽双绞线抗干扰性较好，但由于价格较贵，因此采用的不是很多。常用的UTP非屏蔽双绞线按照性能与作用的不同可以分为 1、2、3、4、5 类、超 5 类线和 6 类线，其中适用于计算机网络的是 3 类、5 类和 6 类 UTP。5 类 UTP 的传输速率为 10Mbit/s 至 100Mbit/s，线缆的最大传输距离为 100m。增强型 5 类 UTP 线缆通过性能增强设计后可支持 1000Mbit/s 的传输速率，又被称为超 5 类或 5e 线。双绞线每一根线的绝缘层都用颜色来区分，颜色的排列顺序主要有两种国际标准。

2. 光纤

光纤（见图 1-20）的特点是容量大、速率高、传输距离远、保密性能好、抗干扰性能好、衰减小，但价格较贵，而且光纤配套网络设备也很贵，所以适用于作建筑群主干线缆和大型楼宇的垂直主干应用。光纤分为单模光纤与多模光纤两种。单模传输距离远，需要激光做光源；多模传输距离较近，应用普通 LED 光源（AVAYA 多模光缆支持激光）。表 1-2 显示了常见的有线传输介质的主要技术参数。

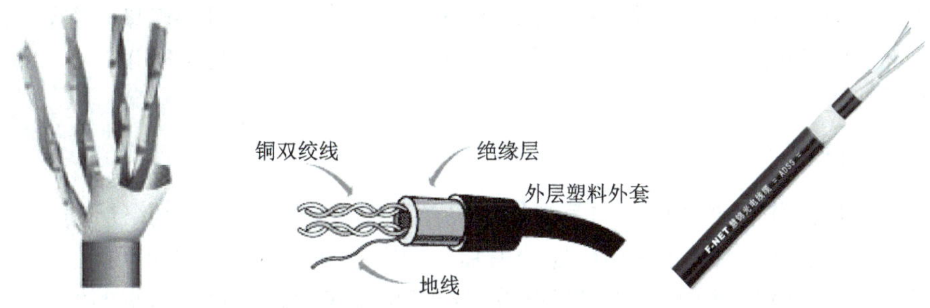

图 1-18　非屏蔽双绞线（UTP）　图 1-19　屏蔽双绞线（STP）　图 1-20　光纤

表 1-2　常见有线传输介质的技术参数

布线标准	波　长	线　型	最大传输距离
10/100BASE-TX	/	5 类双绞线	100m
1000BASE-TX	/	5 类双绞线，超 5 类、6 类	100m
100BASE-FX	所有波长	62.5/125μm 多模光纤	2km
		9/125μm 单模光纤	15km
1000BASE-SX	850nm	62.5/125μm 多模光纤	275m
		50/125μm 多模光纤	550m
1000BASE-LX	1310nm	62.5/125μm（50/125μm）多模光纤	550m
		9/125μm 单模光纤	10km
1000BASE-LH	1550nm	9/125μm 单模光纤	70km

大部分的网络主要采用能提供千兆或百兆传输速率的双绞线或光纤作为传输介质，部分场合可以采用无线射频作为传输介质，实现有线与无线混合组网。由于部分网络采用的是光纤和双绞线混合介质网络，这就涉及光电转换问题，解决办法有两种：一种是购买同时提供光纤接口以及双绞线接口的交换机，另外一种就是购买光纤转换器，这是一种将串口或其他接口转为光纤接口的网络模块设备，分多模光纤转换和单模光纤转换，可以实现光纤信号与双绞线信号的转换，如图 1-21 所示。

图 1-21　光纤 - 双绞线信号转换器

1.3.4　网络互连设备

网络互连设备负责实现各网络主机设备与传输介质之间的相互连接，主要的设备有交换机（Switch）和路由器（Router）以及中继器等。早期的集线器（HUB）已经不再使用，这里就不再叙述。

1．交换机简介

交换机一般工作在 ISO/OSI 的第二层或高层，部分交换机具备网络层功能，被称为三层交换机。交换机是一种基于 MAC 地址识别，能完成封装转发数据包功能的网络设备。交换机可以“学习”MAC 地址，并把其存放在内部地址表中，通过在数据帧的始发者和目标接收者之间建立临时的交换路径，使数据帧直接由源地址到达目的地址。

交换机的主要功能包括物理编址、网络拓扑结构、错误校验、帧序列以及流控。目前交换机还具备了一些新的功能，如对 VLAN（虚拟局域网）的支持、对链路汇聚 TRUNK 的支持，并提供访问控制列表以及防止 ARP 欺骗功能。

从广义上来看，交换机分为广域网交换机和局域网交换机两种；从传输介质和传输速度上可分为 SOHO 交换机、以太网交换机、快速以太网交换机，如图 1-22 所示、百兆交换机、路由交换机、千兆交换机、万兆交换机以及 FDDI 交换机、ATM 交换机和令牌环交换机等。从规模应用上又可分为企业级交换机、部门级交换机（见图 1-23）和工作组交换机等。按惯例，支持 500 个信息点以上的大型企业应用的交换机为企业级交换机（见图 1-24），支持 300 个信息点以下中型企业的交换机为部门级交换机，而支持 100 个信息点以内的交换机为工作组级交换机。在网络建设过程中，首先考虑的应该是企业级核心交换机。

作为主干的核心交换机，建议采用第三层交换机，三层交换技术是将路由技术与交换技术合二为一的技术。三层交换机在对第一个数据流进行路由后，会产生一个 MAC 地址与 IP 地址的映射表，当同样的数据流再次通过时，将根据此表直接从二层通过而不是再次路由，从而消除了路由器进行路由选择而造成网络延迟的问题，提高了数据包转发的效率，消除了路由器可能产生的网络瓶颈问题。

可见，三层交换机集路由与交换于一身，在交换机内部实现了路由，提高了网络的整体性能。能将 IP 地址信息用于网络路径选择，并实现不同网段间数据的线速交换。当网络规模足够大，不得不划分 VLAN 以减小广播所造成的影响时，只有借助第三层交换机才能实现 VLAN 间的线速路由。另外，借助第三层交换机还可以设置访问列表，限制 VLAN 间的访问，保障敏感部门的安全。因此，作为核心交换机应首选三层交换机。

无论是核心交换机还是部门交换机，从网络管理的角度来看，必须选择可网管交换机，可网管交换机拥有专用操作系统，可以借助配置启用一些复杂的网络功能，从而实现网络的稳定运行、访问安全，以及复杂的网络应用。通常情况下，可为交换机指定 IP 地址，从而实现远程管理。可网管交换机可以通过以下几种途径进行管理：RS-232 串行口（或并行口）管理、网络浏览器管理和通过网络管理软件管理。

图 1–22　快速以太网交换机　　图 1–23　部门级交换机　　图 1–24　企业级交换机

选购交换机应从所处位置、网络应用、所处环境、设备兼容性、设备性能等几点来考虑。不同位置应当选用不同的交换机。中心交换机应当选择三层交换机，汇聚层二级交换机建议选择高性能二层交换机（如果网络规模较大，也可以选择三层交换机），而工作组交换机则应当选择普通二层交换机。在性能上主要考虑背板带宽、转发速率、VLAN 数量、MAC 地址数量、插槽数量、支持的端口类型、堆叠层数等参数。其中背板带宽对交换机的数据吞吐能力影响非常大，在选购时要优先考虑。

交换机的品牌非常多，如思科、华为、友讯网络、TP-LINK、H3C、锐捷、中兴、NETGEAR、神州数码、TENDA、北电等。性能越高的交换机其价格也就越高，因此，不要盲目追求高性能，而应当根据网络应用、数据流量等诸多因素，选择最适合网络应用的、最具性价比的交换机。

2. 路由器简介

“路由”是指把数据从一个地方传送到另一个地方的行为和动作，而路由器（Router）其实就是一台特殊的计算机，具备特殊的操作系统和输入输出接口，是一种连接多个网络或网段的网络设备，它能将不同网络或网段之间的数据信息进行“翻译”，以使它们能够相互“读懂”对方的数据，从而构成一个更大的网络。路由器具有创建路由、执行命令以及在网络接口上使用路由协议对数据包进行路由等功能。它的硬件基础是带有固件系统的计算机，软件基础是网络互联操作系统 IOS。基本数据和配置信息存储在内存中（包括 Flash 闪存）。

独立的网络本身并不需要使用路由器，只有在实现网络与网络互连的时候才需要，特别是在局域网与互联网（Internet）的连接时推荐使用路由器，除了实现不同网络的连接外，路由器还拥有地址转换功能（NAT），能借助单一 IP 地址（公网 IP 地址）实现整个企业网络的 Internet 连接共享，并将网络内的计算机隐藏起来，从而提高网络的安全性，避免受到外部用户的恶意攻击。

为了满足企业网络的各种应用需求，思科与华为等公司先后推出多种类型的路由器产品，下面就简单地介绍一下常见的路由器的分类。

1）从性能上分，路由器可分为线速路由器和非线速路由器。

2）从功能上划分，可将路由器分为核心层（骨干级）路由器，企业级路由器和访问层（接入级）路由器。比较常见的访问层路由器是宽带路由器，如图 1-25 所示。

3）从结构上分，路由器可分为模块化结构（见图 1-26）与非模块化结构。模块化结构可以灵活地配置路由器，以适应企业不断增加的业务需求，非模块化结构就只能提供固定的端口。通常中高端路由器为模块化结构，低端路由器为非模块化结构。

4）从应用划分，路由器可分为通用路由器与专用路由器。一般所说的路由器皆为通用路由器。专用路由器通常为实现某种特定功能对路由器接口、硬件等作专门优化。例如接入服务器用作接入拨号用户，增强 PSTN 接口以及信令能力；宽带接入路由器则强调接口带宽及种类，一般用于 ADSL 和光纤接入。

图 1-25　访问层路由器

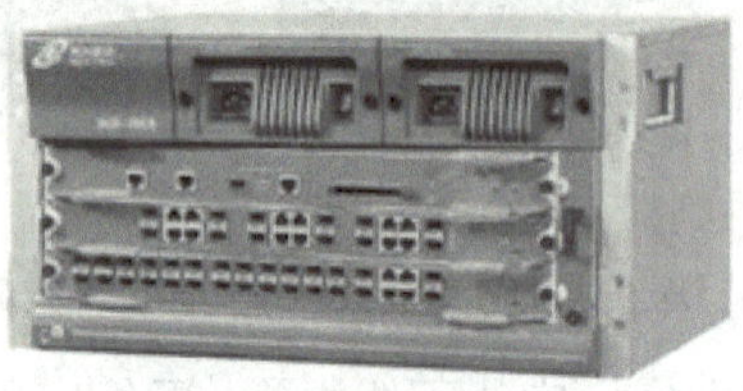

图 1-26　模块化核心路由器

选择什么样的路由器要根据网络的规模和与 Internet 连接的情况来判断，在选择的时候，要注意是否支持以下参数：全双工线速转发能力、设备吞吐量、端口吞吐量、路由表能力、背板能力和转发时延。其中，端口的吞吐能力和并发连接数对系统性能影响非常大。

具体在选择的时候，应该考虑以下因素：实际需求、可扩展性、性能因素、接口类型等，在资金充裕的情况下，尽量选择模块化中端路由器，来满足网络的端口支持能力和包交换能力。同时，由于不同的 Internet 接入方式和网络间的互联需要不同类型的接口，例如，若路由器不提供光纤接口，则在光纤和路由器之间，需要安装光纤与双绞线转换器，以满足接口的需要，因此，路由器选择什么接口支持什么介质也是必须要考虑的。很多路由器还支持 VPN 以及语音功能，提供多业务支持。

通常情况下，中小型企业可以选择 Cisco 2600 系列和 Cisco 3600 系列路由器，当用户数量超过 1500 时，可以考虑选择 Cisco 7500 系列路由器。国产的华为、锐捷、神州数码也有对应版本级别的路由器提供，而且价格相对便宜，性能毫不逊色。

1.3.5　无线局域网设备

和常见的有线网络相比，在无线局域网里常见的设备有无线网卡、无线 AP、无线网桥、无线天线等。

（1）无线网卡　无线网卡的作用类似于以太网中的网卡，作为无线局域网的接口实现与无线局域网的连接。无线网卡根据接口类型的不同，主要分为三种类型，即 PCMCIA 无线网卡、PCI 无线网卡（见图 1-27）和 USB 无线网卡（见图 1-28）。

（2）无线 AP　无线 AP（见图 1-29）在网络中的作用类似于无线集线器，无线 AP 的覆盖范围是一个向外扩散的圆形区域，该设备能把拥有无线网卡的机器接入到网络中来。它主要是提供无线工作站对有线局域网和从有线局域网对无线工作站的访问，在访问接入点覆盖范围内的无线工作站可以通过它进行相互通信。

（3）无线路由器　无线路由器就是 AP、路由功能和集线器的集合体，支持有线无线组成同一子网，直接连接上层交换机或 ADSL 等。与无线 AP 相比，从外观上看，市面上的无线路由器最大的不同之处是多了有线网口，一般有一个 WAN 口用于上联上级网络设备，四个 LAN 口可以用于连接处于内网中的带有线网卡的计算机。

图 1-27　PCI 无线网卡　　图 1-28　USB 无线网卡　　图 1-29　无线 AP

（4）无线网桥　无线网桥是在链路层实现无线局域网互连的存储转发设备，它能够通过无线（微波）进行远距离数据传输，无线网桥有 3 种工作方式：点对点、点对多点、中继连接。可用于固定数字设备与其他固定数字设备之间的远距离（可达 20km）、高速（可达 11Mbit/s）无线组网。

（5）无线天线　无线天线可以对所接收或发送的信号进行增益（放大），如图 1-30 所示。无线天线有多种类型，不过常见的有两种：一种是室内天线，优点是方便灵活，缺点是增益小，传输距离短；另一种是室外天线。室外天线的类型比较多，一种是锅状的定向天线，一种是棒状的全向天线，如图 1-31 所示。室外天线的优点是传输距离远，比较适合远距离传输。

在选择天线时要考虑无线天线的频率范围、增益、极化方向三个主要参数。对 IEEE 802.11b/g 的 WLAN 设备，要选择频率范围在 2.4GHz ～ 2.4835GHz 的产品；增益表示无线功率放大倍数（单位是 dBi），增益值越大，信号越强，室内天线通常在 4 ～ 5dBi，室外天线通常在 8 ～ 14dBi；极化方向是指天线辐射时形成的电场强度方向，分为水平和垂直两个方向，一般无线天线支持垂直极化方向，当然也可以选择支持两个方向的天线。

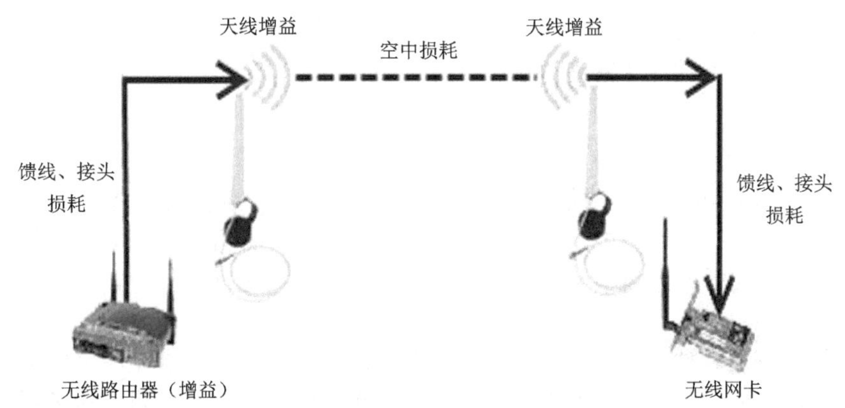

图 1-30　无线天线的作用

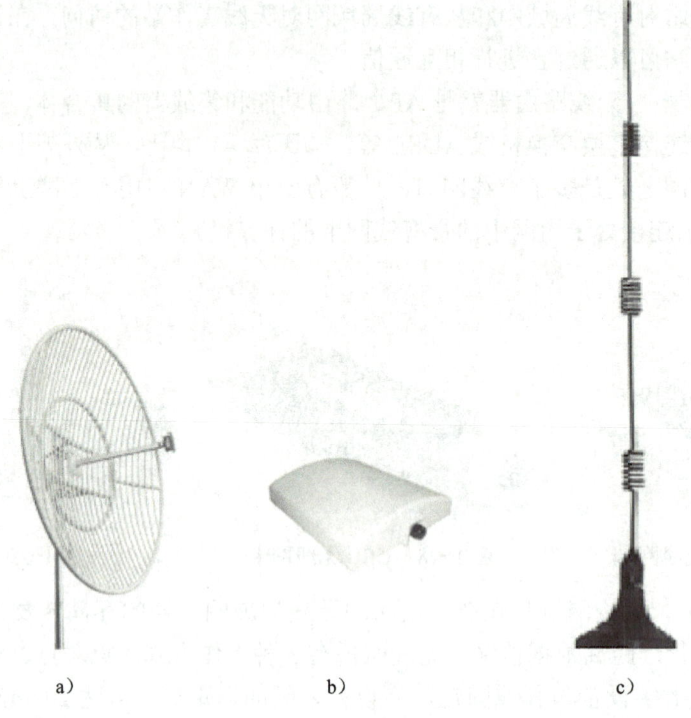

a） b） c）

图 1-31 几种无线天线

a）定向天线 b）室内壁挂天线 c）全向天线

无线局域网所能覆盖的范围是指无线网络产品比如无线网卡、无线 AP（无线访问点）等设备发射信号所能达到的最远距离。根据 802.11 标准，无线设备所能覆盖的最大距离通常为 300m，不过覆盖的范围主要应视环境的具体空间开放情况而定，在设备不加外接天线的情况下，在视野所及之处约 300m；若属于半开放性空间或有隔离物的区域，传输大约在 35 ～ 50m 左右。如果借助于外接天线，传输距离则可以达到 30 ～ 50km 甚至更远，这要视天线本身的增益而定。

1.4 网络软件

局域网的网络软件主要包括网络操作系统、网络数据库管理系统、网络管理软件、网络安全软件、网络应用软件和网络协议软件等。

1.4.1 网络操作系统概述

网络操作系统是实现网络通信的有关协议以及为网络中各类用户提供网络服务的软件的集合，其主要目标是使用户能通过网络上各个计算机站点去方便而高效地享用和管理网络上的各类资源。网络操作系统（NOS）是用户和计算机网络之间的接口，网络用户通过网络操作系统请求网络服务。

网络操作系统是软件平台的核心，其功能和性能在很大程度上决定了网络的整体水平，同时也决定了网络应用及技术的发展方向。组建一个网络仅仅将交换机、服务器等物理设备连接起来是不够的，就要使网络顺利地运行，还需要建立它们之间的逻辑连接。也就是说，

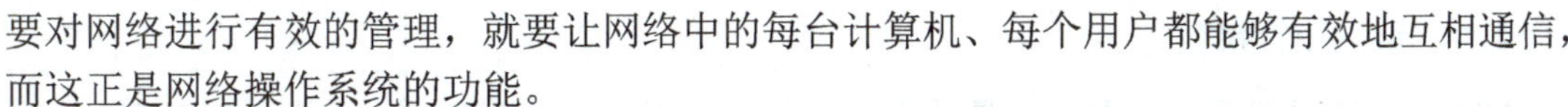

要对网络进行有效的管理，就要让网络中的每台计算机、每个用户都能够有效地互相通信，而这正是网络操作系统的功能。

网络操作系统除了具有处理机管理、存储管理、文件管理、设备管理等基本的操作系统功能外，还必须具有如下两大功能：

1）通过实现各类网络通信协议，提供可靠而有效的网络通信交往能力。

2）通过实现各种网络命令、实用程序和应用接口，向各类用户提供网络服务功能，如文件服务、打印服务等，使用户能根据其规定的权限去使用相应的网络资源，协调对共享资源的访问，保证数据的安全性和一致性。

相对于单机桌面系统，网络操作系统的特点主要有：

（1）安全性　为了保证系统、系统资源的安全性、可用性，网络操作系统往往集成用户权限管理、资源管理等功能，定义各种用户对某个资源存取权限，且使用用户标识 SID 唯一区别用户。

（2）容错性　网络操作系统应能提供多级系统容错能力，包括日志式的容错特征列表、可恢复文件系统、磁盘镜像、磁盘扇区备用以及对不间断电源（UPS）的支持。

（3）高可靠性　网络操作系统运行在网络核心设备（如服务器）上，它必须具有高可靠性，保证系统可以 365 天 24 小时不间断工作，并提供完整的服务。

（4）互操作能力　互操作是指在客户 / 服务器模式的环境下，连接在服务器上的多种客户机和主机，不仅能与服务器通信，而且还能以透明的方式访问服务器上的文件系统。

根据管理共享资源的方式不同，NOS 分为两种不同的机制。分别是对等式网络操作系统和集中式 NOS。常见的网络操作系统有：UNIX 操作系统，Linux 操作系统，Windows NT/2000/2003/2008 操作系统，NetWare 操作系统等。其产品标志如图 1-32 所示。

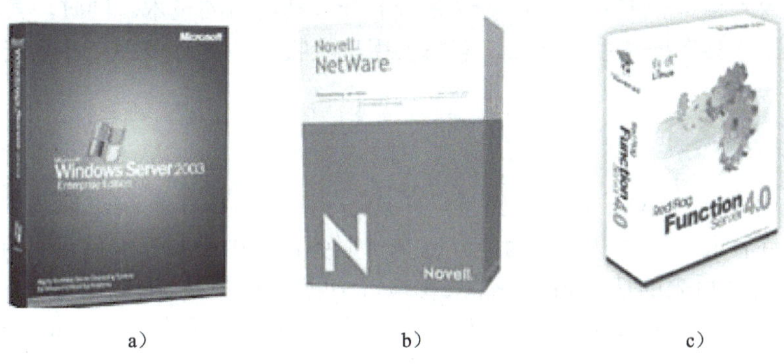

a）　　b）　　c）

图 1-32　常见网络操作系统产品标志

a）微软 Windows 网络操作系统　b）NetWare 网络操作系统　c）红旗 Linux 网络操作系统

1. UNIX 操作系统

UNIX 系统由美国的电报电话公司（AT&T）Bell 实验室在 1969 ～ 1970 年首先在 PDP-7 机器上实现了 UNIX 系统。1973 年 Ritchie 又用 C 语言对 UNIX 进行了重写。目前，UNIX 系统已经从一个非常简单的操作系统发展成为性能先进、功能强大、使用广泛的操作系统。

UNIX 是为多用户环境设计的，即所谓的多用户操作系统，并且具有内建的 TCP/IP 支持。UNIX 具有良好的稳定性、健壮性、安全性等优秀的特性。因为采用模块化的系统设计、逻辑化文件系统、优秀的网络功能以及优秀的安全性，使其成为事实上的多用户、多任务操作系统的标准。

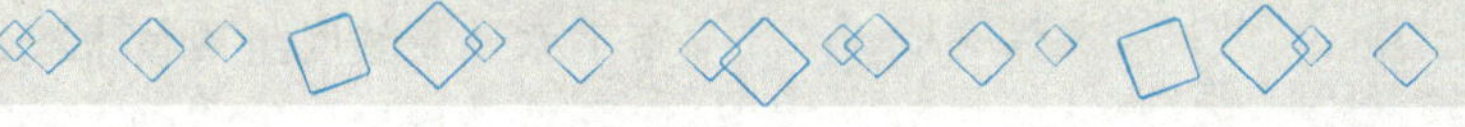

2. Linux 操作系统

UNIX 系统虽然非常优秀，但是其较高的部署费用也是一个事实，在这种情况下，一种高质且免费的兼容产品诞生了，那就是 Linux。Linux 操作系统是芬兰人林纳斯·托瓦兹根据 UNIX 操作系统向微机移植开发的网络操作系统，Linux 是和 UNIX 很相似的一种操作系统，具有 UNIX 的全部特征，并和 Posix 兼容。它是一种真正的多用户多任务操作系统，在 Intranet 和 Internet 应用中占有明显的优势。用户可无偿使用和修改 Linux。Linux 功能强大，运行稳定，配置灵活，内置丰富的网络支持，能与 NetWare、Windows NT、OS/2、UNIX 等无缝连接。可运行于多种硬件平台，并且对硬件要求较低。具备极高的安全性，具有庞大且素质较高的用户群。

Linux 在服务器方面已经非常成熟，在高负荷情况下，Linux 的稳定性比 Windows NT 要好很多，完全可以替代 UNIX 和 Windows NT。

目前 Linux 的发行版本主要有：Turbo Linux，Red Flag（红旗），Blue Point（蓝点），Xteam Linux（冲浪），中软 Linux，Red Hat Linux，fedora 等。

3. Windows NT/2000/2003/2008 操作系统

Windows NT 是美国 Microsoft 公司推出的网络操作系统。微软最早推出的 NT 版本是 Windows NT 3.1，1996 年，微软公司正式推出了 Windows NT 4.0 版本，1997 年初又推出了 Windows NT 中文版。2000 年微软公司推出了 Windows 2000，包括专业版和服务器版。2003 年又推出了 Windows Server 2003，后续版本有 Windows Server 2008。

Windows 类的网络操作系统被设计成一种具有鲁棒性和可靠性的操作系统，这种系统可以很容易地得到维护和扩展，可以随着系统的升级利用新的技术。同时，其操作图形界面的友好，与其家族桌面操作系统一致，容易被用户接收，并支持多种文件系统。很适合办公自动化网络系统使用。

4. NetWare 操作系统

1983 年，伴随着 Novell 公司的面世，NetWare 局域网操作系统出现了。NetWare 能够提供“共享文件存取”和“打印”功能。以文件服务器为中心共享大硬盘和打印机。Novell 的 NDS 目录服务及后来的基于 Internet 的 e-Directory 目录服务是 NetWare 中最有特色的功能。

考虑到目前我国大部分中小型局域网络的实际，本书将重点介绍 Windows Server 2008 网络操作系统，不过，部署 UNIX/Linux 的网络在实际应用中是很多的，在网络中采用多种 NOS 互连也是比较常见的，因此，还是很有必要去了解其他相关网络操作系统的管理与配置知识。

1.4.2 其他网络软件

一个网络中，除了安装核心的网络系统软件，还需要安装网络通信协议软件、网络工具软件、网络管理软件、网络应用软件等。

1. 网络通信协议软件

网络协议是用来实现网络间设备通信的规则的集合，协议软件则是具体实现通信控制与管理功能的软件。

2. 网络工具软件

网络工具软件用来扩充网络操作系统的功能，如网络浏览器、网络下载软件、网络数据库管理系统等。具体包括 IE 浏览器、OutLook、QQ、MSN 等。

3. 网络管理软件

网络管理软件主要用来管理网络中的网络设备（路由器、交换机、防火墙等），一般可以自动发现整个网络的拓扑、远程配置所有的网路设备、检测设备的性能、监控每个端口的流量，并可用来管理限制用户的上网时间、上网主机以及上网访问的业务。

4. 网络版信息管理软件

网络版信息管理软件是基于计算机网络应用而开发出来的网络版软件，如民航铁路网络售票系统、远程物流管理软件、电子商务订单管理软件、酒店管理软件等。

一个网络的运行虽然离不开网络操作系统的控制与管理，但其他相关网络软件也会给网络的维护与管理带来很多方便。

1.5 局域网通信协议

在局域网通信中，为了能够使通信中的两台或多台计算机之间成功地发送和接收信息，必须制定并遵守互相都能接受的一些规则，这些规则的集合称为通信协议。

1.5.1 局域网通信协议概述

【实例 1-2】

小王在对某网络配置时，遇见这样一个问题，就是需要安装几种协议，是不是安装 TCP/IP 协议就可以解决所有通信问题，应如何处理这样的问题？

【分析】网络协议有多种，并不是协议安装得越多越好，而是必须根据网络的组成、功能及网络是否有互连需求等选择网络协议。

目前，常见的局域网协议有：TCP/IP 协议、IPX/SPX 协议、NetBEUI 协议等。

1. IPX/SPX 协议

IPX 协议基于施乐公司的 Network System（XNS）协议，而 SPX 是基于施乐的 SPP（Sequenced Packet Protocol：顺序包协议）协议，它们都是由 Novell 公司开发出来应用于局域网的一种高速协议。它和 TCP/IP 的一个显著不同点就是寻址不使用 IP 地址，而是使用网卡的物理地址（MAC）。在实际使用中，基本不需要任何设置，装上即可使用。

2. NetBEUI 协议

即 NetBIOS Enhanced User Interface（NetBIOS 增强用户接口）。它是 NetBIOS 协议的增强版本，NetBEUI 协议可以在 Win 9x 系列、Windows NT 系统使用，是 Windows 98 之前的操作系统的默认协议。NetBEUI 协议是一种短小精悍、通信效率高的广播型协议，安装后不需要进行设置，特别适合于在“网络邻居”传送数据。所以建议除了 TCP/IP 协议之外，局域网的计算机最好也安装上 NetBEUI 协议。

3. TCP/IP 协议

TCP/IP（Transmission Control Protocol/Internet Protocol 的简写，中文译名为传输控制协议 / 互联网络协议）。TCP/IP 协议是 Internet 最基本的协议，简单地说，就是由底层的 IP 协议和 TCP 协议为主组成的一个协议群。TCP/IP 协议的开发工作始于 20 世纪 70 年代，是用于互联网的唯一协议。

本例中，要想让网络可以运行各类软件，则至少要安装 TCP/IP 协议和 NetBEUI 协议。安装 TCP/IP 的意义在于：一方面要与 Internet 相连，必须安装该协议；另外一方面，目前大部分局域网其实就是 Intranet，安装 TCP/IP 协议才可以保证能获得各种信息服务。

考虑到局域网与外网络如广域网连接的实际需要，还应注意一些常用的广域网协议，如 PPP（Point to Point Protocol）、HDLC（High level Data Link Control）、fram-relay 等。

1）PPP：点对点的协议，某些路由器默认封装，是面向字符的控制协议。

2）HDLC：高级数据链路控制协议，Cisco 路由器默认的封装，是面向位的控制协议。

3）fram-relay：表示帧中继交换网，它是 x.25 分组交换网的改进，以虚电路的方式工作。

1.5.2 IP 地址管理与分配

在局域网特别是以太网中，实际上是通过 MAC 地址进行物理寻址的，而在 TCP/IP 网络中要确认网络上的每一台计算机，靠的就是能唯一标识该计算机的网络地址，这个地址就叫做 IP 地址。

目前，IPv4 的 IP 地址是一个 32 位的二进制地址，为了便于记忆，将它们分为 4 组，每组 8 位，由小数点分开，用四个字节来表示，用点分开的每个字节的数值范围是 0 ～ 255，如“172.16.0.1”，这种书写方法叫做点数表示法。IP 地址由两部分组成，分别是网络地址和主机地址。网络地址表示其所属的网络段编号，主机地址则表示该网段中该主机的地址编号。

在设置 IP 地址时还会用到子网掩码，这是与 IP 地址结合使用的一种技术。子网掩码和 IP 地址的“与”运算得出对应的网络地址。它的主要作用有两个，一是用于确定地址中的网络号和主机号，二是用于将一个大的 IP 网络划分为若干小的子网络。子网掩码中左边连续为“1”的部分定位网络号，右边连续为零的部分定位主机号。因此，当 IP 地址与子网掩码二者相“与”（and）逻辑运算时，非零部分即为网络号，为零部分即为主机号。子网掩码的另外一个作用是将一段 IP 地址再细分成更小的网段，如将一组 C 类 IP 地址继续分成多个网络段，方法很简单，只要将原来定位网络号的部分延长即可。如果将子网掩码“1”的位数减小则网络地址数减少，形成超网，相当于网络的聚合。

【实例 1-3】

某网络拥有 500 台主机，并采用 TCP/IP 协议，准备接入 Internet，现在要求网络管理员小王来给网络中每台计算机分配 IP 地址，请问该如何处理。

【分析】既然采用 TCP/IP 协议，要解决这个问题，就必须确定网络的规模大小以及 IP 地址能否采用公网 IP 地址，同时，还要确定其分配形式，是采用固定静态 IP 地址还是动态分配。首先来了解一些 IP 地址分配与管理的相关知识。

按照网络规模的大小，IP 地址可以分为 A、B、C、D、E 五类，其中 A、B、C 类是三种主要的类型地址，D 类专供组播地址，E 类用于扩展备用地址。

A 类地址的表示范围为：0.0.0.0 ～ 126.255.255.255，默认子网掩码一般为：255.0.0.0。一般 A 类地址分配给规模特别大的网络使用。B 类地址的表示范围为：128.0.0.0 ～ 191.255.255.255，默认子网掩码一般为：255.255.0.0。B 类地址分配给一般的中型网络。C 类地址的表示范围为：192.0.0.0 ～ 223.255.255.255，默认子网掩码一般为：255.255.255.0。C 类地址分配给小型网络，如小型的局域网和校园网，它可连接的主机数量是最少的（254 台 / 网）。

在 Internet 上，IP 地址由 Inter NIC（Internet Network Information Center）统一负责全球地址的规划、管理，同时由 Inter NIC、APNIC、RIPE 三大网络信息中心具体负责美国及其他地区的 IP 地址分配。分配的时候可以采用固定 IP（长期固定分配给一台计算机使用的 IP 地址），也可以采用动态 IP（由 ISP 通过 DHCP 动态分配暂时的一个 IP 地址）。一般服务器应采用静态 IP 地址。

考虑到部分局域网对 IP 地址的使用需求，IP 地址还可以分为公有地址和私有地址，由 Inter NIC 负责分配的是公有地址（Public address）。这些 IP 地址分配给注册并向 Inter NIC 提出申请的组织机构。通过它用户可以直接访问互联网。很显然，公有 IP 地址是远远不够用的，因此，对局域网这样的小型网络，Inter NIC 特意保留的一些 IP 地址属于非注册地址，也称私有地址，专门为网络内部使用。以下列出的就是可以使用的私有 IP 保留地址。

1）A 类保留 IP 地址范围 10.0.0.0 ～ 10.255.255.255。

2）B 类保留 IP 地址范围 172.16.0.0 ～ 172.31.255.255。

3）C 类保留 IP 地址范围 192.168.0.0 ～ 192.168.255.255。

以上这几个地址段，网络管理员可以根据网络规模随意使用，但是不能直接用这些 IP 地址连入 Internet，一般的做法是：在网络内部使用私有 IP 地址，同时通过 ISP 再申请一个或一段公用 IP 地址，连接到 Internet 时通过 NAT（网络地址转换）使用公网 IP 地址发送信息，对于一个局域网而言，无论其中有多少台计算机，只需要有一个或几个公网 IP 地址即可。这种方式既节约了 IP 地址，又能同时满足多个用户的上网需求，目前网吧和校园网络一般都使用私有 IP 地址结合 NAT 模式进行 IP 地址管理与分配。

针对前面的实例问题，其解决方案是：由于该网络属于中型网络，建议采用 B 类保留私有 IP 地址，并采用静态分配（也可通过 DHCP 服务器来动态分配），IP 地址范围是 172.16.0.1 ～ 172.16.1.246，子网掩码是 255.255.0.0。考虑连接 Internet 的需要，建议向 ISP 申请一段公网 IP 地址通过 NAT 技术来实现 Internet 连接与 IP 地址共享。

在实际的网络管理中，IP 地址分配与子网划分是管理员必须掌握的技能之一，而防止 IP 地址欺骗、盗用，则是网络安全管理人员的基本要求。

1.6　局域网管理基础

网络管理就是指采用某种技术和策略以能够保证整个网络正常运行、疏通业务量和提高网络接通率的一个系统。它不仅涉及各个厂商的网络设备和计算机设备，而且涉及多个国际标准、国内标准以及各个厂商的内部标准。

1.6.1 局域网管理的范围与任务

计算机网络的发展特点是规模不断扩大，复杂性不断增加，异构性越来越高。一个网络往往由若干个大大小小的子网组成，集成了多种网络系统（NOS）平台，并且包括了不同厂家的网络通信设备等。同时，网络中还包含各种服务。如果没有一个高效的管理系统对网络系统进行管理，用户对网络性能要求就很难得到保证。为了保证网络有良好的性能，必须使用网络管理系统。网络管理系统监视和控制网络，即对网络进行配置、获取信息、监视网络性能、监视和管理故障以及进行安全控制。

网络管理目的很明确，就是使网络中的各种资源得到更加高效的利用，当网络出现故障时能及时做出报告和处理，并协调、保持网络的高效运行等。

1.6.2 OSI 网络管理域

OSI 体系中，将网络管理分为五大功能域，它们是：故障管理、配置管理、性能管理、安全管理和计费管理。这五大功能域包括了保证一个网络系统正常运行的基本功能。

1. 配置管理

配置管理主要完成自动发现网络拓扑结构，构造和维护网络系统的配置。监测网络被管对象的状态，完成网络关键设备配置的语法检查，配置自动生成和自动配置备份系统，对于配置的一致性进行严格的检验。

2. 故障管理

故障管理主要完成对所有的网络设备和网络通道的异常运行情况进行实时监视，完成对告警信号的监视、报告、存储以及故障的诊断、定位和处理等任务，并给出告警显示，使用户能在尽可能短的时间内做出反应和决定，以采取相应的措施对故障进行隔离和校正，恢复由故障而影响的业务。故障管理内容主要包括故障检测、故障诊断、故障修复和故障报告等功能模块。

3. 性能管理

性能管理主要完成采集、分析网络对象的性能数据，监测网络对象的性能，对网络线路质量进行分析。同时，统计网络运行状态信息，对网络的使用发展做出评测、估计，为网络进一步规划与调整提供依据。从而提高整个网络的运行效率。它主要包括性能数据的采集和存储，性能门限的管理，性能数据的显示和分析等功能。

4. 安全管理

安全管理主要完成结合使用用户认证、访问控制、数据传输、存储的保密与完整性机制，以保障网络管理系统本身的安全。维护系统日志，使系统的使用和网络对象的修改有据可查，控制对网络资源的访问。它提供的主要模块有：操作者级别和访问控制权限的管理、数据安全管理、操作日志管理、审计和跟踪、灾难恢复措施。

5. 计费管理

计费管理主要完成利用网络设备（交换机或者路由器）按网络地址进行双向流量统计，

产生多种费用信息统计报告及流量对比，并提供网络计费工具，以便用户根据自定义的要求实施网络计费。本功能负责记录用户对网络业务的使用情况以及确定使用这些业务的费用。

在实际的网络管理环境中，并不要求网络管理系统同时具备这五项管理功能，具体应用中，可以综合运用相应的网络管理系统来实现网络管理功能。

1.6.3 SNMP 网络管理

由于网络管理所面对的网络产品的复杂性和异构性，管理者要学习各种从不同网络设备获取数据的方法。往往具有相同功能的设备，而不同的生产厂商提供的数据采集方法却大相径庭。在这种情况下，制定一个行业标准的紧迫性越来越明显。网络管理协议的产生是历史的必然。

SNMP（简单网络管理协议）是由一系列协议组和规范组成的，它提供了一种从网络上的设备中收集网络管理信息的方法。SNMP 得到了数百家厂商的支持，其中包括 IBM、HP、SUN 等大公司和厂商，目前 SNMP 已成为网络管理领域中事实上的工业标准，并被广泛支持和应用，大多数网络管理系统和平台都是基于 SNMP 的，SNMP 不依赖于具体单一厂家设备。

对于 SNMP 来说，如何获取被管设备的具体信息是非常有价值的，从被管理设备中收集数据有两种方法：一种是轮询（polling-only）方法，另一种是基于中断（interrupt-based）的方法。SNMP 使用嵌入到网络设施中的代理软件来收集网络的通信信息和有关网络设备的统计数据。代理软件不断地收集统计数据，并把这些数据记录到一个管理信息库（MIB）中。网管员通过向代理的 MIB 发出查询信号可以得到这些信息，这个过程就叫轮询（polling）。这样，网管员可以使用 SNMP 来评价网络的运行状况与趋势，如某网段接近通信负载的最大能力或正使通信出错等。一般来说，网络管理工作站轮询在被管理设备中的代理来收集数据，并且在控制台上用数字或图形的表示方法来显示这些数据。其工作原理如图 1-33 所示。

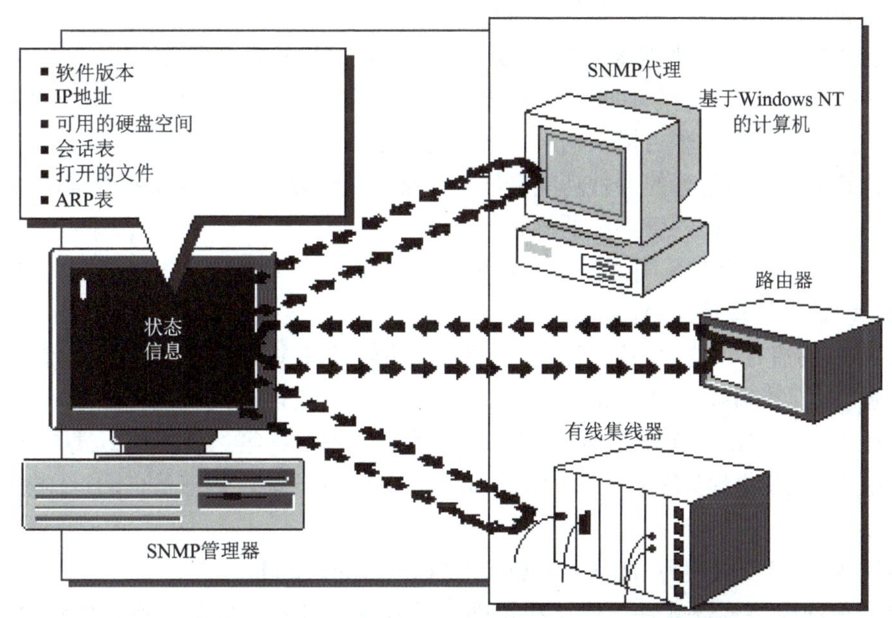

图 1-33　SNMP 网络管理原理图

针对基于 SNMP 的网络管理系统，SNMP 提供了四类管理操作：get 操作用来提取特定的网络管理信息；get-next 操作通过遍历活动来提供强大的管理信息提取能力；set 操作用来对管理信息进行控制（修改、设置）；trap 操作用来报告重要的事件。

近年来，SNMP 发展很快，已经超越传统的 TCP/IP 环境，事实上，SNMP 是被设计成与协议无关的，所以它可以在 IP、IPX、AppleTalk、OSI 以及其他用到的传输协议上使用。相对于 OSI 标准，SNMP 简单而实用。

1.6.4 网络管理系统

网络管理是保证计算机网络，特别是大型计算机网络正常运行的关键因素。随着网络应用和规模的不断增加，网络管理工作越来越繁重，网络故障也频频出现，主要的问题有：不了解网络运行状况，系统出现瓶颈；当系统出现故障后，不能及时发现、诊断；网络设备众多，配置管理非常复杂；网络安全受到威胁；ISP 需要控制访问，通过流量和时间对用户计费。以前当网络出现故障时，许多企业会简单地通过再购买一些服务器来解决问题，而现在可能会考虑购买网管软件来加强网络管理，以优化现有网络性能，网管软件市场开始迅速变大。

网络管理系统是一个软硬件结合以软件为主的分布式网络应用系统，其目的是管理网络，使网络高效正常运行。网络管理系统主要由四个要素组成：若干被管的代理（Managed Agents）、至少一个网络管理器（Network Manager）、一种公共网络管理协议（Network Management Protocol）、一种或多种管理信息库（MIB，Management Information Base）。

按照管理对象的不同，网管软件可以分为系统管理软件和设备管理软件。系统管理软件是对整个网络进行全面、深入监测管理的软件，它管理的对象包括服务器、网络设备和应用系统，管理的技术和方法更加专业、精深。设备管理软件主要是各网络设备厂商推出的，但其应用只面向网络设备，各设备管理软件之间一般不兼容。

网络管理的需求决定网管系统的组成和规模，任何网管系统无论其规模大小，基本上都是由支持网管协议的网管软件平台、网管支撑软件、网管工作平台和支撑网管协议的网络设备组成。其中网管软件平台提供网络系统的配置、故障、性能及网络用户分布方面的基本管理，也就是说，网络管理的各种功能最终会体现在网管软件的各种功能的实现上，软件是网管系统的“灵魂”，是网管系统的核心。

一个典型的网络管理系统由四部分组成：网络管理站（NMS）、运行在网络设备上的管理代理、协议和管理信息集。

随着 Web 的流行和技术的发展，可考虑将网络管理和 Web 结合起来，这就是基于 Web 的网络管理模式（Web-Based Management，WBM），其实现方式有两种：第一种方式是代理方式，即在一个内部工作站上运行 Web 服务器（代理）；第二种实现方式是嵌入式。它将 Web 功能嵌入到网络设备中，每个设备有自己的 Web 地址，管理员可通过浏览器直接访问并管理该设备。

著名的网络管理软件有：HP Open View、3Com Transcend。

选择合适的网络管理软件，应该根据网络的规模以及管理的重点有目的地进行选择，此外，如何有效利用网络管理软件也是实际中存在的问题。

1.6.5　局域网安全技术

计算机网络系统安全定义为：“计算机网络系统的硬件、软件和数据受到保护，不因偶然和恶意的原因而遭到破坏、更改和泄露，系统连续正常运行。”其基本思路是通过采取各种技术手段和管理的安全措施与制度，使网络系统保持正常运行，从而确保网络数据的可用性、完整性和保密性。最低限度能确保经过网络所传输、交换和存储的数据不会发生非授权的增加、修改、丢失和泄露等。

网络的安全是目前网络管理维护中的一个重要问题。当前，很多局域网由于缺乏有效的管理机制或不能有效地将其执行，在技术层面上往往不配备网络管理员或专职的网络安全技术人员，对安全缺乏足够的重视，也缺乏必要的安全保障措施。同时，整体上也缺乏有效的安全信息通报渠道，加之存在安全服务行业发展不能满足社会需要等问题。这样就带来很多安全隐患与威胁，使当前局域网的安全状况不容乐观。

计算机网络安全的内容应包括两方面：即物理安全和逻辑安全。物理安全指系统设备及相关设施受到物理保护，免于破坏、丢失等；逻辑安全包括信息完整性、保密性和可用性：保密性指高级别信息仅在授权情况下流向低级别的客体；完整性指信息不会被非授权修改，信息保持一致性等；可用性指合法用户的正常请求能及时、正确、安全地得到服务或回应。

在网络体系中，值得关注的安全问题主要有：

1．操作系统的安全性

目前流行的许多操作系统均存在网络安全漏洞，如 UNIX 操作系统、Windows NT/2000/2003/2008、NetWare 操作系统等。

2．协议安全

目前大部分协议在设计中没有考虑到数据的安全问题，如 TCP/IP 协议。

3．防火墙的安全性

防火墙产品自身是否安全，是否设置错误，应经过实际检验。

4．内网安全威胁

大部分的网络攻击实际来源于网络内部，由于网络的管理制度不健全，如缺少管理者的日常维护、数据备份管理、用户权限管理以及应用软件的维护等，因此容易造成内部攻击比外部攻击更容易实现的状况。

5．数据传输过程中的信息泄露

数据传输过程中如果采用明文发送的方式，则很容易造成信息在传输过程中发生泄密。

局域网的安全问题主要来源于两个方面：一个是来自于外部网络攻击，另一个则是来自于网络内部，也就是内网安全问题。

针对外部网络的非法用户的恶意攻击、窃取信息等安全事件，通过现有的安全措施如防火墙、安全协议以及数据加密和访问控制技术，可以有效控制安全问题。大部分的网络安全问题实际上都来自于网络内部，在兼顾外网安全的同时，管理员必须把内网安全摆在首要位置，这也就是说内网安全更容易破坏整个网络的整体安全体系。

制定网络安全方案的一般步骤是：制定合理的目标和策略→选择可行的技术方案→确定可以接受的代价→选择适当的产品→制定相应的管理措施。同时，需要注意的是，无论采取什么样的安全策略，保护现有数据的安全性，提高数据容灾能力是非常必要的。

1.6.6 Windows 网络命令初步

一般来说，操作系统都会自带一些网络命令程序，这些命令的功能尽管简单，对用户却有很大帮助。在 Windows 网络系统中，也提供了一些网络命令，这些命令可以帮助用户完成一些常规的网络应用和管理操作，因此，掌握必要的网络命令是非常必要的。

1. Ping 命令

Ping 是一个基于 ICMP 协议的命令，可以测试计算机名和计算机的 IP 地址，验证与远程计算机的连接，通过向计算机发送 ICMP（Internet Control and Message Protocol，互联网控制消息报文协议）回应数据包并且回应数据包的返回时间，以校验与远程计算机或本地计算机的连接情况。Ping 命令主要用来证实当前主机与目的主机间存在一条连通的物理路径。如果执行 Ping 不成功，则原因可能是网线没有连通或网卡配置不正确以及 IP 地址冲突等；如果执行 Ping 成功而网络仍无法使用，则网络系统在软件配置方面可能存在问题。

Ping 命令还提供了许多参数，如 -t 使主机不断地向目的主机发送数据，直到使用 <Ctrl+C> 中断；-n 可以确定向目的主机发送的数据帧数等。如图 1-34 所示，显示为向 IP 地址为 192.168.1.254 的主机发送 Ping 命令数据，并成功应答。

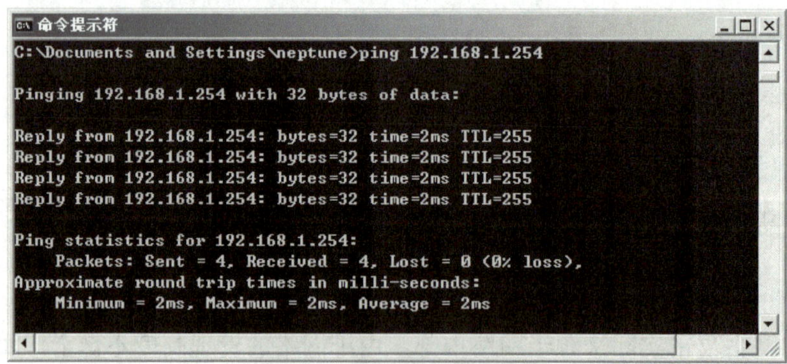

图 1-34 Ping 命令窗口

2. Ipconfig

Ipconfig 用来显示主机内 IP 协议的配置信息。这些信息包括：网络适配器的物理地址、主机的 IP 地址、子网掩码以及默认网关等，还可以查看主机的相关信息，如主机名、DNS 服务器、节点类型等。其中网络适配器的物理地址在检测网络错误时非常有用。通过在命令后加“/ALL”参数，可以准确获取全部的网络参数信息。如图 1-35 所示为“Ipconfig/ALL”命令执行后的窗口。

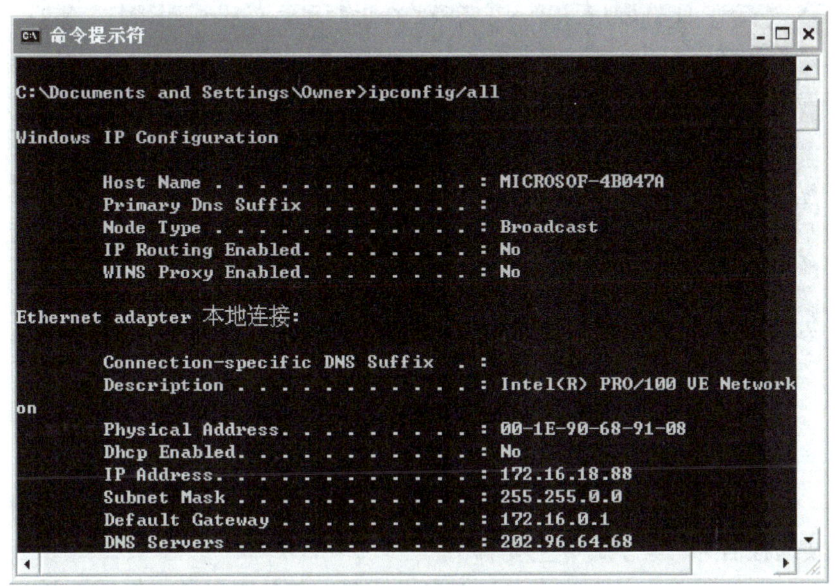

图 1-35 Ipconfig 命令窗口

3. Tracert

Tracert 命令程序通过向目标计算机发送具有不同生存时间的 ICMP 数据包，来确定到目标计算机的路由，也就是说用来跟踪一个消息从一台计算机到另一台计算机所走的路径。这个程序的功能是判定数据包到达目的主机所经过的路径、显示数据包经过的中继节点清单和到达时间。命令执行窗口如图 1-36 所示。

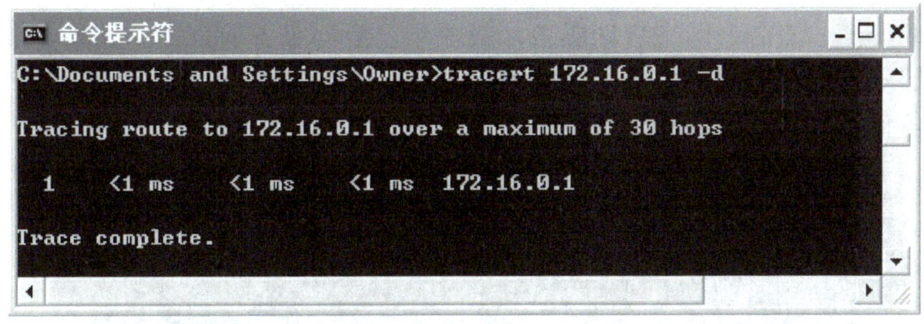

图 1-36 Tracert 命令窗口

4. Netstat

Netstat 命令有助于了解网络的整体使用情况。它可以显示当前正在活动的网络连接的详细信息，如采用的协议类型、当前主机与远端相连主机（一个或多个）的 IP 地址以及它们之间的连接状态等。它提供的较为常用的参数是：-e 用以显示以太网的统计信息；-s 显示所有协议的使用状态，一般这两个参数都是结合在一起使用的。另外 -p 可以选择特定的协议并查看其具体使用信息，-a 可以显示所有主机的端口号，-r 则显示当前主机的详细路由信息。该命令执行窗口如图 1-37 所示，显示了当前本机的网络连接状态。

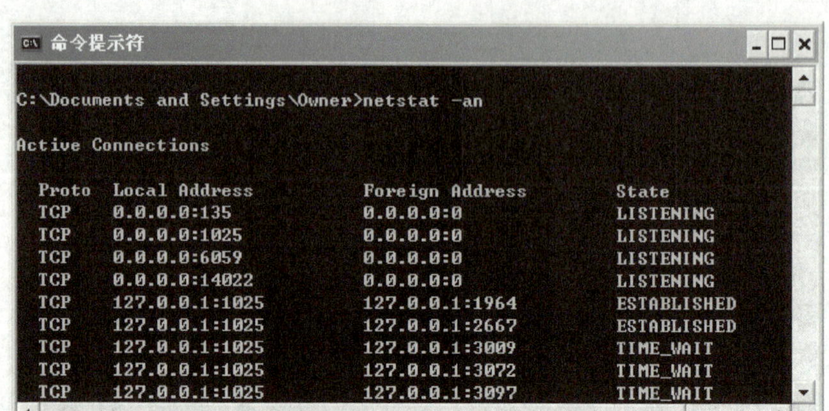

图 1-37　Netstat 窗口

5. Net 命令集

Net 是一个命令集，并且也是一个命令行命令。Net 命令可以管理网络环境、服务、用户、登录等本地及远程信息，其子命令主要有：

（1）Net use　Net use 命令的原理与作用将计算机与共享资源连接或断开，或者显示关于计算机连接的信息。该命令还控制持久网络连接。Net use 命令的格式是：

Net use [device name | *] [\\ 计算机名 \ 共享名 [\volume]] [口令 | *]] [/user:[域名 \] 用户名] [[/delete] | [/persistent:{yes | no}]]

在没有参数的情况下使用，则 Net use 检索网络连接列表，查看与本机相连的共享资源。

（2）Net user 命令　Net user 命令是添加或修改用户账户或者显示用户账户信息。Net user 命令格式是：

net user [用户名 [口令 | *] [options]]

没有参数的情况下使用，Net user 将显示计算机上用户账户的列表。

（3）Net start　该命令用来启动服务，或显示已启动服务的列表。如果要查看本地计算机所开启的服务，在命令提示符下输入命令 Net start。如图 1-38 所示为如何启动“Server”服务，该服务使计算机可以共享网络上的资源。

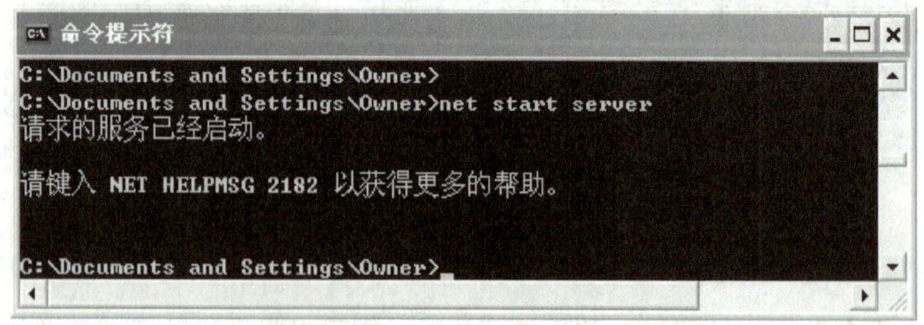

图 1-38　Net start 命令启动服务

6. AT 命令

AT 命令用来列出指定的时间和日期在计算机上运行的已计划命令或计划命令和程序。必须正在运行计划服务才能使用 AT 命令。远程计算机必须为 Windows NT/200/2003 主机，还必须具有一定的权限才能执行此命令。

命令的参数及使用：

命令格式：

at [\\ 计算机名] [[命令的识别码] [/delete] | /delete [/yes]]

at [\\ 计算机名] time [/interactive] [/every: date[,...]| /next: date[,...]] common

如果在没有参数的情况下使用，则 AT 列出已计划的命令，而 time 选项指定运行命令的时间。将时间以 24 小时标记（00:00 ～ 23:59）的方式表示为小时：分钟，/interactive 允许作业与在作业运行时登录用户的桌面进行交互。/every: date[,...] 在每个星期或月的指定日期（例如，每个星期一，或每月的第一天）运行命令。将 date 指定为星期的一天或多天（M，T，W，Th，F，S，Su），或月的一天或多天（使用 1 ～ 31 的数字）。用逗号分隔多个日期项。如果省略了 date，将假定为该月的当前日期。common 指定要运行的 Windows 命令、程序（.exe 或 .com 文件）或批处理程序（.bat 或 .cmd 文件）。例如，在每个 Saturday（周六）的早上 1:00，计算机定时启动 BackUp.bat 批处理文件。BackUp.bat 是一个批处理文件，包含能对系统进行数据完全备份的多条命令。其运行界面如图 1-39 所示。当命令需要路径作为参数时，请使用绝对路径，如果命令不是可执行（.exe）文件，则必须在命令前加上 cmd /c，例如，cmd/c dir > c:\a1.txt。

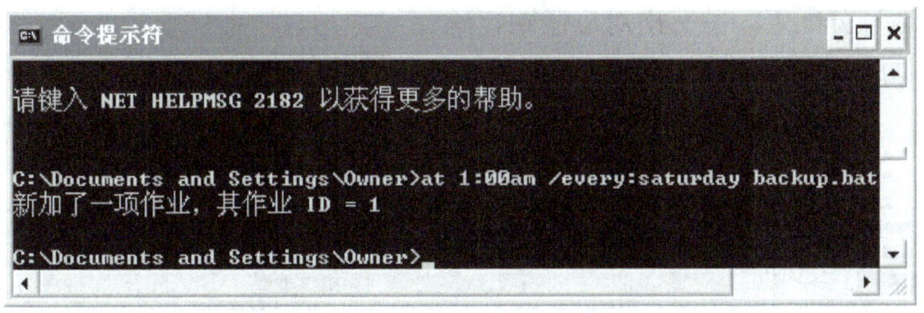

图 1-39　AT 命令运行窗口

1.7　课后小结与习题

小　　结

本章主要介绍了局域网的概况，重点介绍了网络的软硬件组成，如服务器、交换机、路由器以及通信介质的主要组成与分类。同时对网络协议的分类及 TCP/IP 协议进行了讲述，并介绍了 IP 地址的分配与管理。最后简单介绍了网络管理与安全的基本常识。本章的学习主要目的不是要求去记住那些概念，而是应该对局域网有一个整体的了解，在技能方面应能学会网络软硬件的识别与分类，能说清每种设备的用途。

知 识 习 题

1-1　局域网的组成主要包括哪些，常见分类方式有哪些？

1-2　IEEE 802 系列标准中，哪些与以太网络有关？

1-3　请写出服务器、交换机、路由器的主要分类与参数。

1-4　某网络主机配置的 IP 地址为 192.168.0.1，判断其属于哪类网络，在与 172.16.0.1

主机连接时，是否需要使用路由器？

1-5 请比较无线局域网和有线局域网适应场合的不同。

1-6 什么是网络操作系统，它具备哪些功能，请举出常见的网络操作系统。

1-7 网络管理的五大功能是什么？

1-8 SNMP 的基本工作原理是什么，SNMP 是否只能在 TCP/IP 环境下使用？

技能习题

1-1 请实地考察一个局域网（如网吧、计算机教室），并记录一下该网的硬件组成清单与主要参数（IP 地址分配，主机名分配），画出其拓扑结构。

1-2 通过搜索引擎，查询以下关键字“网络拓扑”、“无线网”，“光纤分类”，“网络管理软件”。

1-3 实地考察当地计算机市场或通过网络查询主要网络设备的价格（服务器、交换机、路由器）。（推荐查询站点：联合商情网 http://www.it168.com）

1-4 某单位有 320 台计算机主机，分属 8 个部门，现在要分配 IP 地址，请根据实际情况，画出 IP 地址分配表。并写出对应子网掩码。

1-5 通过网络查询思科 WS-C2960-24TT-L 交换机的参数，填写表 1-3，并查询相关参数的含义。

表 1-3 思科 WS-C2960-24TT-L 交换机的参数

交换机类型		应用层级	
传输速率		接口类型	
网管功能		背板带宽	
包转发率		MAC 地址表	
是否支持 VLAN		是否支持网管	
端口结构		接口数量	
支持网络标准		模块化插槽数	
堆叠功能		是否支持路由	

1-6 练习掌握常见的 Windows 网络命令。

第 2 章 局域网组网与布线技术

网络的组建与维护过程是非常系统和严谨的，一个网络在规划设计过程中，必须注意以下几个方面：满足应用；标准化和开放性；可扩展性和升级能力；实用性和经济性；可靠性与安全性；灵活性与兼容性。同时，应采用综合布线技术作为网络建设的标准。通过对本章的学习，将了解有关组网布线的知识与技能，同时还应掌握交换机和路由器的连接与基本配置技术。

学习目标	
知识要求	1）掌握中小型网络的设计与组建流程。 2）了解综合布线规范、布线验收标准与性能测试知识。 3）了解网络机房基本环境要求。 4）熟悉双绞线特性及布线测试技术。 5）了解光纤网络特性及布线技术。 6）掌握交换机连接与配置基础知识。 7）掌握路由器连接与配置基础知识。
岗位职业能力目标	1）能根据实际网络环境画出网络拓扑结构图。 2）能根据实际情况制定网络设备需求表。 3）能用网络线缆制作工具制作简单的局域网线缆接头。 4）能够使用相应工具检测线路连通性。 5）能正确连接交换机和路由器设备。 6）掌握基本的交换机和路由器配置命令。

2.1 局域网组网规划与设计

按照系统的观点，通常一个网络的生命周期可以分为以下几个阶段：

（1）分析规划与设计阶段 该阶段主要任务是分析整个网络与用户需求、确定网络结构，搜集相关资料作为网络实施的参考。

（2）网络实施阶段 根据设计阶段产生的结果，按照工程实施图进行设备物理连接。

（3）运行与维护阶段 网络实施后就必须得到及时维护，这一阶段应该是网络生命周期最长的阶段，并且将在此阶段产生网络的连续投资费用。

其中，网络规划阶段是网络生命周期的第一阶段，没有正确的计划和对未来发展的考虑，实施和扩展网络将会非常困难。在计划阶段，需要明确现有网络体系、新的需求、设计目标

与约束，才能进行下一步的分析与设计。

2.1.1 组网规划与设计

【实例 2-1】

小王在网络技术公司做技术员，现在公司准备承揽一项网络工程，按要求需要准备必要的资料参加竞标，小王该做哪些准备工作呢？

【分析】实际这是一个关于如何进行网络规划设计的问题，在网络工程中一般把组网设计分为如下步骤：需求分析、现有网络分析、网络设计（逻辑与物理网络设计）等。小王需要提供的就是这些资料的汇总分析设计报告。

下面介绍在组网规划设计阶段的几个关键步骤：

1. 用户需求分析

用户需求分析就是对用户提出的需求进行调研，保证后面的设计符合实际情况。需求分析是开发过程中最关键的阶段。设计者必须针对网络与用户需求提供网络设计应达到的目标，需求分析可以使设计者更好地评价现有网络，更客观地做出决策。其中，重点要考虑的需求包括：组织整体需求、用户需求、应用需求、计算机平台需求和网络需求。

需求分析阶段最终要编写需求说明书，该说明书便于网络设计者的整体把握，并能够向决策层提供决策所用的信息。需求分析报告文档应包括：综述、需求分析阶段总结、需求分析数据总结、需求清单、申请批准部分。

2. 现有网络分析

现有网络分析主要是搜集信息，这里所说的收集信息主要包括：当前 LAN/WAN 的拓扑结构、网络软件以及采用的协议体系、安全需求、当前使用的网络设备、当前使用的广域网线路。通过对当前状态的分析以及用户对未来网络发展的需求的归纳总结，将形成比较清晰的网络构建思路及方案。

3. 网络设计（逻辑设计与物理设计）

网络设计通常来说是以较低的运作及建设成本构建一个在整体性能、扩展性、安全性、可靠性等方面都具有良好表现，并易于操作和使用，具有较好的维护性的网络。必须要注意在网络造价与性能、施工条件等因素之间进行多种组合方案的选择。这主要包括实际场地环境设计、设备与材料选型、网络系统软件选型以及网络管理和资金费用等，一般在设计中应提供备选设备的技术参数及相关成本供参考。在设计中，以下几个原则是要权衡考虑的：

（1）实际原则　一切从网络现状实际出发，遵照实际情况确定方案的选择与实施。

（2）先进原则　利用最先进与成熟的计算机网络技术来建设网络平台和应用系统，并不断跟踪国内外的最新技术动态，保持系统的先进性和可靠性。

（3）经济原则　在设备选型和软件开发平台的选择上，对具有相似功能的产品进行全面的比较，用有限的资金购买更多的、性能价格比更高的产品，同时要参考维护和运行成本。

2.1.2　拓扑设计与文档制作

网络拓扑设计是指根据应用的流量、时延、可靠性等具体要求，设计计算机端系统、网络互连设备以及相应的管理服务器、信息服务器和安全设备与连接线的结构和位置，并使网络在成本较低的情况下，其实用性、安全性等各方面最好。拓扑是一个网络的骨架，它在很大程度上决定了网络的性能与价格，因此选择网络的拓扑结构必须依照以下几个方面：投资方资金投入、业务开展方式、可管理性、可维护性、网络的性能。

网络系统的拓扑设计应将重点放在相应局域网的传输数据量与所选择信道的速率的匹配以及在局域网内部和建筑物之间的流量的匹配上。一般应遵循层次设计的思想，并简化网络的构建，通常网络设计分为三层，这三层及其主要功能分别是：

（1）核心层　提供网络节点之间的最佳传输通道。

（2）汇聚层　提供基于策略的连接控制。

（3）访问层　提供用户接入网络的通道。

每一层都为网络提供了特定而必要的功能，通过各层功能的配合，从而构建一个功能完善的网络，这些层功能都可以通过路由器或交换机实现。

在规划与设计的不同阶段，用户和设计者彼此都要提供不同的文档，需要提供的主要有可行性分析报告、需求分析报告、用户需求说明书、网络逻辑图、网络物理连接图、网络地址分配、物理设备说明书、用户确认文件、网络设计任务书（包括拓扑图、平面图、施工方案、软硬件配置清单、施工材料清单），最后还应提供网络测试报告。当然，如果是采取投标形式完成的，还应该有投标书。

一个网络的好坏，从其拓扑图的设计开始就基本定型，而其文档资源的齐全与规范直接就能反映出网络实际建设水平和质量。

2.1.3　网络拓扑图绘制软件

在确定网络的整体设计以后，网络的组建者应该提供一个网络拓扑图，网络拓扑图可以使用户和建设者明白网络的整体组成和各信息点和链路的位置，作为网络规划与设计者，应能根据网络的实际情况和建设目标，在网络拓扑图上清晰地显示出网络的核心层、汇聚层以及访问层的距离实现。

【实例 2-2】

在网络设计过程中，小王被要求提供一张网络拓扑图，尽管如何设计网络在小王心中已经有比较完善的方案，可是如何具体落实到设计图上，并清晰明了地将网络拓扑呈现出来并不是件很容易的事情，小王该怎么办呢？

【分析】实际上，网络拓扑图的效果直接影响了网络建设的实施，一般不能采用手绘方式，而应该采用专用的拓扑图绘制软件来完成，当然也可以通过 PowerPoint 等软件来实现简单拓扑图的绘制，下面将介绍此类软件的作用及应用。

一般情况下，建议采用专用的网络拓扑图绘制软件来完成拓扑图绘制，这方面比较优秀的软件有微软的 VISIO 以及亿图图示专家制作工具，这些软件配合一些公司提供的图标集，能比较轻松地完成规范标准的网络拓扑图。

此类软件使用并不复杂，以“亿图图示专家”软件为例。该软件在设计时采用全拖曳式操作，界面友好，操作简便，同时提供各种图形模板库并结合网络实例设备模板库，可以轻松实现网络拓扑图的图文混排，并可以实现所见即所得。该软件界面如图 2-1 所示。

利用该软件制作网络拓扑图，事先应该在草纸上画出拓扑图的基本轮廓，然后启动该软件，选择“文件”→“新建”，就可以在拓扑图制作区通过拖曳图标来完成了。当然，该软件也提供了相应的拓扑图模板，用户也可以选择“文件”→“打开实例模板”，直接打开软件提供的一些标准拓扑图，在此基础上就可以通过修改来完成，提高了工作效率。

绘制网络拓扑图在网络规划设计过程中是非常关键的，在绘制的时候，特别要注意核心网络设备、主干传输介质、路由器以及交换机和服务器的安装位置，并加以标明。

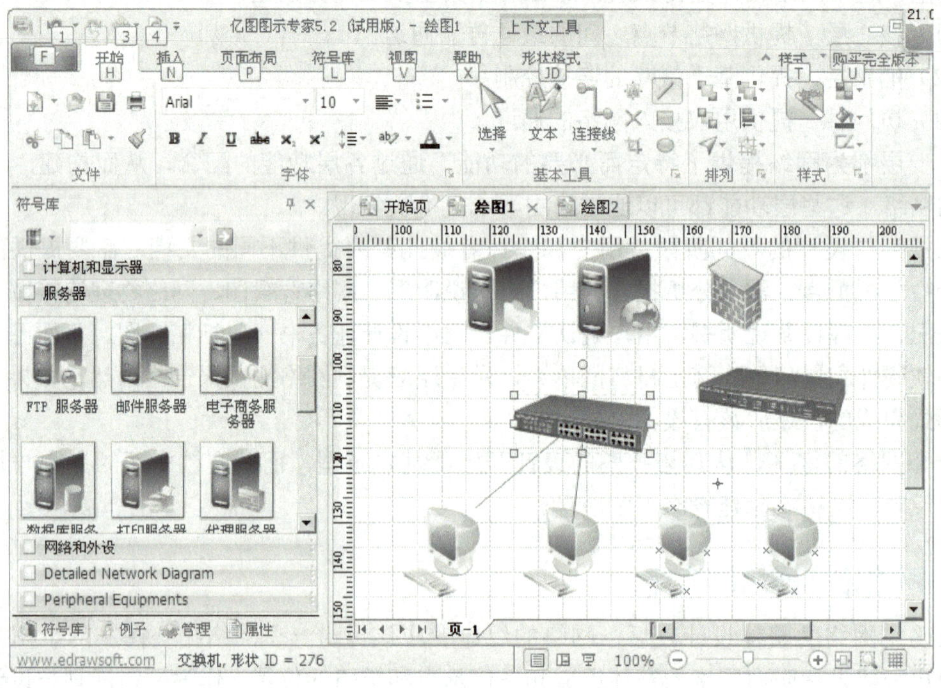

图 2-1　网络拓扑图绘制软件界面

2.2　综合布线系统

近年来，随着 Internet 网络和信息高速公路的发展，办公自动化、多媒体技术和计算机网络的应用迅速普及和发展。在实际应用中，必须将语音、数据、图形、图像和影视等多媒体信息的传输结合起来进行综合布线。

2.2.1　综合布线的概念

【实例 2-3】

小王所在的公司正在进行一个网络工程的施工，对方要求布线方面应该按照综合布线的有关标准进行，由于小王初次参加工程施工，对这些标准要求一时不知道该从何处下手，不知道自己完成的工作是否符合具体要求。

【分析】其实，从网络系统长远发展看，网络建设还是应采用综合布线技术，并按其标准严格要求施工。综合布线的标准虽然严格，但是并不神秘，技术上讲的是规范而不是复杂。只要在施工中严格执行就可以。下面，先了解一下到底什么是综合布线，以及如何进行综合布线的施工。

在现代化的高层建筑中，弱电信号的线路设计一般包括以下应用系统：电话通信系统、计算机网络系统、闭路电视系统、火灾报警系统、保安监视系统、空调控制系统、自动电梯控制系统、背景音乐系统、门禁系统等。传统布线是指每个应用系统都有各自的一套管路，都要铺设各自的专用线路。

综合布线系统（Premises Distributed System，PDS）是一种集成化通用传输系统，在楼宇和园区范围内，利用双绞线或光缆来传输信息，可以连接电话、计算机、会议电视和监视电视等设备的结构化信息传输系统。综合布线系统使用标准的双绞线和光纤，支持高速率的数据传输。这种系统使用物理分层星型拓扑结构，积木式、模块化设计，遵循统一标准，使系统的集中管理成为可能，也使每个信息点的故障、改动或增删不影响其他的信息点，使安装、维护、升级和扩展都非常方便，并节省了费用。

综合布线系统由不同系列的部件组成，主要包括：传输介质、线路管理硬件、连接器、插座、插头、适配器、传输电子线路、电器保护设备和支持硬件。

综合布线同传统的布线相比较，有着许多优越性，是传统布线所无法企及的。其特点主要表现在：兼容性、开放性、灵活性、可靠性、先进性和经济性。

综合布线系统的优点主要有：

1）布线系统结构便于管理和维护。

2）材料标准统一、先进，能适应今后的发展需要。

3）适应不同用户的各种不同需求，使得综合布线系统可以很灵活地使用，灵活性强。

4）使用统一的标准设计，有统一的检测手段和标准，可靠性强。

5）便于扩充，一次建设，可长期使用，节约建设费用。

一个完善和合理的综合布线的目标是：在既定时间以内，允许在集成过程中提出新的需求时，不必再去进行水平布线，以免损坏建筑装饰而影响美观，并能满足网络各项主要业务的需求，且兼顾未来长远发展，符合当前和长远的信息传输要求。

2.2.2　综合布线系统的组成

综合布线系统由 6 个子系统组成，即建筑群子系统、设备间子系统、垂直干线子系统、管理子系统、水平子系统、工作区子系统。其结构如图 2-2 所示，其中：

1. 工作区子系统

工作区子系统为需要设置终端设备的独立区域，由信息插座及从信息插座到终端设备的连接软线组成。工作区子系统由终端设备连接到信息插座之间的设备组成，包括：信息插座、插座盒、连接跳线和适配器。

2. 配线子系统（水平子系统）

配线子系统由配线电缆或光缆、配线设备和跳线等组成，也称之为水平子系统。

3. 干线子系统（垂直子系统）

干线子系统由配线设备、干线电缆或光缆、跳线等组成，也称之为垂直子系统。

4. 管理子系统

管理子系统针对设备间、交接间、工作区的配线设备、缆线、信息插座等设施，按一定模式进行标识和记录。

5. 设备间子系统

设备间子系统是安装各种设备的房间，对综合布线而言，主要是安装配线设备。设备间是在每一幢大楼的适当地点设置进线设备，进行网络管理的场所。设备间子系统应由综合布线系统的建筑物进线设备、电话、计算机等各种主机设备及其保安配线设备等组成。

6. 建筑群子系统

建筑群子系统由配线设备、建筑物之间的干线电缆或光缆、跳线等组成。

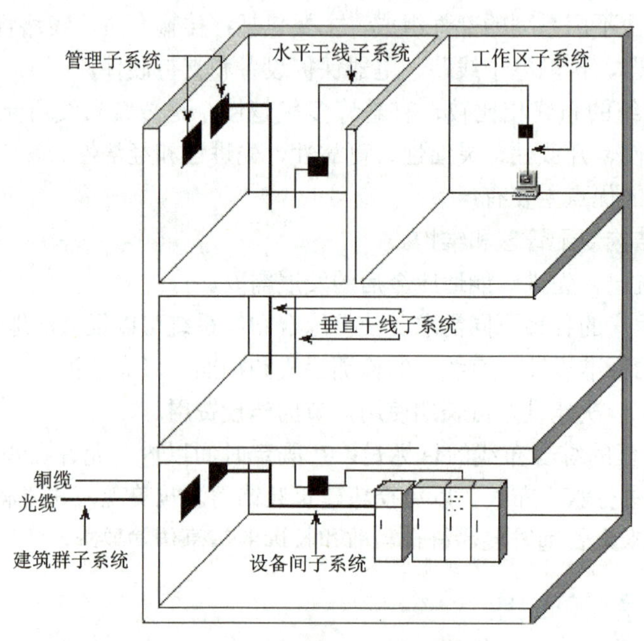

图 2-2　综合布线系统示意图

综合布线系统一般采用星型结构，任何一个子系统都可以独立地接入综合布线中。因此，系统易于扩充，布线易于重新组合，也便于查找和排除故障。

从表面看，采用综合布线系统需要多投入一些资金，但从长远看，这种投资绝对是值得的，对日后的维护和管理也非常有利。

2.2.3　综合布线系统的标准

综合布线系统主要强调的一个是信息的综合，用来满足不同信息的交换，另外一个就是标准的大量采用，在系统的应用中，特别是在布线环节，已经制定出一系列相应的标准。目前国际上已出台的综合布线及其产品、线缆、测试标准和规范主要有：

1）TIA/ EIA-568A/B　《商业大楼电信布线标准》

2）EIA/ TIA-569　《电信通道和空间的商业大楼标准》

3）EIA/ TIA-570　《住宅和商业电信布线标准》

4）TIA/ EIA-606　《商业大楼电信基础设施的管理标准》

5）TIA/ EIA-607　《商业大楼接地 / 连接要求》

6）GB/T 50311-2007　《建筑与建筑群综合布线系统工程设计规范》

7）GB/T 50312-2007　《建筑与建筑群综合布线系统工程验收规范》

以上标准说明了综合布线工程设计施工的步骤、方法、工艺等，可在不同场合下选择和应用，具有实践性和可操作性。需要强调的是，在设计综合布线时一定要从实际出发，不可脱离实际，盲目追求过高的标准，造成浪费。

2.3　布线工程设计与施工

小型的局域网，如网吧与计算机教室一般并不需要考虑综合布线，而本书所涉及的中小型网络已经超出了小型局域网的范围，在这种情况下应该考虑如何对局域网按照综合布线的要求进行设计与施工。即便只是一个小型的网络，并没有综合布线的具体要求，也依旧建议按照综合布线的标准来完成局域网布线系统的施工和设计。

2.3.1　局域网布线的实施过程

作为局域网布线的实施，首先要进行设计，设计一个合理的局域网综合布线系统一般有 7 个步骤，依次是：分析用户需求、获取建筑物平面图、网络系统结构设计、布线路由设计、可行性论证、绘制综合布线施工图、编制综合布线用料清单。

局域网布线的设计非常重要，一般应该由经验丰富的工程技术人员负责完成，而布线的施工，表面看似乎就是制作、安装、测试线缆。其实，其过程很复杂，同时施工过程也要严格执行有关标准，以保证施工质量，通常，应由获得布线施工认证的人员来完成。

而具体的布线施工的步骤主要有：

1）勘察现场，包括走线路由，需要考虑隐蔽性以及建筑结构特点，在利用现有空间的同时避开电源线路和其他线路。现场情况下对线缆等设备的有效保护需求、施工的工作量和可行性。

2）规划设计和预算，根据上述情况确定路由，计算用料和用工，综合考虑设计实施中的管理操作等费用，提出预算和工期以及施工方案和安排。

3）现场综合布线施工，并形成施工记录和相关文档。

4）布线系统现场测试，形成测试报告。

5）制作布线标记系统，布线的标记系统要遵循 TIA-606 标准。

6）验收，提供文档。

其中，任务量最重的是线缆施工与测试，可分为线缆（光纤）布放、线缆（光纤）剪裁、线缆（光纤）终端加工、验证及验收认证等，具体包括：管道或线槽的敷设、电缆的敷设等。

在工程建设每个环节均应使用适当的工具和检测设备，以保证施工质量，从而确保网络的运行效果。局域网布线施工的基本要求是：

1）布线系统必须按照《建筑与建筑群综合布线系统工程验收规范》（GB/T 50312-2007）中的有关规定进行安装施工，同时要符合电信线路施工要求的有关标准。

2）工程中的线缆类型和性能、布线部件的规格级质量应符合《大楼通信综合布线系统第1～3部分》等规范或设计文件的规定。

3）布线工程不能影响房屋建筑结构强度，不影响内部装修美观要求，不降低其他系统功能和妨碍用户通道通畅。施工不能损坏其他地上、地下管线或结构物。施工现场要有技术人员监督、指导。

4）布线标记必须清晰、有序，必须随时进行记录、留档。对布设完毕的线路，必须进行检查，特别是针对隐蔽工程，要格外小心。

5）要布设一些备用线，留有余量，高低压线必须分开布设。

6）要注意考虑电磁屏蔽、电源接地、防雷、防静电、防火等机房环境的有关要求。

在综合布线施工中，特别是在线缆制作与安装调试中，需要一系列的综合布线工具，分别完成布放、剪裁、终端加工、测试等，常见的有：弯管器、斜口钳、扁口钳、钻、钻头、验证测试仪、钢锯、螺丝刀、牵引线、冲击工具、电缆夹、绑扎带、数据线剥线刀、数据线专用打线工具、RJ45以及RJ11水晶头压接钳。

2.3.2 线缆制作与测试

【实例 2-4】

小王被派到施工现场做线缆制作，面对网络复杂的线路，发现自己原本掌握的那点知识和技能是不能满足需要的，他在布线时应该注意哪些问题呢？

【分析】目前，在局域网综合布线中，最常见的形式是采用光缆做骨干网，利用双绞线连接到用户桌面，当然也可以采用无线传输介质。因此，有关线缆的制作和测试也成为网络工程施工人员必须掌握的技能，一般来看，作为新手首先应该掌握的是双绞线的制作和测试，而作为光缆的制作和测试，一般由专业公司负责完成，初学者了解一下即可。下面就重点介绍双绞线的制作和测试。

在欧洲综合布线所采用的线缆占主流的是屏蔽系统（STP），而在北美广泛使用的是非屏蔽系统（UTP），在高容量主干及严重干扰的情况下就使用光缆作为屏蔽系统。UTP是目前较为成熟、可靠的商用建筑综合布线系统所采用的线缆，通常情况下也可以满足在干扰环境下的使用需求，所以建议使用UTP或光缆。

在国内，大部分局域网所采用的通信介质都是双绞线，在实际应用中最常见的就是5类或超5类UTP双绞线，在实际布线施工中，如何制作RJ-45接头以及测试双绞线是一个很重要也很基本的技能。有人认为双绞线制作很简单，只需把两端做到一一对应就可以，这种理解是很不规范的。实际上，根据为双绞线线缆的作用不同，可以分为：

（1）直连线　直连线用于将计算机连入到Hub或交换机的以太网口，或在结构化布线中由配线架连到Hub或交换机等，这也是比较常用的一种连接方式。

（2）交叉线　交叉线用于将计算机与计算机直接相连、交换机与交换机直接相连，也被用于将计算机直接接入路由器的以太网口。

（3）反转线　反转线用于将计算机连到交换机或路由器的控制端口，在这个连接场合计算机所起的作用相当于它是交换机或路由器的超级终端。

下面重点介绍一下最常见的直连线的制作过程。首先，应该注意，直连线的制作其实就两种标准，一个 EIA 的 T568A 标准线序，另外一个是 T568B 标准线序。其中顺序从左到由分别是：

1）T568A 标准线序：白绿、绿、白橙、蓝、白蓝、橙、白棕、棕。

2）T568B 标准线序：白橙、橙、白绿、蓝、白蓝、绿、白棕、棕。

上述两种线序没有本质的区别，关键的问题是要保证不要在电缆一端用 T568A，而另一端却用 T568B。工程中使用比较多的是 T568B 打线方法。双绞线线序排列如图 2-3 所示。

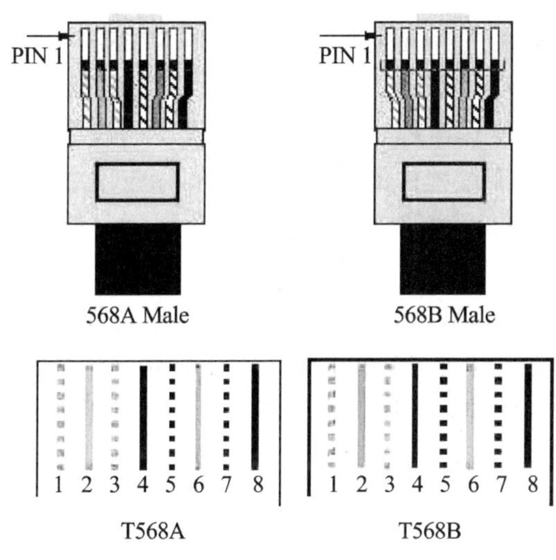

图 2-3　双绞线线序排列

下面介绍直连线制作步骤：

1）取适当长度的UTP线缆一段，用剥线钳（见图2-4）在线缆的一端剥出一定长度的线缆。

2）将 4 对绞在一起的线缆按白橙、橙、白绿、绿、蓝、白蓝、白棕、棕的顺序拆分开来并小心地拉直。不可用力过大，以免扯断线缆。

3）按事先约定的顺序调整线缆的颜色顺序，特别要注意 1，2，3，6 线的顺序。

4）将线缆整平直并剪齐，确保平直线缆的最大长度不超过 1.2cm。

5）将线缆放入 RJ-45 插头，并保持线缆的颜色顺序不变。

6）检查已放入 RJ-45 插头的线缆颜色顺序，并确保线缆的末端已位于 RJ45 插头的顶端。确认无误后，用压线工具用力压制 RJ45 插头，以使 RJ45 插头内部的金属薄片能穿破线缆的绝缘层。

7）重复步骤 1）～6）制作线缆的另一端，直至完成直连线的制作。最后用网线测试仪（见图 2-5）检查自己所制作完成的网线，确认其达到直连线线缆的合格要求，否则按测试仪提示重新制作直连线。

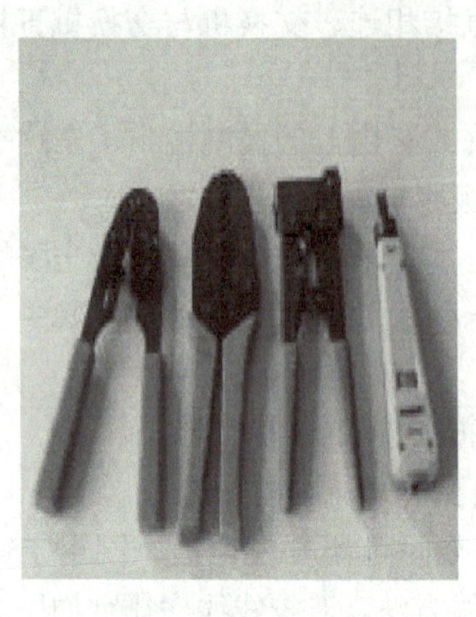

图 2-4　线缆制作工具

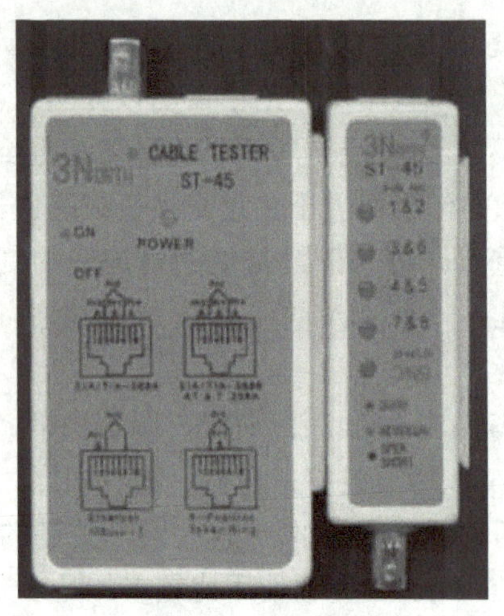

图 2-5　线缆测试仪

需要说明的是，可以采用的标准主要是 T568A 和 T568B，采用哪个并不重要，最基本的要求是整个工程必须统一采用其中的一种（网络设备用交叉线除外）。

线缆制作如果严格按照操作流程来制作并选用优质的线缆，其制作工艺并不算复杂。不过，线缆制作只是线缆施工过程中的一个环节，实际应用中还应考虑线缆的铺设问题，线缆一般可以采取明铺和暗铺两种形式。线缆铺设主要就是要考虑如何埋设线槽的问题，首先考虑如何根据建筑物布局来安装线槽，线槽的横截面积留 40% 的富余量以备扩充（超 5 类双绞线的横截面积为 $0.3cm^2$）。线槽安装时，应注意与强电线槽的隔离。布线系统应避免与强电线路在无屏蔽、距离小于 20cm 的情况下平行走 3m 以上，如果无法避免，该段线槽需采取屏蔽隔离措施。管槽过渡、接口不应该有毛刺，要平滑。墙装底盒安装应该距地面 30cm 以上，并与其他底盒保持等高、平行，具体要求可以参考有关标准执行。

【实例 2-5】

在施工过程中，小王被派去测试线缆，小王以前只学过用廉价的线缆测试仪来进行连通性测试，而目前的施工测试要求不但要知道线缆是否连通，还要提供其他一些数据，他该如何操作呢？

【分析】线缆验证作业应该随工程施工一起进行，以便及时发现问题和解决问题。使用功能完善的验证测试工具，是准确发现问题的关键。另外，通过测试仪对远端模块的识别，可找到线缆两端的对应关系，及时作好标识建立文档，便于对系统的长期管理。测试人员必须知道需要测试的有哪些数据，同时也应会操作此类仪器，并会判读有关数据。

实际上，双绞线系统的测试主要分为：

（1）连接正确性（接线图）测试　它是最基础的一类测试，用来判断线序有无问题。

（2）链路长度测试　长度超过指标，则信号损耗较大。

（3）衰减测试　衰减是由于线缆阻抗（R、L、C）的原因而导致信号变弱。

（4）端串扰（NEXT）测试　近端串扰对本身终接点（跳线架、信息插座）处的非双绞线金属介质很敏感，同时，对粗劣的安装也非常敏感。

在线缆施工中常见的故障是：电缆标签错误、连接开路、双绞电缆接线图错误（包括：

错对、极性接反、串绕）以及短路。由于这些故障会直接影响电气连通性，是较容易判别的故障，但是分岔线对或称串绕（split pair）故障必须采用专门的测量工具才能测试出。

线缆测试仪有很多品牌可以选用，比较出名的有美国产的 IDEAL（理想）、FLUKE（福禄克）等，例如：IDEAL 的 LANTEK 6（见图 2-6）是 IDEAL 推出的具备彩色液晶显示屏、全中文操作界面的局域网线缆认证测试设备，支持双通道测试。该测试仪可直接以图形方式直观地显示测试结果，能存储 500 条 6 类图形测试结果。只需一套适配器即可完成信道、链路测试及现场校准，有效降低用户投资，LANTEK6 测试带宽达 350MHz，超过 6 类 /ISO E 级标准。其测试界面如图 2-7 所示，测试项目见表 2-1。

在线缆测试中可以采用的标准有：EIA/TIA 568A《商业建筑电信布线标准》、TSB-67《现场测试非屏蔽双绞电缆布线测试传输性能技术规范》、ISO/IEC 11801：1995（E）国际布线标准测试。当布线系统基本竣工的时候，还需要有第三方对电缆系统进行抽测，电缆系统抽测的比例通常为 10% ～ 20%。

图 2-6　LANTEK 6 测试仪

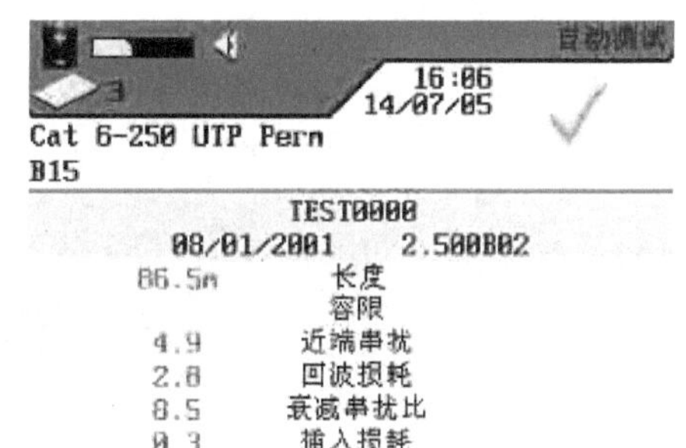

图 2-7　LANTEK 6 测试项目

表 2-1　LANTEK6 线缆测试仪测试项目

基本测试项目	接线图	长度	衰减	近端串扰	综合近端串扰	衰减串扰比	综合衰减串扰比	等效远端串扰	综合等效远端串扰	回波损耗	延迟与时延差	电容	电阻	阻抗
3 类 16MHz 信道或基本链路	√	√	√	√										
5 类 100 MHz 信道或基本链路	√	√	√	√										
5e 类 100 MHz 信道、基本链路或永久链路	√	√	√	√	√	√	√	√	√	√	√	√	√	√
6 类 250 MHz 信道或永久链路	√	√	√	√	√	√	√	√	√	√	√	√	√	√
7 类 600 MHz 信道或永久链路	√	√	√	√	√	√	√	√	√	√	√	√	√	√

在线缆测试完成后，下一个工作就是要对线缆作标记，一般采取不同颜色来识别不同的

线缆，否则，日后维护将变得相当困难。其颜色分配见表 2-2。

表 2-2　常用线缆管理用颜色

功　能	颜　色
辅助的和综合的功能	黄
公用设备，PBX，LANs，Muxes（例：交换机和数据设备）	紫
公共网连接（例：公共网络和辅助设备）	绿
一级主干网	白
二级主干网	灰
水平布线	蓝
建筑群主干网	棕
重要电话设备或为将来预留	红
分界点（例：公共网终接点）	橙

此外，如果各电缆的序号混乱，也可以通过寻线仪（查线仪，见图 2-8）来查找交换机与终端之间的线对关系，这对于一些旧网络的改造很有帮助。寻线仪由发射器和接收器两部分组成，将通信线路测试仪器和计算机网络线路测试仪器两项功能合二为一，具有非接触感应式寻线、测线、校线和维护等主要功能。对于埋设在墙里或者无法判别端口号的线缆识别很有帮助。

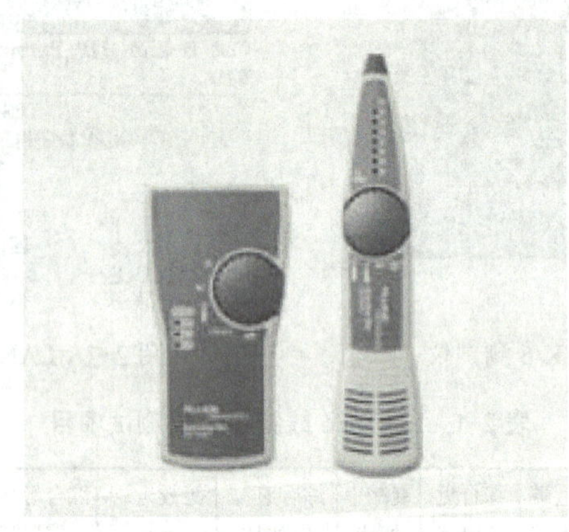

图 2-8　寻线仪

2.3.3　综合布线设备与环境要求

综合布线不只是线缆的制作，其实还有很多综合布线设备是网络工程师应该了解的，同时，对设备间的重点环节，还应该注意其环境要求，如湿度、温度、电源、电磁屏蔽、防雷等。

1. 综合布线设备

在综合布线系统中，除了各种传输介质，还有一些布线设备是必要的。

1）综合布线设备：信息插座、端口设备、跳接设备（见图 2-9）、适配器、信号传输设备、电气保护设备、支持工具。

2）桥架、金属槽、塑料槽、金属管、塑料管等。

信息插座（见图 2-9d）一般是安装在墙面上的，也有桌面型和地面型的，主要是为了方便计算机等设备的移动，并且保持整个布线的美观。信息插座安装时要求应牢靠地安装在平坦的地方，外面有盖板。安装在活动地板或地面上的信息插座，应固定在接线盒内。信息插座应有标签，以颜色、图形、文字表示所接终端设备的类型。其制作步骤是：

1）从信息插座底盒孔中将双绞线拉出。

2）用环切器或斜口钳剥除双绞电缆外套。

3）取出信息模块，根据模块的色标分别把双绞线的 4 对线缆压到合适的插槽中。

4）使用打线工具把线缆压入插槽中，并切断伸出的余缆。

5）将制作好的信息模块扣入信息面板上，注意模块的上下方向。

6）将装有信息模块的面板放到墙上，用螺钉固定在底盒上。

7）为信息插座标上标签，标明所接终端类型和序号。

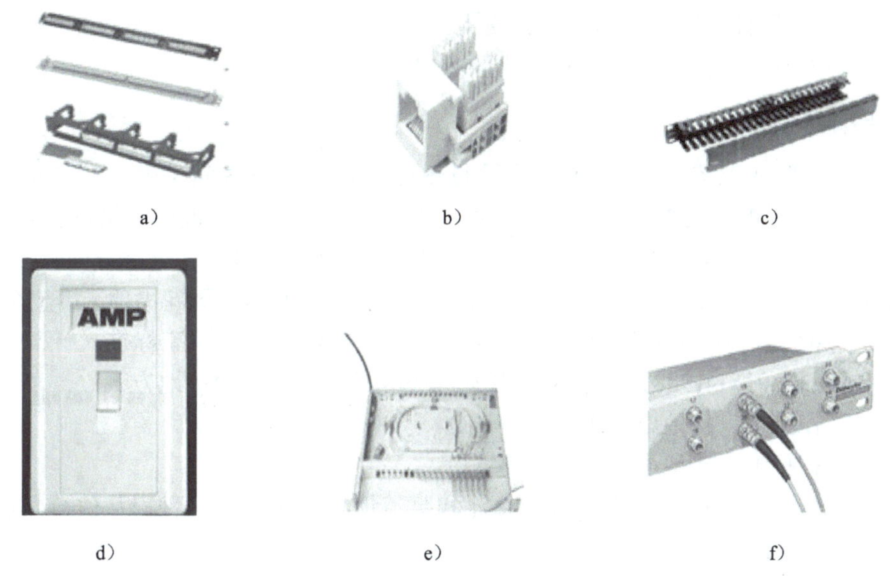

a）　b）　c）　d）　e）　f）

图 2-9　综合布线设备

a）配线架　b）数据模块　c）理线架　d）单孔面板　e）SC 光纤配线架　f）ST 光纤配线架

光纤插座也叫做光纤耦合器，用于工作区光纤端口设备与水平布线子系统的互连。光纤连接器是光纤与光纤之间进行可拆卸（活动）连接的器件，在一定程度上，光纤连接器也影响了光传输系统的可靠性和各项性能。光纤连接器按传输媒介的不同可分为常见的硅基光纤的单模、多模连接器，还有其他媒介如塑胶等为传输媒介的光纤连接器；按连接头结构可分为：FC、SC、ST、LC、D4、DIN、MU、MT 等各种形式；其中，ST 连接器通常用于布线设备端，如光纤配线架、光纤模块等；SC 和 MT 连接器用于网络设备端较多。

配线架（见图 2-9a，图 2-9e，图 2-9f）是管理子系统中最重要的组件，是实现垂直干线和水平布线两个子系统交叉连接的枢纽。配线架通常安装在机柜或墙上。通过安装附件，配线架可以全线满足 UTP、STP、同轴电缆、光纤、音视频的需要。在网络工程中常用的配线架有双绞线配线架和光纤配线架。双绞线配线架的作用是在管理子系统中将双绞线进行交叉连接，用在主配线间和各分配线间。双绞线配线架的型号很多，每个厂商都有自己的产品系列，并且对应 3 类、5 类、超 5 类、6 类和 7 类线缆分别有不同的规格和型号，在具体项目中，应参阅产品手册，根据实际情况进行配置。下面以标准 19U 的配线架为例讲述如何进行配线架的连接。

首先把配线板按顺序依次固定在标准机柜的垂直滑轨上，用螺钉上紧，每个配线板需配有 1 个 19U 的配线管理架。

1）整理线缆。用带子将线缆缠绕在配线板的导入边缘上，将线缆缠绕固定在垂直通道的挂架上。

2）从右到左穿过线缆，并按背面数字的顺序端接线缆。

3）切去每条线缆所需长度的外皮，以便进行线对的端接。

4）对于每一组连接块，设置线缆通过末端的保持器（或用扎带扎紧），这使得线对在线缆移动时不变形。当弯曲线对时，要保持合适的张力，以防毁坏单个的线对。

5）把线缆正确地安置到连接块的分开点上。这对于保证线缆的传输性能是很重要的。

6）开始把线对按顺序依次放到配线板背面的索引条中。

7）用手指将线对轻压到索引条的夹中，使用打线工具将线对压入配线模块并将伸出的导线头切断，然后用锥形钩清除切下的碎线头。

8）将标签插到配线模块中，以标示此区域。

2. 机房环境要求

在布线时还要注意设备间等重要场所的环境，其中，设备间（机房）（见图 2-10、图 2-11）的环境要求的温度为 12 ～ 30℃，相对湿度为 35% ～ 70%，温度变化率小于 10℃ /h。为了使系统安全、可靠地运行，在对计算机机房装修材料的选用、施工工艺等方面应加以考虑。建议地板选用抗静电活动地板，墙壁采用防火涂料或装金属塑铝板，天花吊顶选用金属天花。

计算机及通信设备对电磁干扰及接地也有特殊的要求，根据国家标准《计算站场接地安全要求》（GB/T 9361-1988）中规定计算机机房应采用下列 4 种接地方式：

1）交流工作接地，接地电阻不应大于 4 Ω。

2）安全保护接地，接地电阻不应大于 4 Ω。

3）直流工作接地，可以分为直流地悬浮和直流地直接接大地两种，从安全角度来讲，直流地应直接接大地。

4）防雷接地，接地电阻不应大于 10 Ω，应装有防雷模块，如图 2-12 所示。

图 2-10　网络中心机房机柜

图 2-11　网络中心服务器群

在电源方面，要安装大容量的 UPS（见图 2-13），保证可以在突然断电的情况下，获得保存数据和应急的时间，同时，针对在雷雨季节，计算机网络系统的一些电子电气设备容易受到雷击的侵害，应按照《电子设备雷击保护导则》（GB/T 7450-1987）、《电子计算机机房设计规范》（GB 50174-1993）、《计算站场站安全要求》（GB/T 9361-1988）、《电信专用房屋设计规范》（YD/T 5003-2005）等规范标准进行防雷设计，此类工作应由专业的防雷技术公司来完成。

图 2-12　防雷模块

图 2-13　UPS

知识补充

UPS 的中文意思为“不间断电源”，是英语“Uninterruptible Power Supply”的缩写，它可以保障计算机系统在停电后继续工作一段时间，不致影响工作或丢失数据。同时可以消除市电上的雷击尖峰、浪涌、频率震荡、电压突变、电压波动、频率漂移、电压跌落、脉冲干扰等“电源污染”，改善电源质量，为计算机和通信设备系统提供高质量的电源。从基本的应用原理上讲，UPS 是一种含有储能装置（蓄电池），以逆变器为主要元件，稳压稳频输出的设备。按工作原理分成后备式、在线式与在线互动式三大类，一般计算机网络系统选择在线式与在线互动式。

主流的 UPS 厂商为台湾艾普斯，厦门科华、佛山 BAYKEE（柏克），EAST（易事特）、深圳山特、overtop（顶尖）、东莞优玛电气 UMART、APC、伊顿、爱默生等，它们都提供各种级别的 UPS 满足不同用户群的需要。

2.3.4　布线工程的验收

前面已经讲过了线缆的验收，而综合布线系统工程的验收要远比线缆测试范围更广，应该针对综合布线系统的组成一一进行验收。验收工作是很严肃的一件事情，其主要工作范围有：

1. 综合布线系统管理的验收

主要验收项目是：综合布线系统信息端口、各配线架双绞电缆与配线连接硬件交接处应有清晰、永久的编号、标识。不同区域的双绞电缆配线架应根据其用途标注不同的色标。各配线区光缆布线各端口也应进行编号。配线区位于楼层交接间时，应对配线架和其他配线连接硬件采取防尘措施。

2. 综合布线系统竣工文档

综合布线系统验收时，应提供系统设计方案和施工方案、综合布线系统图、综合布线系统拓扑结构图、综合布线系统自测报告、操作及维护手册、布线材料清单、厂商资料等。

3. 综合布线系统的器材检验

按 GB/T50312 标准要求进行。

4. 综合布线系统的设备安装检验

按 GB/T50312 标准要求进行。

5. 综合布线系统的缆线敷设和保护验收

按 GB/T50312 标准要求进行。其中楼层配线间和建筑物配线间采用屏蔽接地措施时，应具有良好的接地系统。

6. 综合布线系统与公共通信网的接口位置验收

设备和所接的通信终端设备均应符合国家或地方通信主管部门的有关规定。

验收工作的要求其实就是布线时应注意达到的标准，所以，在施工过程中一定要严格按照综合布线标准来完成各项工作。

2.4 交换机连接与配置

在局域网中，交换机是最重要的通信设备，在网络组建与管理维护的过程中，如何选购、连接、配置交换机是网络管理人员重要的技能之一。关于如何选择交换机设备在第 1 章已经简单讲述。本节将重点介绍交换机的连接与配置，考虑到目前市场的实际使用情况，本书将以锐捷公司生产的交换机为例做相关的介绍。

2.4.1 交换机的连接

【实例 2-6】

小王在某公司的网络施工中，被要求安装几台锐捷交换机，并能进行管理配置。小王总觉得交换机这东西还需要设置吗，不是插上电就可以用的吗？所以，面对崭新的交换机，小王不知道该如何下手。

【分析】其实网络交换机特别是核心的交换机一般是可进行网络管理的，可以通过修改设置，使其发挥更大效能，提高其安全性。不过在设置前必须学会如何能够连接到交换机的控制台，实现管理操作。

交换机的连接与配置并不复杂，作为交换机的连接，只要能根据其提供的不同介质接口进行连接即可。对于非网管型的交换机，基本上不需任何配置，插好网线就可以正常工作了。而核心或骨干交换机都属于可网管型的交换机，由于其本身允许通过交互命令或图形界面进行参数配置，而参数配置的好坏又直接影响了交换机的性能和安全。交换机的配置过程比较复杂，而且具体的配置方法会因不同品牌、不同系列的交换机而有所不同。本书只简单介绍一下如何为交换机设置基本参数，详细的配置必须看交换机随机带的管理配置手册。

通常网管型交换机可以通过超级终端进行配置，当然也可以通过 Telnet 工具或 Web 浏览器进行配置。本节将重点介绍如何利用超级终端进行本地配置，首先要做的就是物理连接。

在本地配置方式中，首先要解决的是作为终端的计算机与交换机之间的物理连接，因为交换机本身不提供键盘与显示器接口，因此，需要准备一台普通的计算机作为其终端。因此，连接后还要对终端软件进行配置。下面作一简单介绍。

1. 物理连接

物理连接就是为交换机连接配置电缆，交换机的本地配置方式是通过计算机与交换机的“Console”端口连接的方式进行通信的，它的连接图如图 2-14 所示。

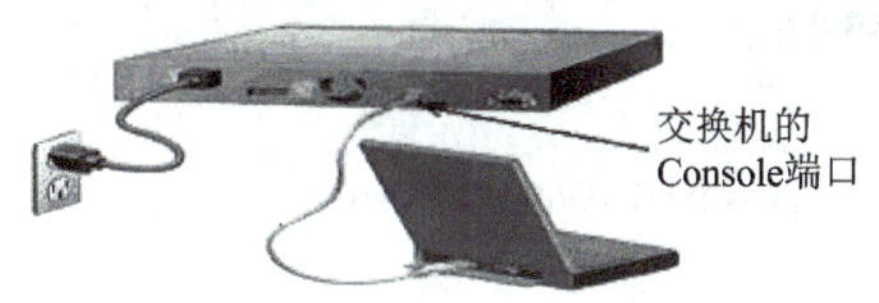

图 2-14　计算机与交换机的物理连接

可网管的交换机上一般都有一个“Console”端口，它是专门用于对交换机进行配置和管理的。除此之外还可以以 Web 方式或 Telnet 方式进行管理，但这些方式必须依靠通过 Console 端口进行完 IP 地址设置和名称设置等基本配置后才能进行。新购买的交换机一般不内置有这些参数，所以通过 Console 端口连接并配置交换机是最常用、最基本也是网络管理员必须掌握的管理和配置方式。

Console 端口的类型也有所不同，部分采用 RJ-45 端口，也有采用 DB-9 串口端口。用户一般应该通过购买交换机时提供的控制线，分别连接计算机和交换机。需要说明的是，部分用于家庭的小型网络交换机，并不提供 Console 端口，因为这些交换机已经将一些参数设置结束，直接通过 RJ-45 端口按其提供的默认初始 IP 地址，例如 192.168.0.1，就可以以 Web 方式访问并控制。

2. 软件配置

物理连接后，就可以打开计算机和交换机电源进行软件配置了，需要提醒读者的是，锐捷、思科等交换机设备如果是第一次使用，会提供一个带提示的配置方式完成基本参数的 Setup 设置。因为新出厂的交换机没有配置文件，或者当今后由于配置需要删除了交换机的配置文件后，在用控制台登录时，可以进行一些基础配置，如果设备没有 Setup 配置模式，它在没有配置文件时会自动按照默认值启动。进入 Setup 设置界面后，会出现一些参数要求用户回答，以便配置，下面显示了一个交换机的初始配置界面，主要是回答交换机的 IP 地址、子网掩码、主机名、口令等信息。

```
--- System Configuration Dialog ---
At any point you may enter a question mark '?' for help.
Use ctrl-c to abort configuration dialog at any prompt.
Default settings are in square brackets '[]'.
Continue with configuration dialog? [yes/no]: y              /* 回答是否继续完成配置操作
Enter IP address: 172.16.0.1                                 /* 设置本机 IP 地址
Enter IP netmask: 255.255.0.0                                /* 设置子网掩码
Enter host name [Myswitch]: ruijie                           /* 输入交换机主机名
The enable secret is a one-way cryptographic secret use
instead of the enable password when it exists.
Enter enable secret: 123456                                  /* 设置特权用户口令
Would you like to configure a Telnet password? [yes/no]: y   /* 是否设置远程登录
Enter Telnet password: 654321                                /* 设置远程登录口令
```

```
Would you like to disable web service? [yes/no]: y /* 禁止 Web 服务
The following configuration command script was created: /* 显示刚才的配置结果
interface VLAN 1
ip address 172.16.0.1 255.255.0.0
!
enable secret 5 $xH.Y*T7xC,tz[V/xD+S(\W&xG1X)sv'
!
end
```

一般情况下，用户设置完初始配置参数后，就可以直接通过终端软件进入到用户模式，考虑到大部分命令的实际工作模式，本书所介绍的软件配置是通过操作系统所提供的“超级终端”（Hyper Terminal）组件来完成的。单击“开始”按钮，在“程序”菜单的“附件”选项中单击“超级终端”，用来建立一个新的超级终端连接项。其步骤如下：

1）打开计算机，并在计算机上运行超级终端仿真程序，新建连接，如图 2-15 所示。

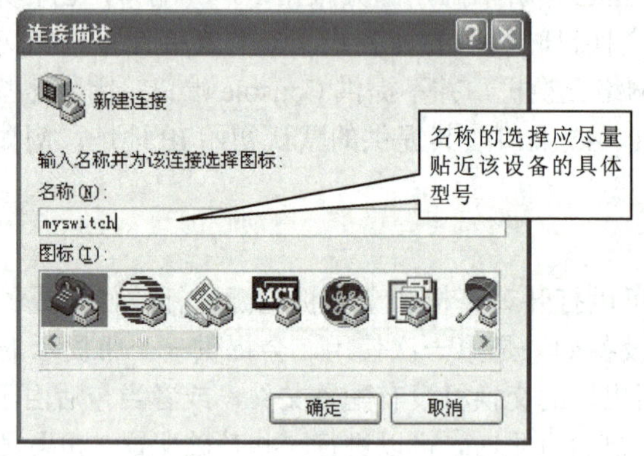

图 2-15　超级终端—新建连接

2）在通信端口选择上，虽然软件提供了“COM1”和“TCP/IP”等模式，但如果是第一次连接到交换机，则必须选择“COM1”，如图 2-16 所示。

技能提示

如果是第一次连接设备，只能选择“COM1”模式。一旦设置了交换机的 IP 地址、口令等参数后，可以通过 TCP/IP 方式连接，也就是远程登录（Telnet）模式，管理员可以在附件的命令提示符中，直接输入“Telnet 交换机 IP 地址”来访问。前提是该计算机与交换机已建立网络连接，并开启远程登录线路配置模式，设置 IP 地址、口令。远程登录模式通过普通双绞线口就可以连接，不再要求必须通过 Console 口进行连接设置。

3）设置端口参数，参数要求：波特率为 9600，数据位为 8，奇偶校验为无，停止位为 1，流量控制为无（具体参数请参考具体型号的说明书），如图 2-17 所示。如果遇见交换机需要恢复原始状态模式，则参数可以根据需要重新设定。

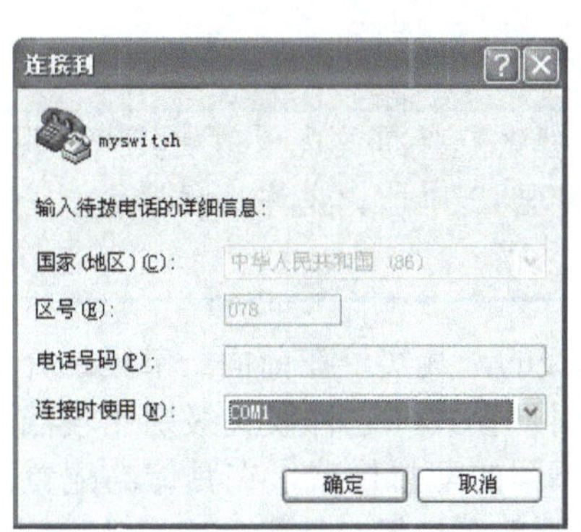

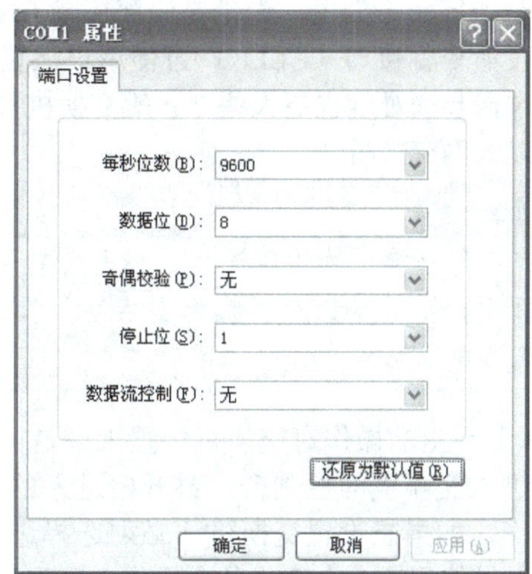

图 2-16　选择通过 COM1 连接到交换机　　　图 2-17　超级终端—配置参数

4）进入交换机的终端控制台界面，就可以开始对交换机进行配置。其终端命令窗口如图 2-18 所示。在提示符后输入口令就可以进入不同的设置模式，完成各种配置操作。

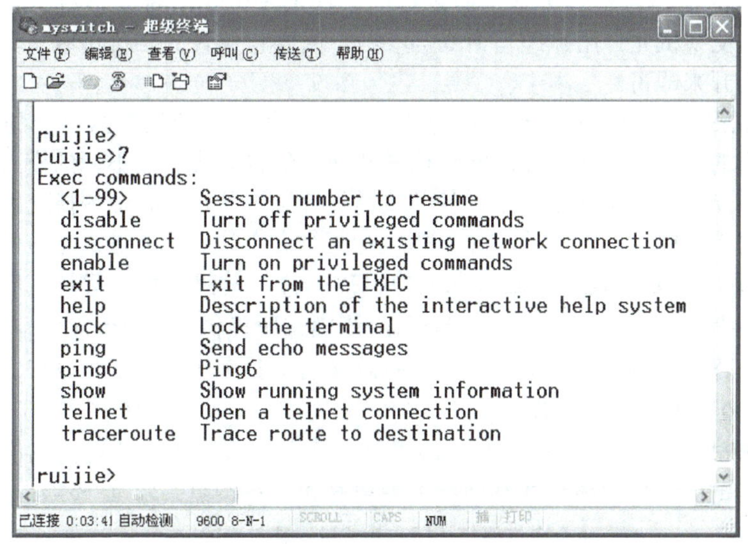

图 2-18　超级终端—进入交换机控制台

进入交换机控制台窗口，如果是初次接触，可能对交换机的配置不知如何下手，其实，同很多其他品牌交换机一样，交换机控制台窗口一般会提供多种配置命令级别，一般要完成某项操作，必须先进入对应的命令配置级别后才可以执行。如果实在不知道从何下手，输入“？”命令就可以显示当前模式下支持的命令清单。

2.4.2　交换机基本命令

交换机的配置可以通过终端方式进入交换机的配置界面来完成，但更多的时候，交换机配置是以命令行命令为主，无论是锐捷还是Cisco、华为交换机，都向用户提供了一系列配置命令以及命令行接口（CLI），方便用户配置和管理以太网交换机。命令行方式的功能更强大，但掌握起来难度也更大些。一般交换机都对命令权限提供分级保护，确保未授权用户无法侵入以太网交换机。

【实例 2-7】

刚完成与交换机的物理连接，小王又被要求修改交换机的配置，使其满足现有网络的实际环境，要求给该交换机设置名字、设置管理IP地址、允许远程登录。小王该如何完成这些设置呢？

【分析】小王的操作对交换机配置来说是很初级的，其实，在前面一节已经介绍了通过终端模式进入交换机的控制台，最开始进入的是用户模式，这种模式级别比较低，不能完成配置操作，如果想设置交换机，必须选择进入不同的配置模式，在具体的配置模式下通过交换机提供的配置命令完成各项操作。管理员必须熟悉锐捷交换机到底有几种配置模式，每种模式下的命令是什么，具体功能如何，参数都有哪些，对常用命令的熟悉和掌握是网络管理员的基本岗位能力之一。

1. 锐捷交换机的配置模式

锐捷交换机的控制台是一个基于命令行的软件系统模式，对大小写不敏感（即不区分大小写）。锐捷交换机允许用户缩写命令与参数，只要它包含的字符足以与其他当前可用的命令和参数区别开来即可。

锐捷交换机提供不同的命令模式，分别是：用户模式、特权模式、全局配置模式以及全局配置模式下的子模式，包括线路配置模式和接口配置模式。在不同的模式下，其控制台界面中会出现不同的提示符加以区别，各模式需要逐级进入。同时，锐捷交换机命令需要在各自的命令模式下才能执行，因此，如果想执行某个命令，必须先进入相应的配置模式。

（1）用户模式　一般通过终端进入交换机控制台，最初的界面就是用户模式界面，其提示符是“交换机名 >”，例如“Switch>”，该模式所提供的命令比较少，可用于查看系统基本信息和进行基本测试，不能完成真正有意义的配置操作，但是可以在此模式下通过输入“enable”命令来进入特权模式。

（2）特权模式　该模式可以查看、保存系统信息，该模式可使用密码保护，命令比用户模式多，此外可以在特权模式下分别进入配置模式。命令提示符是“交换机名 #”。

```
Switch>enable          /* 该命令允许用户从用户模式进入特权模式
Switch#                /* 特权模式提示符，如果有口令，需要回答口令才可出现
```

如果想从特权模式返回用户模式，只需要输入“EXIT”命令即可。

```
Switch#exit            /* 该命令可以由特权模式返回用户模式
Press RETURN to get started!
Switch>                /* 返回用户模式
```

（3）全局配置模式　该模式可以配置设备的全局参数，在特权模式下，输入CONFIG命令，可以进入全局配置模式，其命令提示符变为“交换机名 (config)#”，在该模式下可以配置交换机的整体参数，全局配置模式还有两个子模式：线路配置模式和接口配置模式，其中，线路配置模式用来配置交换机的线路参数，配置控制台、远程登录等线路，接口配置模式用来

配置交换机的接口参数。

1）进入全局配置模式。

```
Switch#configure terminal          /* 进入全局配置模式，可简写为 CONF
Switch(config)#exit                /* 返回特权模式
Switch#
```

2）进入线路配置模式。

```
Switch#configure terminal          /* 进入全局配置模式
Switch(config)#line console 0      /* 进入线路配置模式
Switch(config-line)#               /* 此时，命令提示符变为“交换机名 (config-line)#”
Switch(config-line)#exit           /* 返回全局配置模式
Switch(config)#
```

3）进入接口配置模式。

```
Switch#configure terminal                    /* 进入全局配置模式
Switch(config)#interface fastEthernet 0/1    /* 进入接口配置模式，此处接口假设配置以太网端口
                                             1（fastethernet 0/1），可简写成“interface f0/1”
Switch(config-if)#                           /* 此时，命令提示符变为“交换机名 (config-if)#”
Switch(config-if)#exit                       /* 返回全局配置模式
Switch(config)#
```

说明：如果从子模式下直接返回特权模式，则直接输入命令 END 即可。

```
Switch(config-if)#end
Switch#
```

此外，如果是三层交换机以及设置 VLAN 的环境下，其模式还包括路由配置模式，其命令提示符变为“交换机名 (config-router)#”；VLAN 配置模式，其命令提示符变为“交换机名 (config-vlan)#”，用户只需要看到提示符的变化就可以知道目前在什么模式下，各个模式之间可以相互进入和退出，执行“enable“或者配置命令可以进入对应的配置模式，退出一般使用“exit”或者“end”命令。

2．锐捷交换机命令的规则和特点

锐捷交换机支持的命令行有很多，交换机随机带有的电子手册会详细介绍每个命令的功能和参数。这里先介绍锐捷交换机的主要命令规则，其实，此类规则往往和思科、华为交换机的命令规则有很多相似之处，例如支持命令简写等。下面先介绍一些常用的交换机命令规则：

1）命令不区分大小写　命令的大小写都可以识别，但是一定要注意参数的位置和前后关系。

2）可以使用简写　每个命令中的单词只需要输入前几个字母即可。输入的字母个数足够与其他命令相区分即可。如“configure terminal”命令可简写为“conf t”。

3）用 Tab 键可简化命令的输入　如果不喜欢简写的命令，可以用 Tab 键输入单词的剩余部分。每个单词只需要输入前几个字母，用 Tab 键可得到完整单词。如输入 conf（Tab）t（Tab）命令可得到“configure terminal”。

4）可以调出历史来简化命令的输入　历史是指曾经输入过的命令，可以用“↑”键和“↓”键翻出历史命令再回车就可执行此命令。系统默认记录的历史条数是 10 条。

5）允许使用一些简单的编辑快捷键。

例如 <Ctrl+A>——光标移到行首，<Ctrl+E>——光标移到行尾。

6）用“?”可帮助输入命令和参数。

在提示符下输入“?”可查看该提示符下的命令集，在命令后加“?”，可查看它第一个参数，在参数后再加“?”，可查看下一个参数。

例如，查看“enable”命令的使用：

```
Switch(config)#enable ?                  /* 查询 ENABLE 命令
secret        Assign the privileged level secret
services      Modify use of network management services
Switch(config)#enable secret ?           /* 继续查询参数
0             Specifies an UNENCRYPTED password will follow
5             Specifies an ENCRYPTED secret will follow
level         Set exec level password
```

3．锐捷交换机基本配置命令

锐捷交换机提供了众多的配置命令，分别适合不同的模式下使用，作为初学者，应该先从最基本的配置命令开始，逐步掌握各项命令的使用。

（1）配置主机名

命令格式：hostname 主机名。

例如，配置交换机的名字为 Myswitch 使用：

```
Switch>enable   /* 进入特权用户模式
Switch#configure terminal  /* 进入全局配置模式
Switch(config)#hostname myswitch  /* 给交换机命名为 myswitch
Myswitch(config)#
```

说明：主机名由可打印字符组成，长度不能超过 255 个字符，只显示前 22 个字符。一般交换机的主机名是“switch”，路由器的默认名字一般是“Router”。锐捷设备一般把名字默认为“ruijie”，该命令要求在全局配置模式下完成。

（2）删除配置的主机名

命令格式：no hostname

说明：该命令可删除配置的主机名，恢复默认值，要求运行在全局配置模式下。需要提示的是，在锐捷交换机中，一般命令都对应一个取消操作，就是“NO”，在命令前加“NO”可以取消原来的操作。本书介绍的大部分配置命令，都有对应的“NO”操作。

（3）配置口令

由于交换机有不同的模式，其级别不应该是一样的。口令（密码）可用于防范非法人员登录到交换机或路由器上修改设备的配置，在几个不同位置设置口令，可以达到多重保护的目的。配置口令主要包括控制台口令、远程登录口令、特权口令等，在实际应用中，一般特权口令和远程登录口令是必需的。

1）控制台口令设置。控制台口令是通过控制台（Console 口）登录交换机或路由器时设置的口令。由于控制台是一种本地配置方式，所以也可以不设置这个口令。

命令格式：password 口令字符串

例如，设置口令为 12345

Myswitch>**enable**　/* 进入特权模式

Myswitch#**configure terminal**　/* 进入配置模式

Myswitch(config)#**line console 0**　/* line console 0 命令表示配置控制台线路，0 是控制台的线路编号

Myswitch(config-line)#**login** /* login 命令用于打开登录认证功能

Myswitch(config-line)#**password 12345** /* 为控制台线路设置口令为 12345

说明：该命令要求在线路配置模式下完成。设置的口令长度最大长度为 25 个字符。口令中不能有问号和其他不可显示的字符。如果口令中有空格，则空格不能位于最前面，如果没有设置 login，即使配置了口令，登录时口令认证也会被忽略。

删除配置的控制台口令是“no password”。

Myswitch(config)#**line console 0**　/* 进入线路配置模式

Myswitch(config-line)#**no password**　/* 删除口令

2）远程登录口令配置。当局域网中的计算机通过 Telnet 命令登录设备时，需要输入远程登录口令。在锐捷设备中，没有设置远程登录口令的设备是不能用 Telnet 命令登录的。

命令格式：password 口令字符串

例如，配置远程登录口令为 54321

Myswitch(config)#line vty 0 4　/* line vty 0 4 命令表示配置远程登录线路，0~4 是远程登录的线路编号

Myswitch(config-line)#login　/* login 命令用于打开登录认证功能

Myswitch(config-line)#password 54321 /* 设置口令为 54321

说明：要求在线路配置模式下完成远程登录口令配置，设置的口令长度最大长度为 25 个字符。口令中不能有问号和其他不可显示的字符。如果口令中有空格，则空格不能位于最前面，只有中间和末尾的空格可作为口令的一部分。可以通过“show running-config”命令查看口令设置，但锐捷设备的口令都是以密文存放的，所以看到的是乱码。删除配置的远程登录口令的命令是“no password”。

3）特权口令设置。当登录到交换机设备后，从用户模式进入特权模式，需要输入特权口令。在锐捷设备中，特权模式可设置多个级别，每个级别可设置不同的口令和操作权限，可以根据情况让不同人员使用不同的级别。在锐捷设备中，没有设置特权口令的设备也不能用 Telnet 命令登录。

命令格式：“enable password 口令字符串”或者“enable secret 口令字符串”

例如，设置特权口令为 888888

Myswitch>enable

Myswitch#configure terminal

Myswitch(config)#enable secret 888888 /* 本例设置特权口令为 888888。使用安全加密的密文存放

说明：该命令要求在全局配置模式下完成，其中“enable password 口令字符串”配置的口令在配置文件中是用简单加密方式存放的。“enable secret 口令字符串”命令配置的口令在配置文件中是用安全加密方式存放的，只需要配置一种即可，用 secret 定义的口令优先。删除配置的特权口令的命令是“no enable password”或者“no enable secret”。如果想要使用多级别的特权模式，需要先用“privilege”命令为相应级别授权，再用“enable secret”命令配置该级别的口令。

（4）配置 IP 地址　初始状态下，锐捷 2 层交换机并没有设置 IP 地址，不过要是运行远程登录管理模式的时候，应该需要给交换机配置管理 IP 地址，同时还要设置网关等参数。而

3 层交换机在每个 3 层口上都可以设置 IP 地址，可以为一台交换机设置一个管理 IP 地址，使它能够正常访问并管理，将来再根据实际应用配置各 3 层口的 IP 地址。

命令格式：ip address 交换机 IP 地址　子网掩码

例如，设置某交换机的管理 IP 地址为 172.16.0.11，子网掩码是 255.255.0.0

Myswitch>**enable**

Myswitch#**configure terminal**　/* 进入全局配置模式

Myswitch(config)#**interface vlan 1** /* interface 命令用于把管理 IP 指定给 VLAN 1。因为所有接口都属于 VLAN1，这样可以通过任意接口管理交换机了

Myswitch(config-if)#**ip address 172.16.0.11 255.255.0.0**

Myswitch(config-if)#**end**

说明：该命令要求在全局配置模式下完成，并要求在对 VLAN 1 的接口配置中完成。删除管理 IP 的命令是“no ip address”。

例如，删除管理 IP 地址。

Myswitch(config)#interface vlan 1　/* 进入对 VLAN 1 的接口设置

Myswitch(config-if)#no ip address　/* 取消 IP 地址

如果，当交换机接收到一个不知该发往何处的数据包时，还涉及默认网关设置的问题，一般只有 2 层设备才需要配置默认网关，3 层设备是通过配置路由把数据报发送出去，其格式是“ip default-gateway IP 地址”。例如设置网关地址为 172.16.0.1，则键入“ip default-gateway 172.16.0.1”即可。

（5）交换机接口配置　交换机的接口（PORT，端口）就是交换机上的双绞线和光纤等的线路端口，可以设置的内容包括：交换机接口的类型、配置接口描述、配置接口速率、配置接口的双工模式、禁用 / 启用交换机接口以及查看交换机接口信息等。

知识补充

默认情况下，交换机所有接口都是 2 层的 Access Port 接口，属于 VLAN 1，接口状态时 UP（激活），工作速度和双工模式都是自协商。所以如果一台没有经过配置的 3 层交换机可作为一台 2 层交换机直接使用。配置接口时，可以配置单个接口，也可以成组配置多个接口。

1）配置单个接口：

命令格式：interface 接口标识

例如：配置交换机的接口 fastethernet 0/1 和 fastethernet 0/2 为全双工模式。

```
Myswitch>enable
Myswitch#configure terminal
Myswitch(config)#interface f0/1 /* 进入到 f0/1 端口配置模式
Myswitch(config-if)#duplex full  /* 设置为全双工模式
Myswitch(config-if)#interface f0/2
Myswitch(config-if)#duplex full /* 设置为全双工模式
Myswitch(config-if)#end
Myswitch#
```

说明：interface 命令可以在全局配置模式下执行，interface 命令用于指定一个接口，之后的命令都是针对此接口的。进入接口配置模式配置完一个接口后，可直接用 interface 命令指定下一个接口。

2）成组接口配置。如果有多个接口需要配置相同的参数时，可以成组配置这些接口。

命令格式：interface range 接口范围

例如：配置交换机的接口 fastethernet 0/1 ～ fastethernet 0/6 的速度为 100Mbit/s，并把 fastethernet0/1 ～ fastethernet0/3 和 fastethernet0/5 ～ fastethernet0/6 分配给 VLAN 8。

```
Myswitch>enable
Myswitch#configure terminal
Myswitch(config)#interface range f0/1-6  /* 对接口 1 ～ 12 进行配置
Myswitch(config-if)#speed 100   /* 设置速度为 100Mbit/s
Myswitch(config-if)#interface range f0/1-3,0/5-6  /* 设置接口范围
Myswitch(config-if)#switchport access vlan 8  /* 允许访问  VLAN 8
Myswitch(config-if)#end
Myswitch#
```

说明：接口范围可以指定多个范围段，各范围段之间用逗号隔开。可以是物理接口范围，也可以是一个 VLAN 范围，如：f0/1-6、vlan 2-4 等。但是必须是相同类型的接口。

3）接口描述配置。接口描述常用于标注一个接口的功能、用途等，有利于记录和了解网络拓扑。

命令格式：description 接口描述字符串

例如，配置接口 f0/1 的描述为“adminport”。

```
Myswitch>enable
Myswitch#configure terminal
Myswitch(config)#interface f0/1  /* 进入 f0/1 接口配置
Myswitch(config-if)#description adminport  /* 设置接口描述
Myswitch(config-if)#end
Myswitch#
```

说明：该命令要求在接口配置模式中配置，接口描述的文字最多不超过 32 个字符。删除配置描述的命令是“no description ”。

4）接口速率配置。交换机都是具有多种速率的自适应接口，FastEthernet 接口有 10/100Mbit/s 两种速率，GigabitEthernet 接口有 10/100/1000Mbit/s 三种速率，默认情况下，它们用自协商方式确定各自的工作速率。用接口速率配置可指定它们只使用某一个固定速率。

命令格式：speed 10 | 100 | 1000 | auto

例如，配置交换机的 fastethernet0/1 口速率为 100Mbit/s。

```
Myswitch>enable
Myswitch#configure terminal
Myswitch(config)#interface f0/1 /* 进入指定要配置的 f0/1 接口
Myswitch(config-if)#speed 100 /* 配置此接口的速率为 100
Myswitch(config-if)#end
Myswitch#
```

说明：参数 10 对应 10Mbit/s，100 对应 100Mbit/s，1000 对应 1000Mbit/s（只能用于 GigabitEthernet 接口），auto 对应自协商模式（默认值）。当接口速率不是 auto 时，自协商过程被关闭，此时要求与该接口相连的设备必须支持此速率。删除配置的速率，进入接口配置后，输入"no speed"。

5）配置接口的双工模式。交换机的接口可工作于半双工模式或全双工模式，默认情况下，用自协商方式确定其双工模式。

命令格式：duplex auto | half | full

例如，配置交换机的 fastethernet 0/2 口双工模式为全双工模式。

```
Myswitch>enable
Myswitch#configure terminal
Myswitch(config)#interface f0/2  /* 指定要配置的接口编号
Myswitch(config-if)#duplex full  / 设置全双工模式
Myswitch(config-if)#end
Myswitch#
```

说明：auto—使用自协商模式（默认值），half—半双工模式，full—全双工模式。当双工模式不是 auto 时，自协商过程被关闭，此时要求与该接口相连的设备必须支持此双工模式。删除配置的双工模式，是在对应的接口配置模式下，执行"no duplex"。

6）禁用 / 启用交换机接口。交换机的所有接口默认是启用的，此时接口的状态为 Up。如果禁用了一个接口，则该接口不能进行数据传输，此时接口的状态为 Down。

命令格式：禁用接口 shutdown，启用接口 no shutdown

例如，禁用交换机的 fastethernet 0/1 口。

```
Myswitch>enable
Myswitch#configure terminal
Myswitch(config)#interface f0/1  /* 指定要禁用的接口编号
Myswitch(config-if)#shutdown   /* 禁用该接口
Myswitch(config-if)#end
Myswitch#
```

说明：interface 指定的接口可以是物理接口、VLAN 或 Aggregate Port 接口。

7）查看交换机接口信息。在特权模式下，用"show interfaces"命令可查看交换机指定接口的设置和统计信息。

命令格式：show interfaces [接口编号] [counters | description | status | switchport | trunk]

例如：查看交换机的 fastethernet0/1 口的信息。

```
Myswitch>enable
Myswitch #show interfaces f0/1  /* 显示 F0/1 接口信息
/* 以下为信息显示
Interface : FastEthernet0/1
Description :admin port
AdminStatus : up
OperStatus : down
Medium-type : fiber
```

```
Hardware : GBIC
Mtu : 1500
LastChange : 0d:0h:0m:0s
AdminDuplex : Auto
OperDuplex : Unknown
AdminSpeed : Auto
OperSpeed : Unknown
FlowControlAdminStatus : Auto
FlowControlOperStatus : Off
Priority : Auto
```

说明：参数的含义是：接口编号：可选，指定要查看的接口，可以是物理接口、VLAN 或 Aggregate Port 接口；counters：可选，只查看接口的统计信息；description：可选，只查看接口的描述信息；status：可选，查看接口的各种状态信息，包括速率、双工等；switchport：可选，查看 2 层接口信息，只对 2 层接口有效；trunk：可选，查看接口的 Trunk 信息。如果未指定参数，则显示所有接口信息。

8）改变接口模式。交换机的接口模式有很多，如普通的 Access Port 以及 Trunk Port、Aggregate Port、Routed Port 等，其接口模式作用见表 2-3。

表 2-3　交换机的物理接口模式

类　型	模　式	含　义	作用描述
Access Port	2 层接口	访问接口	实现 2 层交换功能，Access 接口是 2 层口，不能为它配置 IP 地址，没有路由功能。3 层交换机的所有物理接口默认都是 2 层 Access Port，所以不需要进行配置。每个 Access 接口只能属于一个 VLAN（默认是 VLAN1），它只能转发属于同一个 VLAN 的帧
Trunk Port	2 层接口	汇聚接口	实现 2 层交换功能，可转发来自多个 VLAN 的帧，可同时属于多个 VLAN，使得不同 VLAN 间可以通信。通常把交换机和交换机、交换机和路由器连接的接口设置为 Trunk 接口
L2 Aggregate Port	2 层接口	2 层聚合接口	由多个物理接口组成的一个高速传输通道，将多个物理链接捆绑在一起形成一个简单的逻辑链接
Routed Port	3 层接口	被路由接口	用单个物理接口构成的三层网关接口，Routed 接口是 3 层口，可以为它配置一个 IP 地址，每个 Routed 接口可用于连接一个子网，Routed 接口的 IP 地址就是该子网的网关。如果一台交换机配置了多个 3 层口，各个 3 层口的 IP 地址应属于不同的网络
SVI	3 层接口	交换虚拟接口	如果给一个 VLAN 配置上 IP 地址，它就成为一个 SVI 接口，SVI 接口由多个物理接口组成，但在逻辑上，可把它理解为一个 3 层口。每个 SVI 接口可用于连接一个子网，SVI 接口的 IP 地址就是该子网的网关。组成 SVI 的物理接口都必须是 Access 接口，不能是 3 层口
L3 Aggregate Port	3 层接口	3 层聚合端口	由多个物理接口组成的一个高速三层网关接口

下面以实例介绍各个接口模式的切换：

①把接口配置为 Trunk 接口。

命令格式：switchport mode trunk

例如，配置交换机的 FastEthernet 0/3 接口为 Trunk 接口。

Myswitch>**enable**

Myswitch#**configure terminal**

Myswitch(config)#**interface f0/3** /* 指定接口，该接口必须是物理接口

Myswitch(config-if)#**switchport mode trunk** /* 设置为 Trunk 口

Myswitch(config-if)#**end**

Myswitch#

②恢复 Trunk 接口为 Access 接口。

命令格式：switchport mode access

例如，配置交换机的 FastEthernet 0/3 接口为 access 口。

Myswitch(config)#interface f0/3

Myswitch(config-if)#switchport mode access

说明：也可以使用 no switchport mode 命令把接口模式恢复为默认值，而默认值就是 Access Port。

③ Routed Port 的配置。3 层交换机的所有接口默认都是 2 层 Access Port，需要经过配置，才能使某个接口成为 3 层路由口。

命令格式：no switchport

例如，把 FastEthernet 0/6 配置为 3 层 Routed Port，并设置 IP 地址。

Myswitch>**enable**

Myswitch#**configure terminal**

Myswitch(config)#**interface f0/6** /* 指定要修改的接口，该接口只能是物理接口

Myswitch(config-if)#**no switchport** /* 把 2 层 Access Port 设置为 3 层 Routed Port

Myswitch(config-if)#**ip address 172.16.0.2 255.255.0.0** /* 给 3 层 Routed Port 设置 IP 地址和子网掩码

Myswitch(config-if)#**end**

Myswitch#

说明：每个 3 层交换机的路由口只能对应一个物理接口。只有 3 层口才能配置 IP 地址，2 层口不能配置 IP 地址。而把一个 Routed 接口还原为 Access 接口只需要进入该接口配置模式后，输入“switchport”命令即可。

④聚合端口的创建。

命令格式：interface aggregateport 聚合接口编号

例如，创建一个聚合 AG1，将 f0/23-24 接口创建到该聚合中。

Myswitch(config)# **interface aggregateport 1** /* 创建聚合接口 AG1

Myswitch (config-if)#**switchport mode trunk** /* 配置并保证 AG1 为 Trunk 模式

Myswitch (config)#**int f0/23-24**

Myswitch (config-if-range)#**port-group 1**

（6）VLAN 的配置 VLAN 是一个 2 层接口组成的集合，每个 VLAN 可包含多个 2 层口，其中可以有 Access 接口，也可以有 Trunk 接口。每个 VLAN 用一个整数标识，称为 VLAN ID，取值范围为 1 ～ 1007。初始时，交换机已经定义了一个 ID 为 1 的 VLAN，所有物理接口默认属于这个 VLAN。属于同一个 VLAN 的接口可以相互通信，不同 VLAN 的接口间不能直接通信。

1）创建 VLAN：

命令格式：vlan vlan 标识

说明：vlan 标识用于给 VLAN 定义一个名字。如果没有这一步，系统会自动命名为 VLAN ××××，其中 ×××× 是以 0 开头的 4 位 VLAN ID 号。

2）向 VLAN 中添加 Access 接口。

命令格式：switchport access vlan　vlan 标识

说明：需要事先指定一个接口，这个接口只能是物理接口。switchport 命令用于把该接口分配给指定的 VLAN。如果指定的 VLAN 不存在，则创建这个 VLAN。

3）删除 VLAN。

命令格式：no vlan　vlan 标识

说明：VLAN 1 不能删除。

4）查看 VLAN。

命令格式：show vlan

例如：定义一个 ID 为 88 的 VLAN，并把 FastEthernet 0/1 和 FastEthernet 0/2 指派给这个 VLAN。

```
Myswitch>enable
Myswitch#configure terminal
Myswitch(config)#vlan 88  /* 定义一个新 VLAN
Myswitch(config-vlan)#name VLAN88
Myswitch(config-vlan)#exit
Myswitch(config)#interface f0/1   /* 指定 F0/1 接口
Myswitch(config-if)#switchport access vlan 88  /* 允许访问 VLAN 88
Myswitch(config-if)#interface f0/2  /* 指定 F0/2 接口
Myswitch(config-if)#switchport access vlan 88 /* 允许访问 VLAN 88
Myswitch(config-if)#show vlan
Myswitch(config-if)end
Myswitch#
```

5）设置 VLAN 的 SVI 接口配置。通过 ip address 命令就可以给指定 VLAN 设置 IP 地址和子网掩码，使它成为 SVI 接口。而恢复一个 SVI 为 VLAN，则只需要“no ip address”即可完成。

例如：配置一个 SVI，其中包含了 FastEthernet 0/1 和 FastEthernet0/2 两个接口。

```
Myswitch>enable
Myswitch#configure terminal
Myswitch(config)#interface f0/1
Myswitch(config-if)#switchport access vlan 88
Myswitch(config-if)#interface f0/2
Myswitch(config-if)#switchport access vlan 88
Myswitch(config-if)#interface vlan 88
Myswitch(config-if)#ip address 172.16.0.111 255.255.0.0
Myswitch(config-if)#end
```

4. 锐捷交换机配置实例

针对实例 2-7 提出的问题，在锐捷交换机中需要做如下配置：

```
Switch>enable   /* 进入特权用户模式
Switch#configure terminal  /* 进入全局配置模式
```

Switch(config)#**hostname ningmeng** /* 给交换机命名为 ningmeng
ningmeng(config)#**line vty 0 4** /* line vty 0 4 命令表示配置远程登录线路，0~4 是远程登录的线路编号
ningmeng(config-line)#**login** /* login 命令用于打开登录认证功能
ningmeng(config-line)#**password 1976** /* 设置口令为 1976
ningmeng(config-line)#**exit**
ningmeng(config)#**enable secret 888888** /* 本例设置特权口令为 888888。使用安全加密的密文存放
ningmeng(config)#**interface vlan 1**
ningmeng(config-if)#**ip address 172.16.0.188 255.255.0.0**
ningmeng(config-if)#**no shutdown**
ningmeng#end

完成上述操作以后，管理员就可以远程登录到交换机了，而不必再使用 Console 口来连接交换机。

由于篇幅的限制，本节只介绍了一些常用的交换机命令，这仅仅是锐捷交换机命令的一部分而已，其他的锐捷交换机命令见表 2-4。同时，不同版本的交换机命令也并不完全相同。此外，2 层和 3 层交换机还有很大区别，还是应以其配置说明书为准。

表 2-4 其他锐捷交换机命令

命令名	作用	主要格式、参数	说明
show	显示信息	show version show running-config show configure show interfaces 接口编号 show mac-address-table show vlan	显示版本信息 显示当前运行的配置参数 显示保存的配置参数 显示接口状态 查看 MAC 地址表 显示全部 VLAN 信息
write memory	保存配置到 Flash 内存		删除配置信息用 delete flash:config.text 命令
reload	重新启动交换机		
Enable secret level	设置口令	enable secret level 级别 0 口令字符串	Level 1 为普通用户级别，可选为 1 ～ 15，15 为最高权限级别；0 表示密码不加密
ip routing	启用三层交换机的路由功能		
Ip route	配置静态路由	ip route 目标 IP 地址段子网掩码 下一跳地址	
router ospf	开启 OSPF 路由协议进程	router ospf 进程编号	
Ip access-list stand	创建标准访问列表	ip access-list stand 列表名	deny（拒绝通过）、permit（允许通过）
ip access-list extended	创建扩展访问列表	ip access-list extended 列表名	
spanning-tree	启用生成树		配置生成树类型 Spanning-tree mode stp/rstp 关闭命令为 no Spanning-tree

在一般情况下，交换机配置完成后，如果网络没有发生变化或网络性能保持比较稳定的状态，是不需要修改交换机参数的。

作为初学者一般不具备接触真实交换机设置的条件，不过这一问题并不算严重，因为，比较著名的网络交换机厂家，一般都提供了模拟器软件供初学者学习使用。所谓的模拟器，就是使用软件来营造出一种虚拟的实验环境，其中包含了实验所需要的路由器、交换机、各

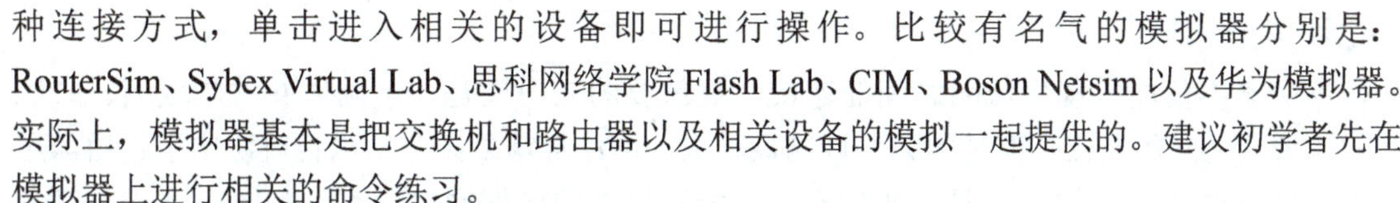

种连接方式，单击进入相关的设备即可进行操作。比较有名气的模拟器分别是：RouterSim、Sybex Virtual Lab、思科网络学院 Flash Lab、CIM、Boson Netsim 以及华为模拟器。实际上，模拟器基本是把交换机和路由器以及相关设备的模拟一起提供的。建议初学者先在模拟器上进行相关的命令练习。

2.5　路由器连接与配置

路由器是计算机网络的桥梁，是连接 IP 网的核心设备。通过它不仅可以连通不同的网络，还能选择数据传送的路径，并能阻隔非法访问。路由器的配置对初学者来说，并不是件容易的事。本节以锐捷路由器为例，介绍路由器的一般常识和配置知识。

2.5.1　路由器的端口与连接

【实例 2-8】

某学校通过光缆准备连接到互联网并实现各个校区的互联，为此，购买了几台锐捷路由器，现在请小王完成路由器的连接与配置，小王该如何操作呢？

【分析】路由器必须经过设置才能使用，主要设置内容包括路由器 IP 地址以及上一级路由器的 IP 地址及分配给本网络的 IP 地址等参数，由于网络接入技术的不同，一般路由器都会提供多种接口方式，路由器的配置一般也是通过命令行来实现，有关配置命令是网络技术人员必须掌握的技能之一。

在网络管理中，因为必然会涉及与其他网络的连接，因此，路由器的设置与安装就成为一个大问题，路由器具有非常强大的网络连接和路由功能，它可以与各种各样的不同网络进行物理连接，这就决定了路由器的接口技术非常复杂，越是高档的路由器其接口种类也就越多，因为它所能连接的网络类型越多。路由器的端口主要分局域网端口、广域网端口和配置端口 3 类。路由器的硬件连接因端口类型，也主要分与局域网设备之间的连接、与广域网设备之间的连接以及与配置设备之间的连接 3 类。下面分别介绍各接口：

1．局域网接口

路由器提供的局域网接口主要有 AUI、BNC、RJ-45 以及 FDDI、ATM、千兆以太网等，下面分别介绍主要的几种局域网接口：

AUI 端口就是用来与粗同轴电缆连接的接口，它是一种“D”型 15 针接口，这在令牌环网或总线型网络中是一种比较常见的端口之一。AUI 接口示意图如图 2-19 所示。

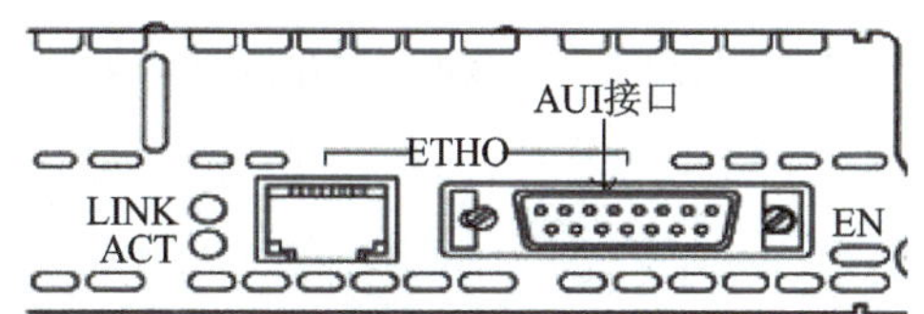

图 2-19　路由器的 AUI 接口

2. 广域网接口

路由器不仅能实现局域网之间的连接，更重要的应用还是在于局域网与广域网、广域网与广域网之间的连接。但是因为广域网规模大，网络环境复杂，所以也就决定了路由器用于连接广域网的端口的速率要求非常高，路由器提供的广域网接口有：RJ-45、AUI、高速同步串口（SERIAL）、异步串口（ASYNC）、ISDN BRI 等。

3. 配置接口

路由器常见的配置端口有两个，分别是“Console”和“AUX”，“Console”通常是用来进行路由器的基本配置时通过专用连线与计算机连用的，如图 2-20 所示。而“AUX”是用于路由器的远程配置连接用的。

从上面的介绍可知，路由器的接口类型非常多，它们各自用于不同的网络连接，如果不明白各端口的作用，就很可能进行了错误的连接，导致网络连接不正确，网络不通。应在安装前注意阅读路由器说明书对端口连接的有关要求，需要提醒的是，很多中低档路由器不带光纤端口，在这种情况下，要将光纤连接到光纤—双绞线转换器的端口上，将光信号转换为电信号，再通过 RJ-45 线缆连接到路由器上，如图 2-21 所示。此外，锐捷交换机用于和控制台连接的电缆是特制的，如图 2-22 所示。

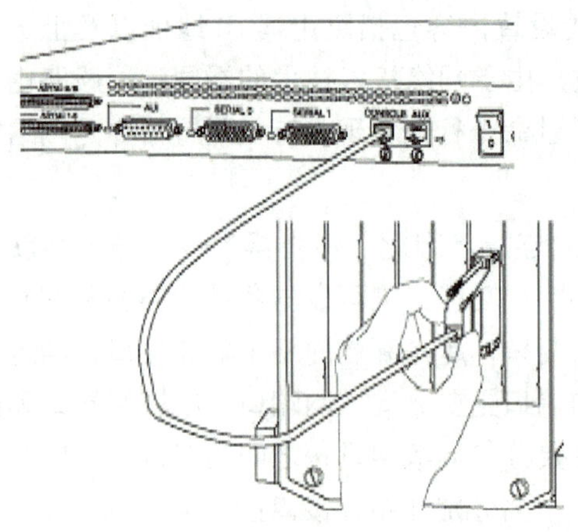

图 2-20　路由器的 Console 口连接

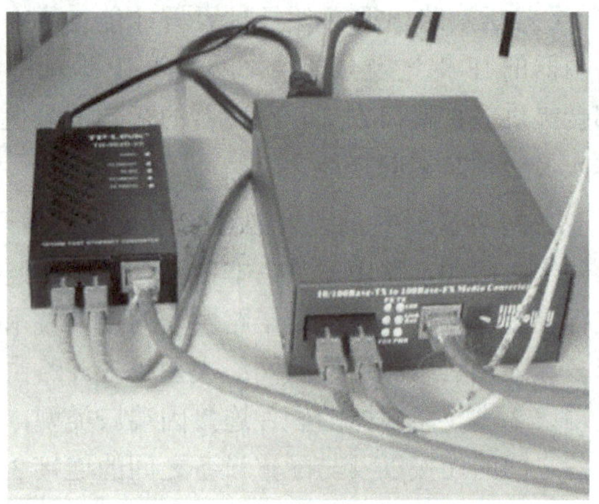

图 2-21　光纤信号转换器

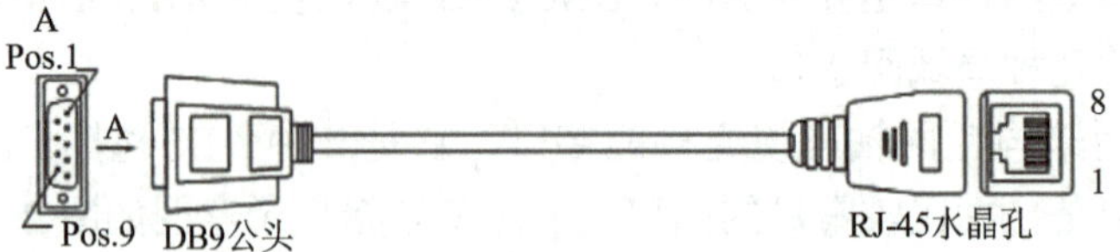

图 2-22　锐捷交换机用于和计算机串口连接的专用控制台电缆

2.5.2　路由器配置模式

同交换机一样，路由器可以通过虚拟终端、Web 方式进行访问控制，其操作方式与交换机基本类似，通过虚拟终端连接控制台的方法也和交换机类似，此处不再详述。部分路由器也可通过软件进行配置，很多路由器也允许通过 TFTP（Trivial File Transfer Protocol）服务器将配置文件从路由器传送到 TFTP 服务器上，也可将配置文件从 TFTP 服务器传送到路由器上。

路由器有许多品牌，即便是同一品牌，也由于具体型号不同，会造成其配置命令格式和参数有所不同，目前市场上常用的路由器品牌主要有：Cisco（思科）、华为、锐捷、神州数码等，其中锐捷系列路由器，由于其价格便宜，在教育市场占有份额很高，每年举办的职业院校技能大赛的企业网项目也主要采用锐捷的相关设备，所以本书在介绍路由器的时候，将以锐捷路由器为参考模型。锐捷路由器主要的访问模式如下：

1）普通用户模式。开机直接进入普通用户模式，在该模式下只能查询路由器的一些基础信息，例如查询版本号命令“show version”。

提示符：路由器主机名 >

2）特权用户模式。在普通用户模式下输入 enable 命令即可进入特权用户模式，在该模式下管理员可以查看路由器的配置信息和调试信息等。

提示符：路由器主机名 #

3）全局配置模式。在特权用户模式下输入 configure terminal 命令即可进入全局配置模式，在该模式下主要完成全局参数的配置。

提示符：路由器主机名 (config)#

4）局部配置模式。此模式包括接口配置模式和线路配置模式。当路由器处于局部设置状态时，可以设置路由器某个局部的参数。

提示符分别是：路由器主机名 (config-if)#、路由器主机名 (config-line)#、路由器主机名 (config-router)# 等。

不难看出，其实锐捷的路由器和交换机的模式以及模式切换命令很类似，考虑到本书篇幅限制，很多在前面介绍过的和交换机命令相同的路由器命令这里不再介绍，直接使用。

例如，设置进入路由器的接口配置模式，设置接口 IP 地址，其操作命令是：

```
Ruijie>    /* 路由器用户模式
Ruijie>enable  /* 路由器用户模式进入特权模式
Ruijie#configure terminal /* 进入路由器全局配置模式
Enter configuration commands, one per line.  End with CNTL/Z.
Ruijie(config)#interface fastEthernet 1/0  /* 指定路由器以太网接口
Ruijie(config-if)#ip address 10.16.0.1 255.255.0.0
Ruijie(config-if)#exit
Ruijie#
```

2.5.3 路由协议

和二层交换机设备不同的是，路由器的设置涉及路由协议的选择，可以说，如果不考虑到安全和效率，交换机不设置也可以使用，但是路由器不可以，在设置路由器之前，必须了解这个路由器支持的路由协议和类型。

锐捷路由器可以配置 3 种路由：静态路由、动态路由、默认路由。路由器查找路由的优先顺序为静态路由、动态路由，如果以上路由表中都没有合适的路由，则通过默认路由将数据包传输出去。

静态路由是指由网络管理员手工配置的路由信息。当网络的拓扑结构或链路的状态发生变化时，网络管理员需要手工去修改路由表中相关的静态路由信息。静态路由一般适用于比较简单的网络环境，大型和复杂的网络环境通常不宜采用静态路由。一方面，网络管理员难以全面地了解整个网络的拓扑结构；另一方面，当网络发生变化时，路由器中的静态路由信息需要大范围的调整，这将会很麻烦。

动态路由是指路由器能够自动地建立自己的路由表，并且能够根据实际情况的变化适时地进行调整。动态路由机制的运作依赖路由器的两个基本功能：对路由表的维护和路由器之间适时的路由信息交换。路由器之间的路由信息交换是基于路由协议实现的。交换路由信息的最终目的在于通过路由表找到一条数据交换的“最佳”路径。每一种路由算法都有其衡量“最佳”的一套标准。一般来说，参数值越小，路径越好。该参数可以通过路径的某一特性进行计算，也可以在综合多个特性的基础上进行计算。

常见的路由选择协议分为距离矢量、链路状态和平衡混合 3 种。

1）距离矢量（Distance Vector）路由协议。计算网络中所有链路的矢量和距离并以此为依据确认最佳路径。常见的路由协议是 RIP 和 IGRP。RIP（Routing Information Protocols，路由信息协议）是使用最广泛的距离向量协议，它是由施乐（Xerox）公司在 20 世纪 70 年代开发的。RIP 最大的特点是无论实现原理还是配置方法，都非常简单。

2）链路状态（Link State）路由协议。该协议的使用为每个路由器创建的拓扑数据库创建路由表，每个路由器通过此数据库建立一整个网络拓扑图。在拓扑图的基础上通过相应的路由算法计算出通往各目标网段的最佳路径，并最终形成路由表。

典型的链路状态路由协议是 OSPF（Open Shortest Path First，开放最短路径优先）。OSPF 是一个内部网关协议（Interior Gateway Protocol，IGP），用于在单一自治系统（autonomous system，AS）内决策路由。与 RIP 相对，OSPF 是一种典型的链路状态路由协议、无类别 IP 路由协议。

3）平衡混合（Balanced Hybrid）路由协议。该协议结合了链路状态和距离矢量两种协议的优点，此类协议的代表是 EIGRP，即增强型内部网关路由协议。

在设置路由器、开启路由功能时需要配置路由，并确定需要采用的路由协议。

2.5.4 路由器常用命令

锐捷路由器提供多种命令，和交换机类似，在不同的用户模式下命令集也是不同的，需要根据当前用户级别和命令状态，输入适当的命令信息。很多路由器的命令无论是功能还是格式都和交换机很类似，例如，在路由器操作中，无论任何状态和位置，都可以键入“？”帮助命令得到系统的帮助，这和锐捷交换机是一样的，其实，基本上所有品牌的交换机和路由器都提供了“？”帮助命令，初学者只要记住最基本的命令即可。

锐捷路由器常用命令有：

（1）模式切换命令

这和交换机很类似，基本上就是“enable”、“config terminal”、“exit”、“interface”等命令，这里不再详细介绍。

（2）配置主机名

命令格式：hostname 路由器主机名字符串

说明：该命令在全局配置模式下完成，事实上，无论是交换机还是路由器，大部分涉及配置的命令均要求在全局配置模式下完成。

例如，配置主机名是“ruijie”的命令是“hostname ruijie”。

（3）配置口令

1）配置远程登录密码。

命令格式：password 口令字符串

例如，配置口令为 12345。

```
ruijie(config)# line vty 0 4                    /* 进入路由器线路配置模式
ruijie(config-line)# login                      /* 配置远程登录
ruijie(config-line)# password 12345             /* 设置路由器远程登录密码为“12345”
ruijie(config-line)#end
```

2）配置路由器特权模式密码。

命令格式：enable secret 口令字符串

（4）配置接口 IP 地址。路由器有多个接口，不同的接口所连接的网络是不同的，因此使用路由器必须给负责连接内网和外网的接口设置不同的 IP 地址段。

命令格式：ip address 接口 IP 地址子网掩码

例如，配置路由器以太网接口 f 1/0 和 serial 2/0 接口 IP 地址参数，其命令为：

```
ruijie#config t   /* 进入全局配置模式
ruijie(config)#interface fastethernet 1/0      /* 进入接口 f1/0 配置模式
ruijie(config-if)#ip address 192.168.0.1 255.255.255.0  /* 设置接口 IP 地址
ruijie(config-if)#no shutdown        /* 激活接口
ruijie(config-if)#exit              /* 返回全局配置模式
ruijie(config)#interface serial 2/0   /* 进入接口 serial 2/0 配置模式
ruijie(config-if)#clock rate 64000  /* 设置参数
ruijie(config-if)#ip address 192.168.2.1  255.255.255.0
ruijie(config-if)#no shutdown        /* 激活接口
ruijie(config-if)#exit              /* 返回全局配置模式
ruijie(config)#
```

（5）静态路由配置命令

命令格式：ip route[网络编号] [子网掩码] [转发路由器的 IP 地址或本地接口]

说明：要求在全局配置模式下执行该命令，静态路由描述转发路径的方式有两种：指向本地接口（即从本地某接口发出，如 serial 1/2），或者指向下一跳路由器直连接口的 IP 地址（即将数据包交给 X.X.X.X）。

例：ip route 192.168.10.0 255.255.255.0 serial 1/2

例：ip route 192.168.10.0 255.255.255.0 172.16.2.1

（6）默认路由配置命令

命令格式：ip route 0.0.0.0 0.0.0.0 [转发路由器的 IP 地址或本地接口]

例：ip route 0.0.0.0 0.0.0.0 serial 1/2

例：ip route 0.0.0.0 0.0.0.0 172.16.2.1

（7）动态路由配置命令　动态路由涉及多个协议，例如 RIP 协议和 OSPF 协议，开启动态路由协议需要在协议开启后，还要确定一些参数后才能使用，这些将会在第 5 章进行详细介绍。

命令格式：router rip 或者 router ospf

（8）查看配置 当路由器设置结束后，需要查看当前参数，这里依旧需要用到 show 命令。

命令格式：show 参数

说明：show 命令的功能很多，下面介绍主要的 show 命令及参数。

1）show version　　/* 查看版本及引导信息

2）show running-config　　/* 查看运行配置

3）show startup-config　　/* 查看用户保存在 NVRAM 中的配置文件

4）show ip route　　/* 查看路由信息

（9）保存配置文件　当修改配置后，如果想下次重启还能继续应用当前配置，还需要将配置保存到路由器的存储器中去。主要的命令格式有 3 种。

1）copy running-config startup-config

2）write memory

3）write

（10）删除配置文件

命令格式：delete flash:config.text /* 删除初始配置文件

2.5.5　路由器的配置实例

针对实例 2-8，其网络拓扑图可简化为如图 2-23 所示。通过对该拓扑图的分析，不难看出，要想实现对总校区主机的访问需要分别设置 R1、R2、R3 路由器。准备采用 RIP 路由协议。一般情况下，路由的配置主要完成以下任务：一是配置局域网 LAN 接口和广域网 WAN 接口；二是激活 IP 路由协议；三是配置广域网接口。

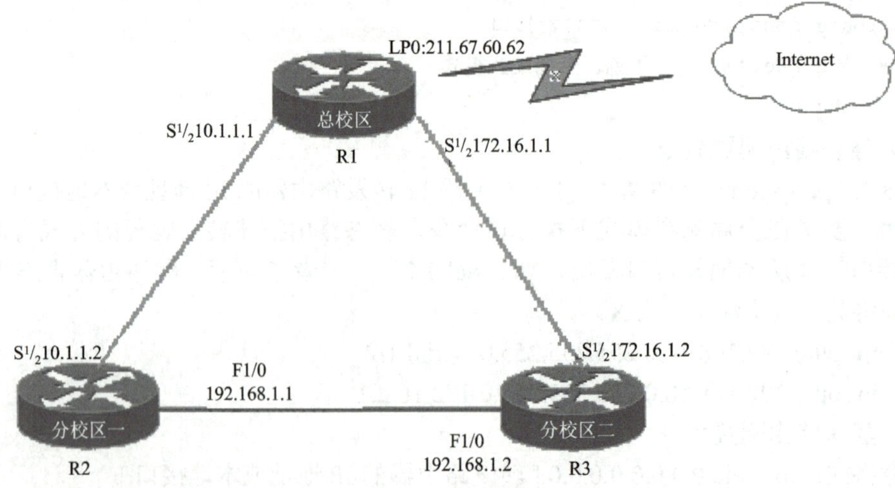

图 2-23　路由器配置拓扑图

解决步骤：

1. 针对 R1 路由器的配置

首先应该对连接内网和外网的接口进行配置，设置 IP 地址，激活接口，之后配置 RIP 路由协议。

```
R1#conf t                                              /* 进入全局配置模式
R1(config)#int s1/2                                    /* 进入 s1/2 接口配置
R1(config-if)#ip address 10.1.1.1 255.255.255.0        /* 为 s1/2 配置 IP 地址
R1(config-if)#no shut                                  /* 开启 s1/2 接口
R1(config-if)#clock rate 64000                         /* 设置 s1/2 的时钟频率
R1(config-if)#no shut                                  /* 激活时钟频率
R1(config-if)#exit
R1(config)#int s1/3                                    /* 进入 s1/3 接口配置
R1(config-if)#ip address 172.16.1.1 255.255.0.0        /* 为 s1/3 配置 IP 地址
R1(config-if)#no shut                                  /* 开启接口
R1(config-if)#clock rate 64000                         /* 设置 s1/3 的时钟频率
R1(config-if)#no shut                                  /* 激活时钟频率
R1(config-if)#exit
R1(config)#ip route 192.168.1.0 255.255.255.0 10.1.1.2 /* 配置静态路由
R1(config)#ip route 192.168.1.0 255.255.255.0 172.16.1.2
R1(config)#write                                       /* 保存配置
R1(config)exit
R1#show ip route
```

2. 针对 R2、R3 路由器配置

路由器 R2、路由器 R3 的配置过程与路由器 R1 的配置过程相似，不再详细列出，主要是注意 R2、R3 涉及的接口编号和对应的 IP 地址段。需要提醒的是：两台路由器通过串口相连时，其中的一台必须要配置时钟频率，一台作为 DTE 设备，另一台作为 DCE 设备。在实验中，用路由器 R1 作为 DCE 设备，只在 R1 上配置时钟频率即可。

3. 配置默认路由

要通过总校区的路由器访问外网，还需要在每台路由器上配置默认路由（有两种配置法）。

```
R1(config)#ip route 0.0.0.0 0.0.0.0 int s1/2      /* 在 R1 中配置默认路由
R2(config)#ip route 0.0.0.0 0.0.0.0 10.1.1.1      /* 在 R2 中配置默认路由
R3(config)#ip route 0.0.0.0 0.0.0.0 172.16.1.1    /* 在 R3 中配置默认路由
```

4. 验证

当 R1、R2、R3 路由器配置完成后，可以在每台路由器的特权模式下，通过 Ping 命令来访问其他路由器的 IP 地址，例如，在 R1 路由器上来 Ping 路由器 R3 的 F1/0 端口的 IP。

R1#ping 192.168.1.2

如果测试通过，就说明配置是正确的。

通过上述操作，就可以完成三个路由器的配置，实现网络互连，管理员可以通过查看路由表来检查路由器配置是否完成。

技能提示

路由器的学习可以通过模拟器软件来学习，在很多学校不具备真实网络实验环境的情况下，模拟器实际上是非常不错的选择。这是因为无论是交换机还是路由器，管理员最需要掌握的技能就是命令配置，而配置练习在模拟器上完全可以实现，相对来说能模拟 Cisco 的模拟器有很多。然而，华为、锐捷等缺乏相关模拟软件，不过，考虑到很多交换机、路由器的命令实际上是类似的，可以借助其他品牌的路由器模拟器了解具体使用。

由于篇幅原因，本书不再详细介绍模拟器软件的使用，但是还是建议初学者选择一款合适的模拟器软件，练习最常用的命令，掌握主要的配置方法和命令参数即可，很多模拟器软件自身就带有一些具体的实验项目，这些项目练习完成后，基本的中小型网络的连接与配置就能够掌握了。

2.6 局域网组建设计实例

局域网的规模有大有小，设计上也千差万别，但总体来看，可将局域网分成内部网络连接和外部广域网接入两大部分。不同的网络，根据其功能不同，也要分成多种逻辑功能。

1）内部网络互联部分。一般要根据网络的规模来考虑，通常采用层次结构或分区接入的方式，并由主干网和分支网组成。

2）外部广域网接入部分。应根据连接广域网的实际需要和当地电信部门的资费标准及建设费用，权衡 2.5 节中介绍的广域网接入方式，合理采用其中一种或几种。如果不是很小的网络，外部连接一般还需要增加路由器或三层交换机。为了保护内部网络的安全，在内部网与广域网之间还需要增加防火墙。

在组建局域网时，可以根据企业的规模，建立不同方式的局域网。如果网络的规模比较小，连接的计算机设备数量较少，或者网络上的信息量不多，此时，可以不分主干网和分支网直接选择 100 M 交换机连接所有的计算机设备，以形成局域网络。

如果企业的规模较大，联网的计算机设备很多，此时，可以选择多个高性能千兆以太网三层交换机作为主交换机，构成企业的主干网。分支网可选择 100M 交换机辐射到各个大楼，连接所有计算机设备。

如果企业的规模很大，连入的计算机网络很多，此时可以将网络分成核心层、汇聚层和接入层三个层次的结构。核心层应选择多个高性能的千兆或 10G 全光纤以太网三层交换机作为核心层交换机，以满足内部大容量、高速率、高可靠性交换的要求；汇聚层采用高性能、可管理千兆以太网的三层交换机，支持 VLAN 及其他管理功能；接入层根据网络流量情况分别选用千兆交换机或100M交换机。

2.6.1　企业网组网实例

某中型企业要建设一个办公与生产网络，该企业共有3幢大楼，其中一幢大楼为主楼，企业的主要部门均在该大楼内，计算机设备也主要集中在该楼内；另有两幢辅楼，主要是生产制造用。其拓扑图如图2-24所示。该企业网采用了1000M交换以太网，用一台1000Mbit/s以太网交换机作为主交换机，几台100M以太网交换机作为接入交换机，上连1000M交换机，下连企业内所有的计算机设备。

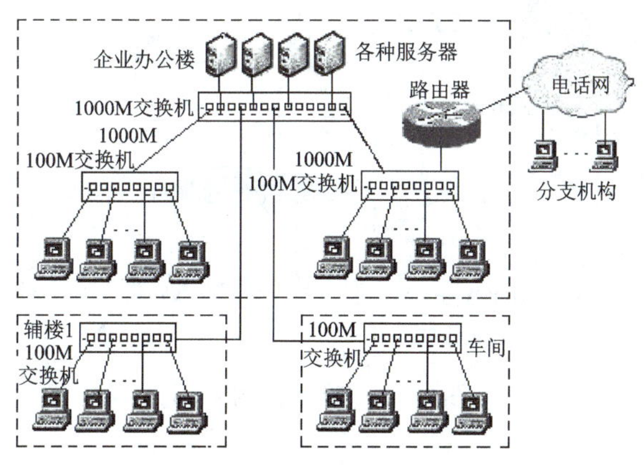

图2-24　企业网络拓扑图

企业内所用的各种服务器（企业管理服务器、数据库服务器、Web服务器、财务系统服务器等）均连接到1000M交换机上，以获得1000Mbit/s的网络访问速度。通过一台路由器将企业网接入到电信网与外部网连接，支持企业内部员工访问Internet，使得企业在外地的分支机构和出差人员可以通过电话拨号的方式访问企业网络。

2.6.2　校园网组网实例

校园网络的地理范围一般以校园为主，同时，节点相对比较多，并且偏重于网络的多媒体能力和办公处理能力，对网络的稳定性和速度有比较高的要求。

图2-25给出了某学校的校园网拓扑图，该校网络规模并不算大，主要是为了满足行政管理、教学管理的需要，并提供教学资源服务等。

该网络采用了10G/1000 Mbit/s交换以太网结构，各楼之间用光纤链路连接。核心层采用支持高性能以太网光纤交换机，汇聚层采用1000M以太网三层交换机形成校园网的骨干网络。汇聚层交换机连接行政办公楼区、教学区（教学楼、实验楼、图书室、学生机房、教师专用机房）、教师宿舍区等地的接入层交换机，接入层均采用100Mbit/s以上带网管的交换机，再由接入层交换机连接全校的计算机设备。校园网络中心用一台高性能的路由器将校园网通过光纤专线连接到ChinaNET和CERNET，支持Internet访问，校内服务器群提供了Web服务、文件传输服务、邮件服务、电子课件教学资源库、VOD视频服务等服务。满足学校办公自动化、教学管理、学生管理、多媒体网络教学的需要。

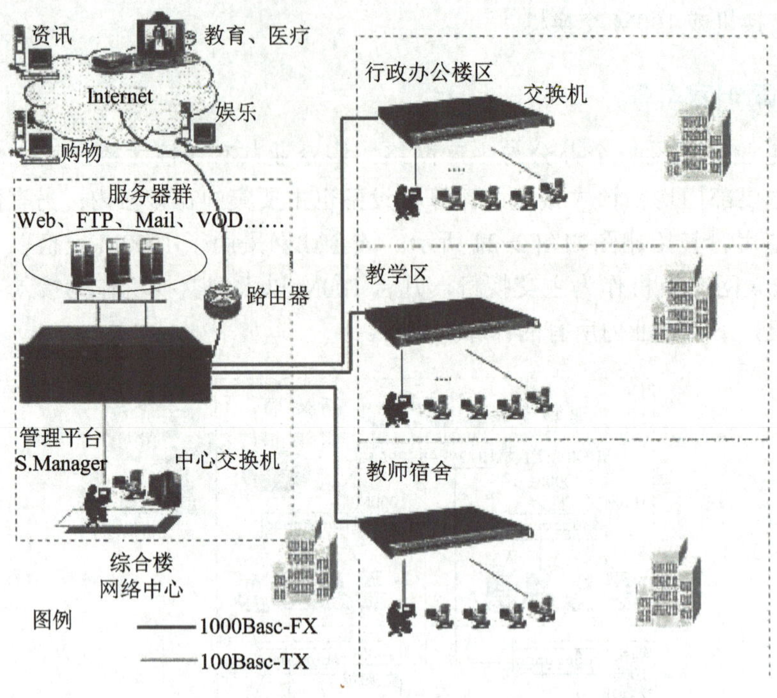

图 2-25　校园网络拓扑图

2.7　课后小结与习题

小　　结

本章内容主要分为两个部分：一个是学习了解综合布线的相关知识，同时掌握局域网布线的相关知识和技能；另一个就是交换机和路由器这两种重要的网络连接设备的连接与配置知识。本章的学习内容范围很广，实用性很强，由于网络设备的差异，因此本章学习的主要目的不是去机械记忆，而是要掌握基本步骤，了解整个布线系统的基本环节和要求，并能掌握常见网络互连设备的使用和连接并完成基础配置即可。此外。考虑到教材的系统性，有关交换机和路由器的一些配置被安排在后续章节介绍。

知 识 习 题

2-1　局域网组网的步骤有哪些？

2-2　什么是综合布线系统，由几部分组成？

2-3　简述 UTP 双绞线的线序规则以及制作步骤。

2-4　锐捷或者思科交换机的命令行状态有几种模式，如何连接一台交换机？

2-5　路由器的端口与配置模式有哪些？

2-6　什么是路由器模拟器，请写出常见模拟器的功能和名称。

技能习题

2-1　为你所在的学校规划一个校园网络，并利用拓扑图绘制工具，画一张学校网络拓扑图。

2-2　为交换机配置管理 IP 地址并设置密码，所有设备可 Telnet 登录，密码均为 tudou。

2-3　在交换机上配置 VLAN10、VLAN20、VLAN30、VLAN40，并且设置接口 4 ~ 10 在 VLAN10、11 ~ 16 在 VLAN20，接口 4 ~ 10 在 VLAN30、11 ~ 16 在 VLAN40，VLAN10 和 VLAN30 的用户不能相互访问，其他 vlan 用户之间能够相互访问。

2-4　学会使用简单网络测试仪，熟悉其面板组成与使用。

2-5　通过搜索引擎查询以下信息：“锐捷交换机命令”、“锐捷路由器命令”、“网络测试仪”等。

2-6　查询“网络工程招标”资料，阅读招标书的基本构成以及需提供的文件清单。

第 3 章 网络操作系统安装管理与配置

网络操作系统是最核心的服务器系统软件。Windows Server 2008 是美国微软公司推出的一款产品，该系统不仅继承了 Windows Server 2003 的功能和技术，而且提供了更具生产力的平台，提供了更强的安全、远程应用程序访问、集中式服务器角色管理、性能和可靠性监视工具，故障转移群集、部署功能。本章介绍 Windows Server 2008 系统的基础知识和系统安装、配置以及 AD 管理和用户、组及权限管理、共享资源管理等职业技能。

学习目标	
知识要求	1）了解 Windows Server 2008 操作系统基础知识。 2）了解活动目录的基础知识。 3）掌握用户与组的管理知识。 4）了解 NTFS 文件与磁盘系统基础知识。
岗位职业能力目标	1）能够熟练完成 Windows Server 2008 的各种方式的安装。 2）能够熟练完成活动目录的安装及域控制器的管理与配置。 3）能够完成用户与组管理操作。 4）会为不同用户设置 NTFS 文件访问权限。 5）能进行网络资源共享管理。 6）会管理打印服务，设置打印权限。 7）能完成磁盘配额管理。

3.1 Windows Server 2008 概述

Windows Server 2008 是一款比较先进的网络操作系统，对于部署该系统的网络来说，管理员可以更方便地帮助组织提高灵活性、可用性和对其服务器的控制。使其将更多时间用于创造业务价值、提升网络效率中。Windows Server 2008 所采用的一些新技术，如虚拟化工具、网络技术以及安全增强设置可以更省时、更低成本地为动态数据处理中心提供平台，促进应用程序、网络和 Web 服务从工作组转向数据中心。Windows Server 2008 还提供了一系列新的和改进的安全技术，建立比以往更加安全、可靠和稳定的服务器环境。

Windows Server 2008 产品目前可以支持 32 位的 x86 处理器，也可以支持 64 位的 x86 处理器，产品系列主要包括：Windows Server 2008 标准版、Windows Server 2008 企业版、Windows Server 2008 数据中心版、Windows Web Server 2008、Windows Server 2008 安腾版、Windows Server 2008 标准版（无 Hyper -V）、Windows Server 2008 企业版（无 Hyper -V）、

Windows Server 2008 数据中心版（无 Hyper -V）。

3.2　Windows Server 2008 安装与配置

【实例 3-1】

由于小王所在的某公司新购入了几台部门级服务器，因此需要小王安装网络操作系统来实现网络服务功能，小王应该如何操作呢?

【分析】新购买的服务器一般是不会直接安装好系统的，也不会直接随机搭配网络操作系统产品，需要客户根据需求单独购置和安装网络操作系统，安装网络操作系统产品之后，服务器才能正式工作。根据该公司的规模和实际需求，推荐安装的操作系统产品为美国微软公司推出的 Windows Server 2008 系统。Windows Server 2008 系统的安装本身不是很复杂，首先要查看服务器硬件配置是否满足产品的安装需求。此外，要根据网络服务器的功能，确定安装的一些选项，如磁盘空间划分等。

3.2.1　Windows Server 2008 安装规划

安装 Windows Server 2008 之前，首先要确认计算机的配置是否满足安装的最低要求，其次要确定安装后的使用环境。

1．硬件系统的要求

安装 Windows Server 2008 之前，需要检查服务器的硬件配置，并非所有的服务器都支持该系统的安装，应仔细查看服务器的配置，特别是 CPU 的配置。Windows Server 2008 按照服务器 CPU 架构可以分为 32 位系统和 64 位系统。表 3-1 列出了 Windows Server 2008 的最低配置与推荐配置。

表 3-1　Windows Server 2008 安装硬件要求

硬　件	安 装 需 求
处理器	最低：1 GHz（x86 处理器）或 1.4 GHz（x64 处理器） 建议：2 GHz 或以上 注意：Windows Server 2008 for Itanium-Based Systems（安腾）版本需要 Intel Itanium 2 处理器
内存	最低：512 MB RAM 建议：2 GB RAM 或以上 最佳：2 GB RAM（完整安装）或 1 GB RAM（服务器核心（Server Core）安装）或以上 最大（32 位系统）：4 GB（标准版）或 64GB（企业版或 Datacenter 版） 最大（64 位系统）：32 GB（标准版）或 2TB（企业版、Datacenter 版及 Itanium-Based Systems 版）
可用磁盘空间	最低：10 GB 建议：40 GB 或以上 注意：配备 16 GB 以上 RAM 的计算机需要更多的磁盘空间，进行分页处理、休眠及输出（dump）档案
光驱	DVD-ROM 光驱
显示器	支持 Super VGA（800×600）或更高解析度的显示器
其他	键盘及 Microsoft 鼠标或兼容的指向装置（pointing device）

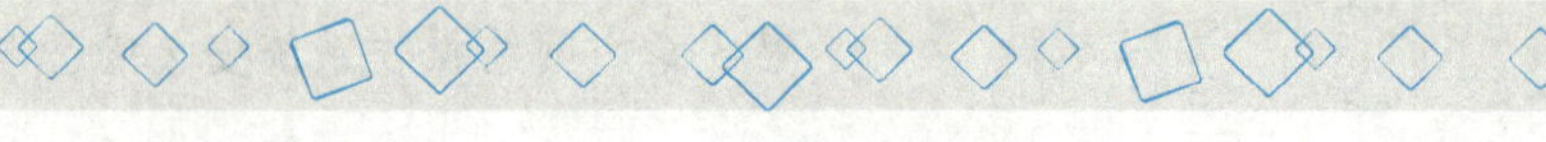

2. 硬件兼容性

在兼容性方面，Windows Server 2008 体现出了多样化的特性和很强的兼容能力。无论在微软公司同类软件还是与 UNIX 的协作上，系统在设计之初都有所考虑。微软倡导与 Windows Vista 一起使用，是基于在开始之初即同属开发计划的一部分，因而在平台中共用了许多技术。若能同时部署，则效果提升更高。表 3-2 列出了可以兼容的类型以及兼容的特点。

表 3-2　Windows 系统兼容类型与特点

兼容类型	兼容特点
Windows Vista	更有效率的管理、更高的可用性以及更快速的通信
支持的应用程序	已针对基础作业系统 Windows Server 2003 进行许多重大改善的下一代 Windows Server Operating System，可确保所有的应用程序都能向下兼容
支持供应商应用程序	客户可存取的所有目前已在 Windows Server Catalog 正式通过 Windows Server 2008 认证的供应商软件和硬件解决方案
支持 UNIX	Windows Server 2008 有部分可让 Windows 和 UNIX 环境并存运作的新增功能，可协助充分利用现有的 UNIX 资料和应用程序

3.2.2　Windows Server 2008 安装

根据系统的安装模式，应选择光盘安装模式或网络安装模式，这里以光盘安装为例，进行系统安装，具体的操作步骤如下：

1）首先，启动服务器，将 Windows Server 2008 安装光盘放入光驱中，当屏幕出现如图 3-1 所示的内容时，Windows Server 2008 就开始安装了。

图 3-1　系统安装开始界面

2）稍后出现“安装 Windows”界面时，应选择安装语言和输入法以及时间和货币格式，选择默认中文选项即可。如图 3-2 所示，单击“下一步”按钮继续。

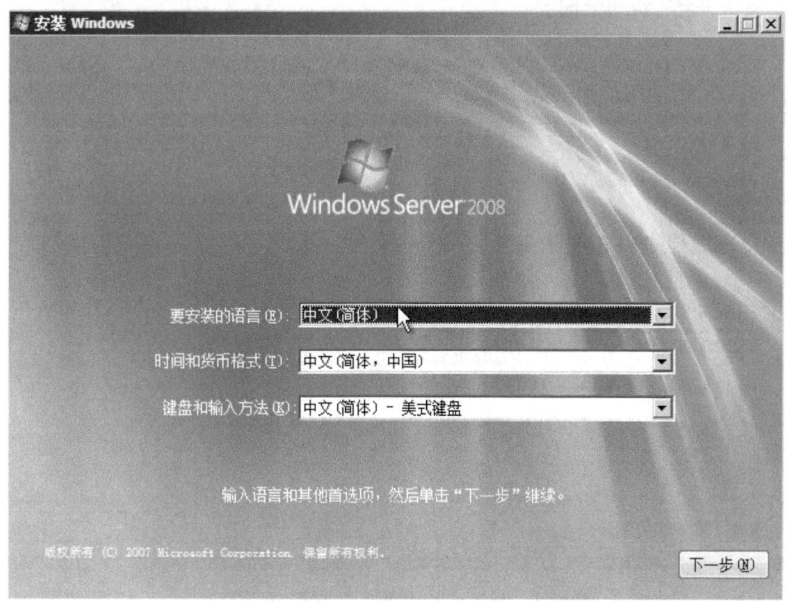

图 3-2　语言首选项设置界面

3）在出现的如图 3-3 所示的界面中，选择“现在安装（I）”，单击“安装 Windows 须知（W）”查看安装前需要了解的知识。选择“修复计算机”选项可以对现有的系统进行维护。

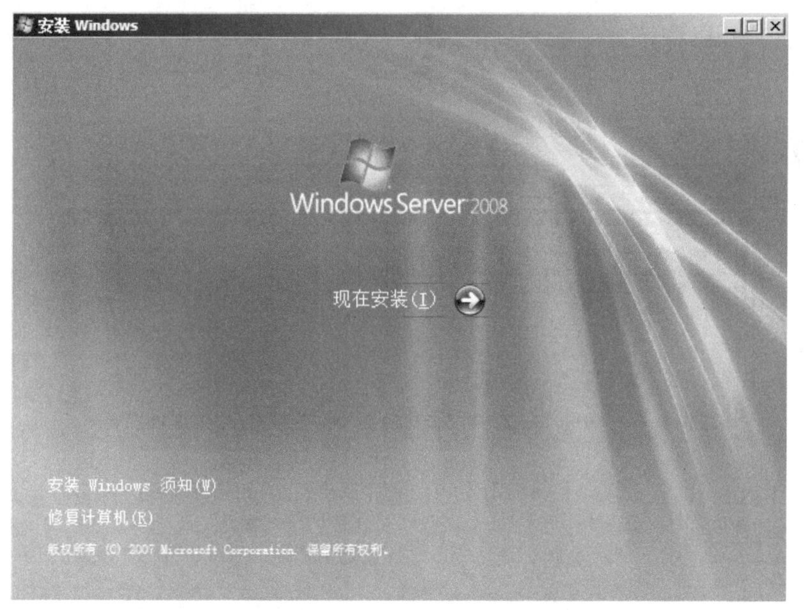

图 3-3　安装准备界面

4）在“输入产品密钥进行激活”界面中输入产品密钥，一般在光盘包装盒可以找到，并勾选“联机时自动激活 Windows（A）”，如图 3-4 所示。试用版本或网络上下载的被预先设置的版本可能不要求输入密钥，但会对系统使用时间和功能有所限制。

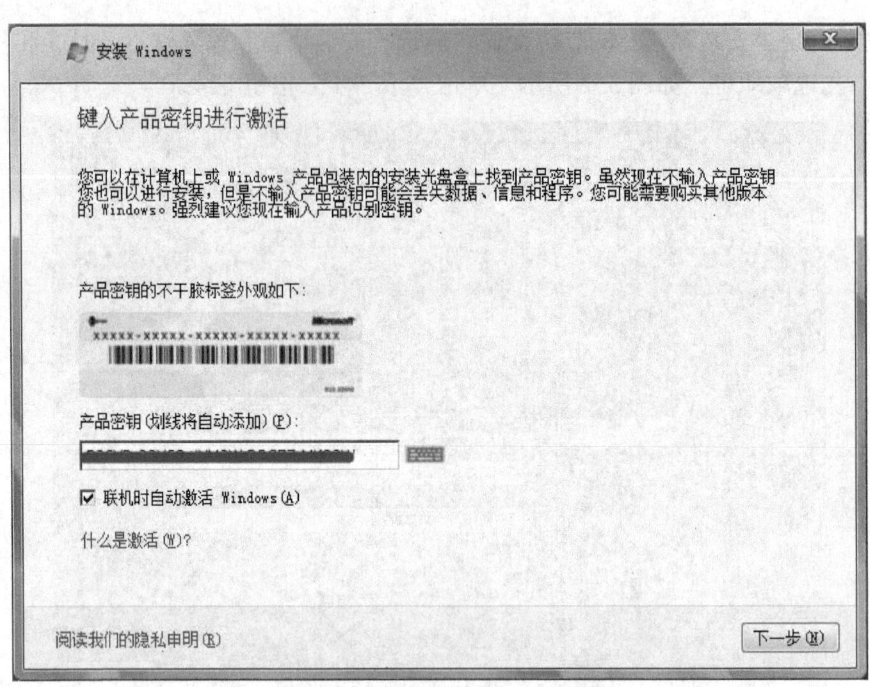

图 3-4 “输入产品密钥进行激活”界面

5）单击“下一步”按钮，选择要安装的操作系统版本，如图 3-5 所示，Windows Server 2008 支持多种安装模式，分别是完全安装模式下的标准版、企业版、数据中心版以及服务器核心安装模式下的标准版、企业版、数据中心版。

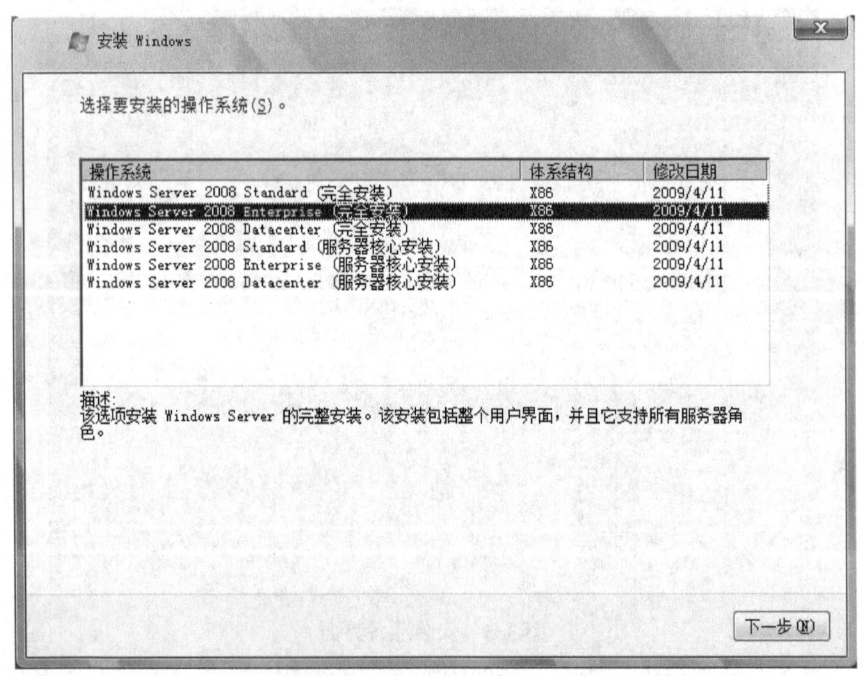

图 3-5 操作系统版本选择界面

6）在阅读许可条款界面中，阅读并勾选“我接受许可条款”，如图 3-6 所示，单击“下一步”按钮继续安装。

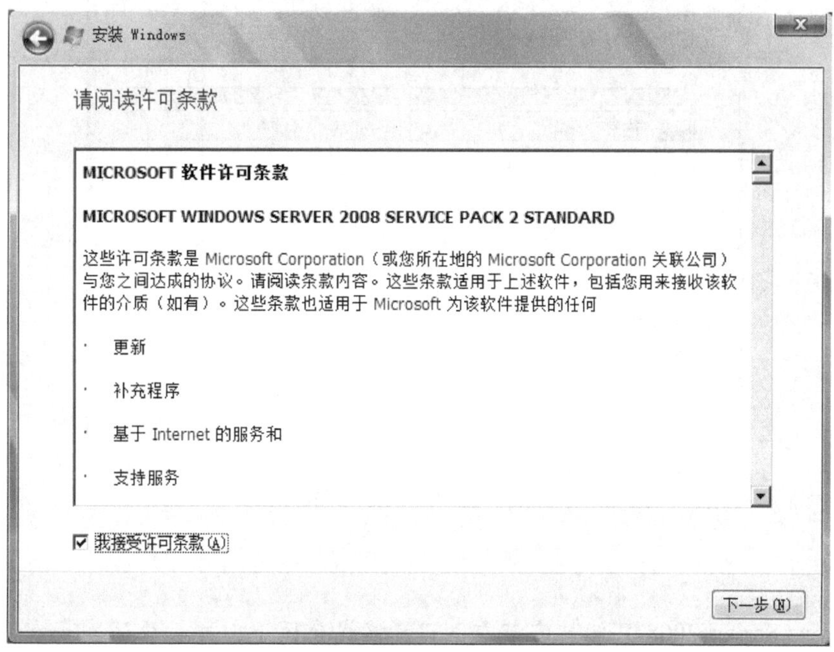

图 3-6　阅读许可条款

7）在“安装类型选择”界面中包含“升级（U）”安装和自定义安装（高级）两种类型，如图 3-7 所示。选择“自定义（高级）”准备进行定制安装。如果是低版本升级安装也可以选择“升级（U）”。

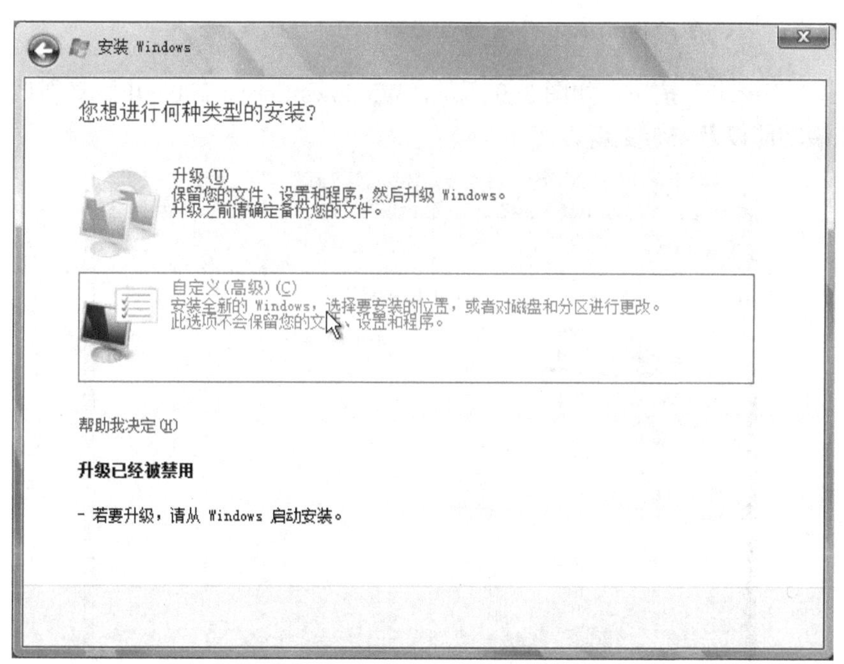

图 3-7　安装类型选择

8）单击“下一步”按钮，如图 3-8 所示，选择 Windows Server 2008 安装分区。

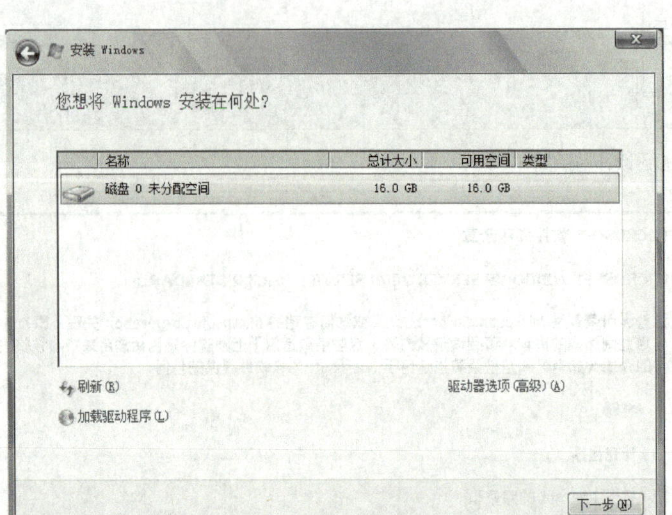

图 3-8　安装分区选择

技能提示

Windows Server 2008 只能被安装在 NTFS 格式分区下，并且分区剩余空间必须大于 8GB。如果使用了一些比较不常见的硬盘接口系统，例如 SCSI、RAID 或者特殊的 SATA 硬盘，安装程序无法识别硬盘，则需要在这里提供驱动程序。单击“加载驱动程序”图标，然后按照屏幕上的提示手动提供驱动程序即可继续。安装好驱动程序后，单击“刷新”按钮让安装程序重新搜索硬盘。同时，也可以在“驱动器选项（高级）”进行磁盘操作，如删除、新建分区，格式化分区，扩展分区等。

9）单击“下一步”按钮，如图 3-9 所示，Windows Server 2008 开始复制系统文件、展开文件、安装功能以及安装更新。

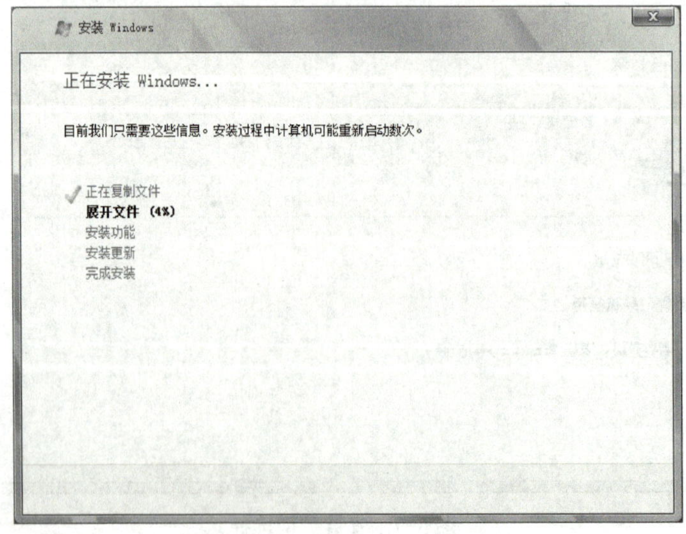

图 3-9　开始安装 Windows Server 2008

10）安装完成后，会出现登录界面，登录之前要求用户必须更改密码，如图 3-10 所示。

图 3-10 首次登录更改密码

11）如图 3-11 所示，输入用户密码，单击右侧的“登录”按钮，登录系统。

图 3-11 输入新密码

12）出现如图 3-12 所示界面，安装过程全部完成。进入系统桌面。

图 3-12 准备桌面

Windows Server 2008 的安装还可以升级安装。升级安装一般是在低版本 Windows 系统下进行的升级安装，特点是可以保留原来系统的一些原始数据和参数配置信息等。升级安装步骤与光盘安装基本类似。

3.2.3 Windows Server 2008 系统应用与配置

1. 熟悉 Windows Server 2008 操作系统

登录系统后，会出现如图 3-13 所示的界面，桌面一开始只有很少的图标，其他图标可以通过设置快捷图标或安装软件时产生，用户可以自己选择桌面上包含哪些快捷图标。

图 3-13 Windows Server 2008 桌面

系统启动后，一般会出现如图 3-14 所示的“初始配置任务”窗口，在初始配置任务窗口中，用户可以完成服务器的一些基本设置，如设置时区、配置网络、系统的更新设置、防火墙设置以及功能和角色添加等。如果不希望每次登录时都弹出该窗口，则可以勾选“登录时不显示此窗口”复选框。

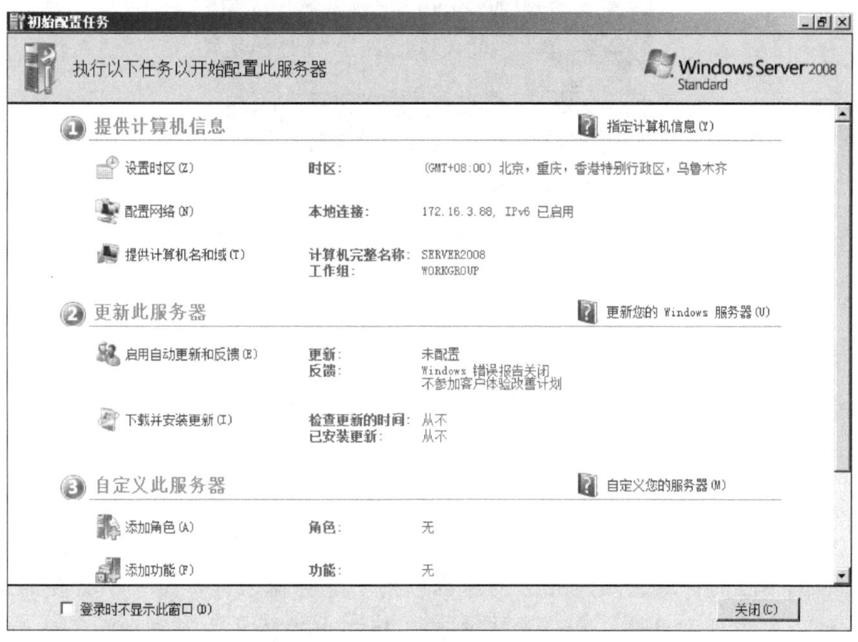

图 3-14　“初始配置任务”窗口

桌面主要由任务栏、开始菜单等组成，界面基本与 Vista 系统类似。单击“开始”菜单，可以选择对系统的基本操作，包括切换用户、注销、锁定、重新启动、关机等操作，如图 3-15 所示。

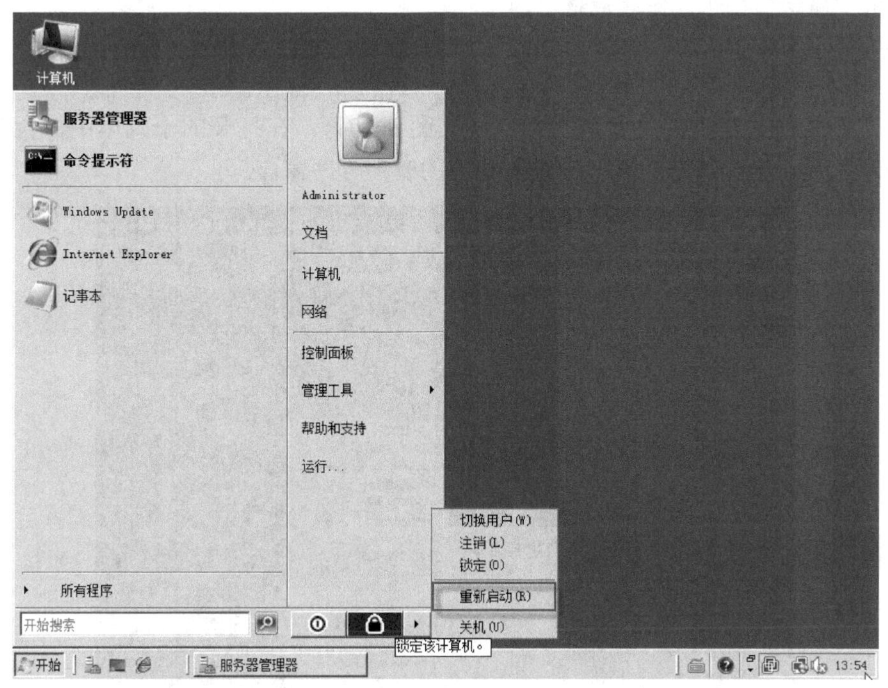

图 3-15　开始菜单

当选择“重新启动”时，会出现如图 3-16 所示界面，在“选项”中设定重启或关机计划，并单击“确定”按钮，对系统进行重新启动。

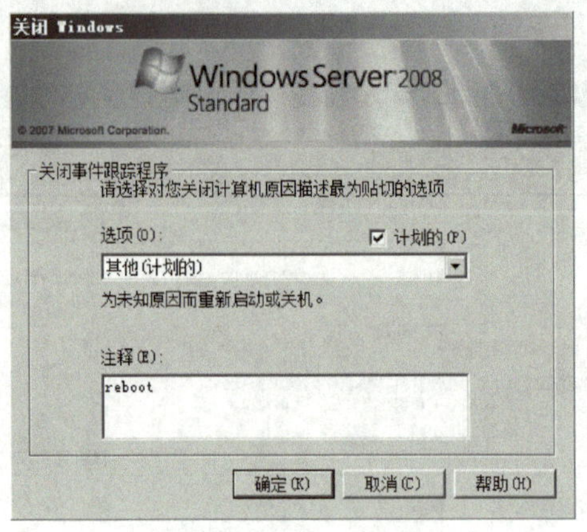

图 3-16　关闭 Windows 事件跟踪程序窗口

关机事件跟踪也是服务器系统区别于桌面系统的一个设置，每次关机或重启后，用户需要给出相应的计划，填写相应的原因，对于服务器来说这是一个必要的选择，记录用户的操作，不过可以禁止它。其方法是：打开“开始”→“运行”，输入“gpedit.msc”，打开“组策略编辑器”。在窗口的左边部分选择“计算机配置”→“管理模板”→“系统”，在右边窗口双击“显示关闭事件跟踪程序”，在出现的对话框中选择“已禁用”，然后单击“确定”按钮，保存后退出。

2. 熟悉管理工具

选择“开始”菜单下的“管理工具”（见图 3-17），在打开的子菜单中，会包含一些常用的管理工具，选择其中的某一项进入相应的管理程序窗口。

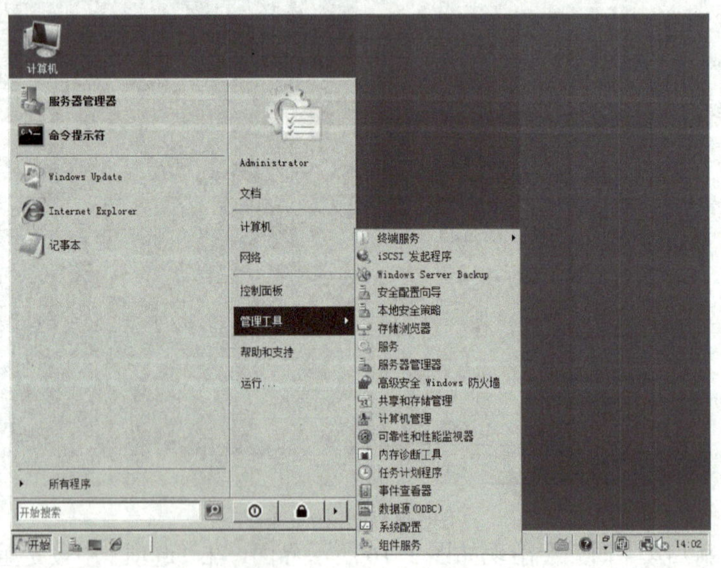

图 3-17　管理工具菜单

3. 熟悉控制面板与系统参数的设置

在“开始”菜单中打开“控制面板”窗口，在“控制面板”窗口中可以对 Windows Server 2008 的各种软硬件参数以及系统配置选项进行设置，如图 3-18 所示。

图 3-18　控制面板

4. 网络参数的设置

1）在“初始配置任务”窗口中单击“配置网络”，进入“网络和共享中心”窗口，如图 3-19 所示。

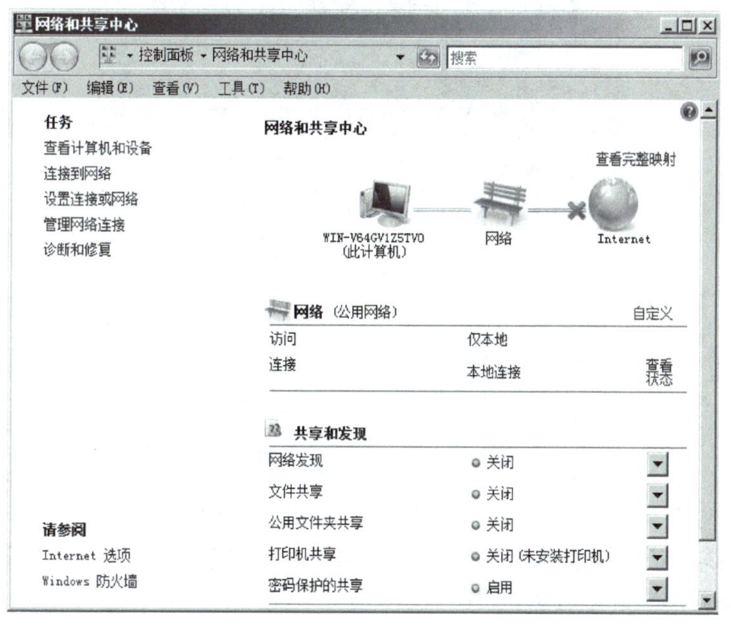

图 3-19　“网络和共享中心”窗口

2）单击“本地连接”右侧的“查看状态”。打开“本地连接状态”对话框，如图 3-20

所示，然后再单击“属性”打开“本地连接”属性对话框。

3）选择“Internet 协议版本 4（TCP/IPv4）”，如图 3-21 所示，单击“属性”按钮。

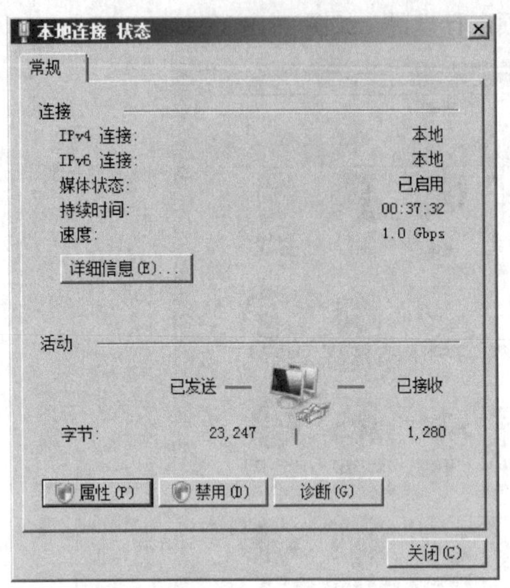

图 3-20 “本地连接状态”对话框

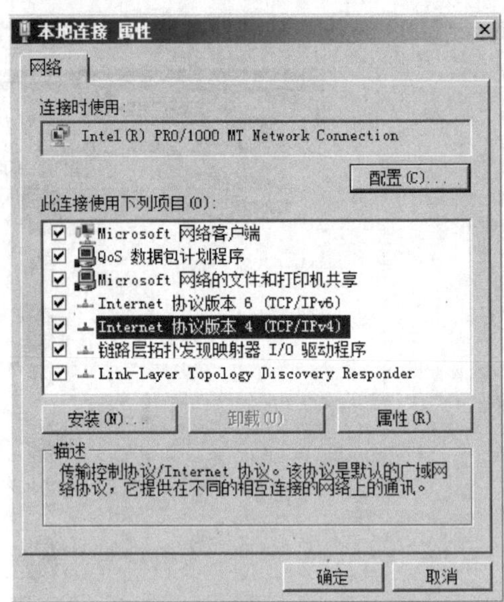

图 3-21 “本地连接属性”对话框

4）在“TCP/IPv4 属性”对话框中输入对应的 TCP/IP 地址、子网掩码、默认网关以及 DNS 等内容并单击“确定”，如图 3-22 所示。

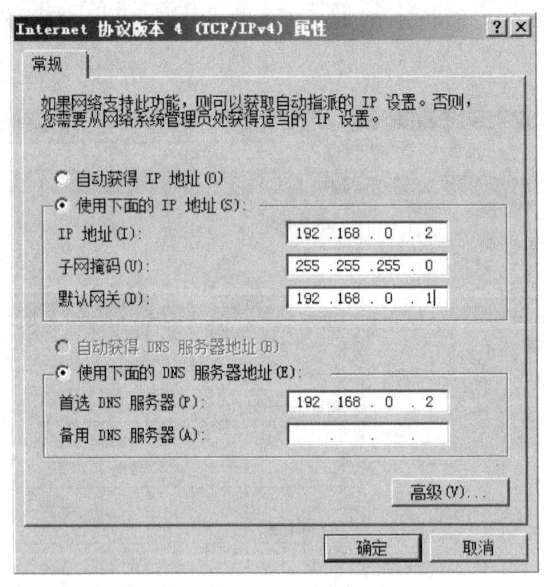

图 3-22 “TCP/IPv4 属性”对话框

5）设置系统更新系统安装完成后，首先应考虑安装系统补丁，并且不断更新微软公司提供的补丁安装程序。其步骤是：

在“初始配置任务”窗口中选择“启用自动更新和反馈”选项，在弹出的页面中，单击“手动配置设置”，如图 3-23 所示。

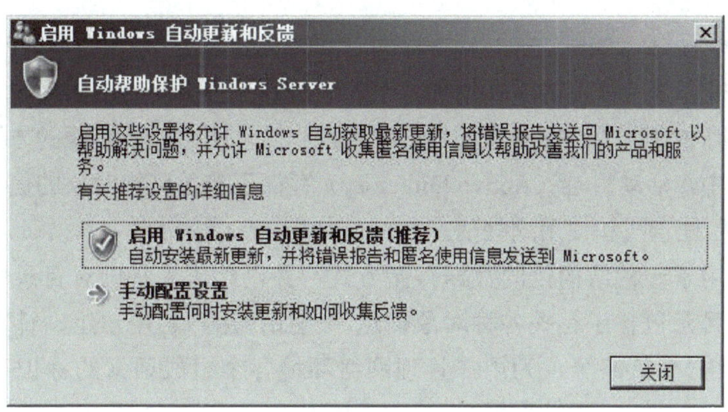

图 3-23 手动配置自动更新

在手动配置更新的页面中，选择“更改设置”，然后点选“自动安装更新（推荐）”命令，选择“每天，18:00”，单击“确定”。系统就会自动检查更新并安装，这样保证系统在无漏洞的安全状态下运行。如图 3-24 所示。

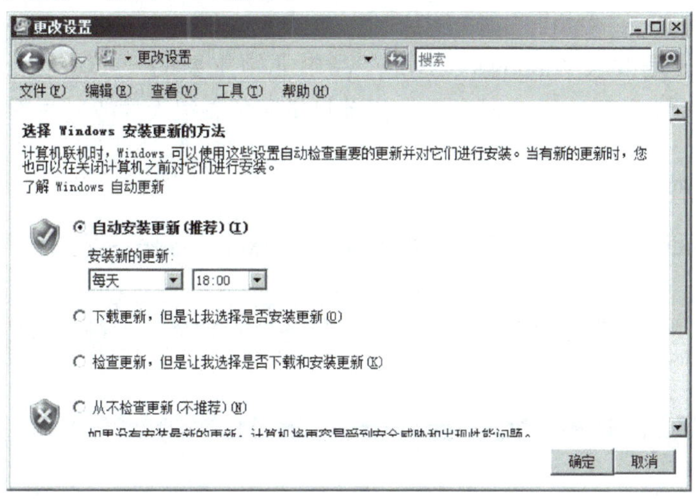

图 3-24 自动更新设置

3.3 活动目录基础

【实例 3-2】

某企业网络中有多台安装 Windows Server 2008 的服务器，信息资料分散在不同的计算机中，希望小王能帮助配置部署该网络，可以让用户快速地访问所需要的资源，并且对不同用户给予不同的权限，同时，还要保证访问的安全性，小王该如何操作呢？

【分析】针对该企业的问题，通过配置活动目录（AD，Active Directory）就可以解决，活动目录是使目录中所有信息和资源发挥作用的服务，活动目录采用分布式的目录服务，可以将分散在多台不同的服务器上的信息资源提供给用户并使用户能够快速访问，同时，对用户提供统一的视图，并且对每个用户分配不同的权限，统一管理网络中的资源。因此，解决上述问题只需要在网络中配置活动目录即可实现资源的安全灵活的访问。

3.3.1 活动目录概述

随着网络规模和复杂程度的不断增加，组织、规划和查找网络中的对象，为网络组建一个清楚的结构变得非常重要。目录服务是一种组织和简化网络系统资源的方法。在 Windows Server 2008 系统中，活动目录（Active Directory）存储了有关网络对象的信息，并且让管理员和用户能够轻松地查找和使用这些信息。

活动目录使用了一种结构化的数据存储方式，并以此作为基础对目录信息进行合乎逻辑的分层组织。目录包含了有关各种对象信息，例如：用户、用户组、计算机、域、组织单位（OU）以及安全策略等，为用户管理网络环境各个组成要素的标识和关系提供了一种有力的手段。

活动目录的主要对象信息存储在被称为域控制器的服务器上，并可以被其他网络应用程序或者服务所访问。一个域可能拥有一台以上的域控制器。每一台域控制器都拥有它所在域的目录的一个可写副本。对目录的任何修改都可以从源域控制器复制到域、域树或者森林中的其他域控制器上。

活动目录一直是微软 Windows Server 产品中非常重要的一个功能角色，从 Windows 2000、Windows 2003 直至 Windows 2008，活动目录服务有很大的改进与增强。

3.3.2 安装活动目录

选择一台 Windows Server 2008 服务器作为域控制器，在该服务器上安装活动目录服务。其步骤是：

1）首先单击“开始”→“管理工具”→“服务器管理器”。进入服务器管理器窗口，如图 3-25 所示。

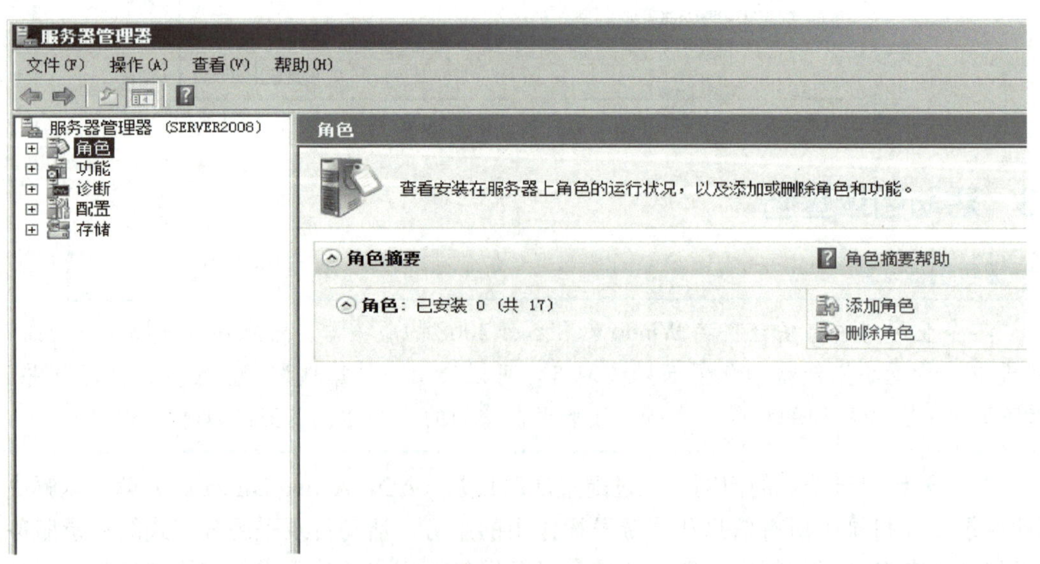

图 3-25 服务器管理器窗口

2）选择左侧窗口中的“角色”，单击右侧窗口中的“添加角色”弹出“添加角色向导”

对话框，单击“下一步”，在“选择服务器角色”对话框中，勾选“Active Directory 域服务”复选框，如图 3-26 所示。

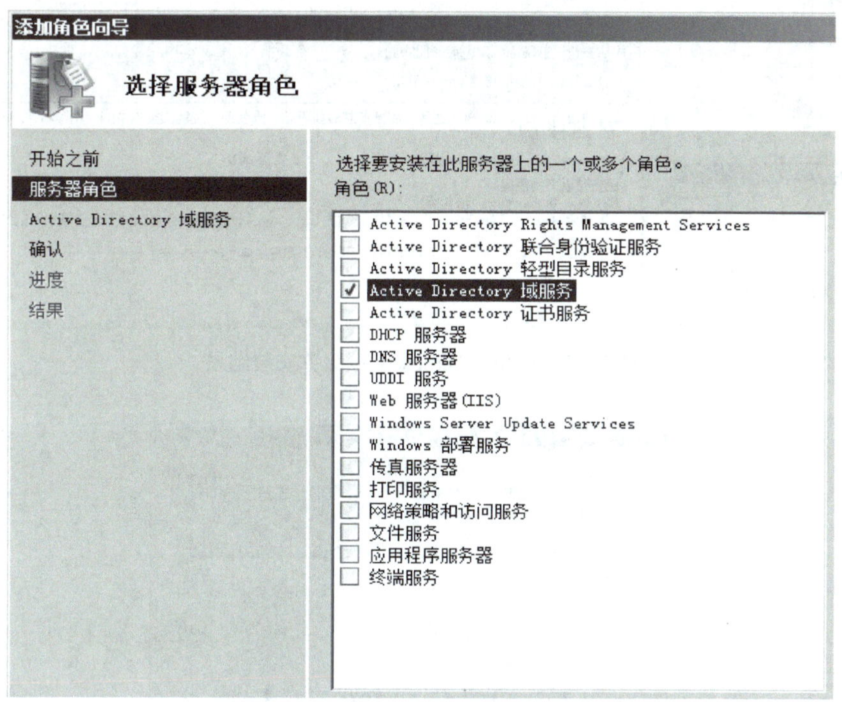

图 3-26　选择 Active Directory 域服务

知识补充

活动目录（Active Directory）主要提供以下功能：

①基础网络服务：包括 DNS、WINS、DHCP、证书服务等。

②服务器及客户端计算机管理：管理服务器及客户端计算机账户，所有服务器及客户端计算机加入域管理并实施组策略。

③用户服务：管理用户域账户、用户信息、企业通讯录（与电子邮件系统集成）、用户组管理、用户身份认证、用户授权管理等，实施组管理策略。

④资源管理：管理打印机、文件共享服务等网络资源。

⑤桌面配置：系统管理员可以集中地配置各种桌面配置策略，如：界面功能的限制、应用程序执行特征限制、网络连接限制、安全配置限制等。

⑥应用系统支撑：支持财务、人事、电子邮件、企业信息门户、办公自动化、补丁管理、防病毒系统等各种应用系统。

3）继续单击“下一步”按钮，根据提示完成活动目录的安装。此时只是启动了活动目录的域服务，并未将该服务器作为域控制器运行。如图 3-27 所示，单击“关闭该向导并启动 Active Directory 域服务安装向导（dcpromo.exe）”按钮，或者在“开始”菜单的运行对话框里输入“dcpromo.exe”后按回车键，如图 3-28 所示。

图 3-27　Active Directory 域服务安装结果

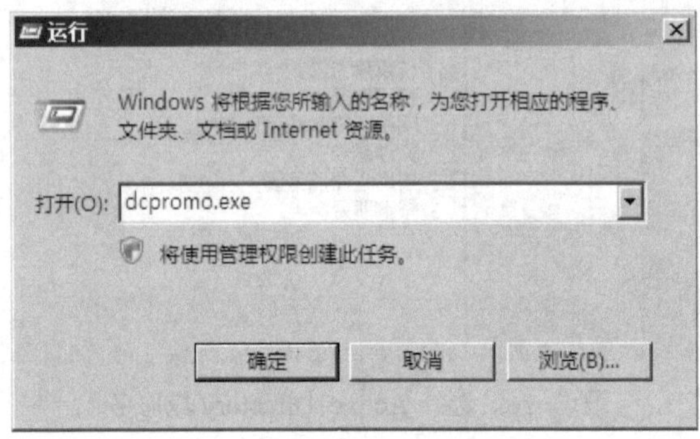

图 3-28　运行域服务安装命令

4）在“Active Directory 域服务安装向导”对话框中，单击“下一步”按钮，如图 3-29 所示。

5）在如图 3-30 所示的对话框中选择“在新林中建新域”选项。

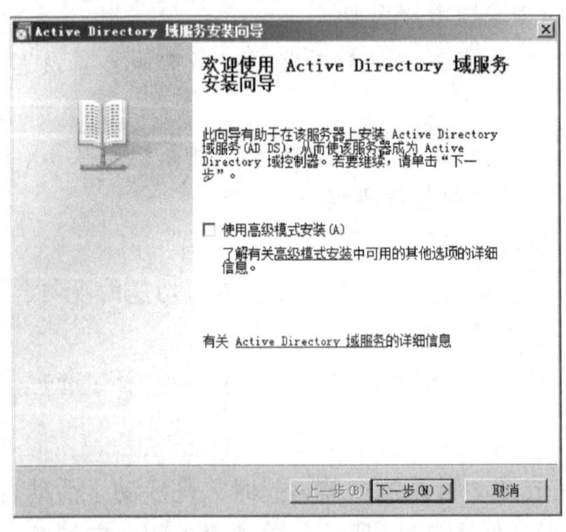

图 3-29　Active Directory 域服务安装向导

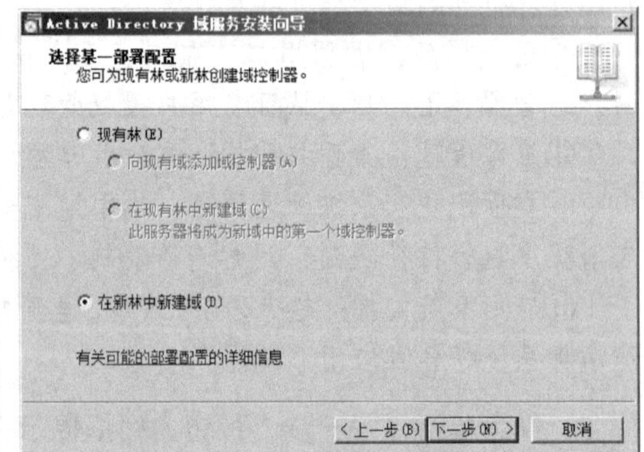

图 3-30　选择“在新林中建新域”选项

6）单击“下一步”按钮，如图 3-31 所示，在“命名林根域”对话框中命名目录林根级域为“mywin2008.cn”。

7）继续单击“下一步”按钮，经过系统检查目录林根级域名称合法后，继续设置域 NetBIOS 名称为“Mywin2008”。

8）单击“下一步”按钮，在如图 3-32 所示的“设置林功能级别”对话框中选择相应的选项。

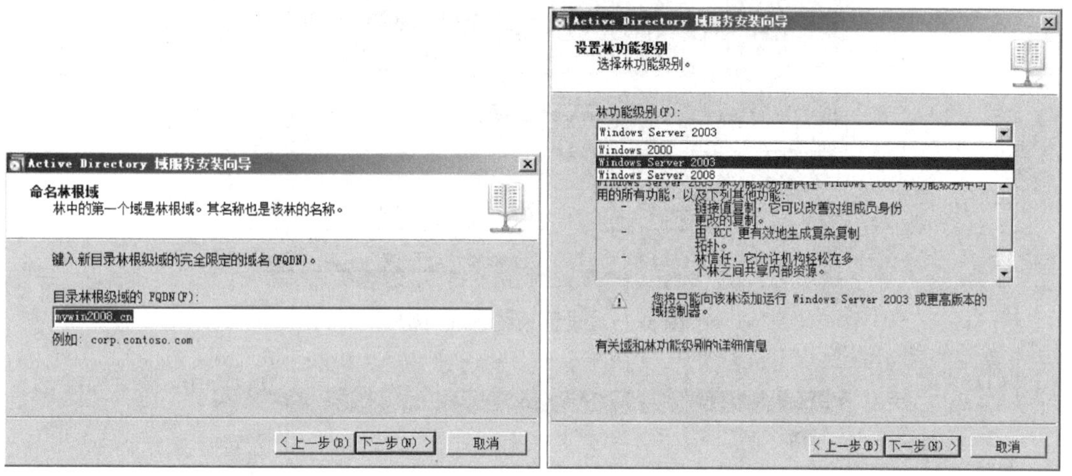

图 3-31　“命名林根域”对话框　　　　图 3-32　“设置林功能级别”对话框

9）在检查完 DNS 配置后，由于是首次安装，因此出现如图 3-33 所示的提示。

10）在如图 3-34 所示的对话框中，设置活动目录数据库、日志文件和 SYSVOL 的存放位置，也可以依据需要进行更改。

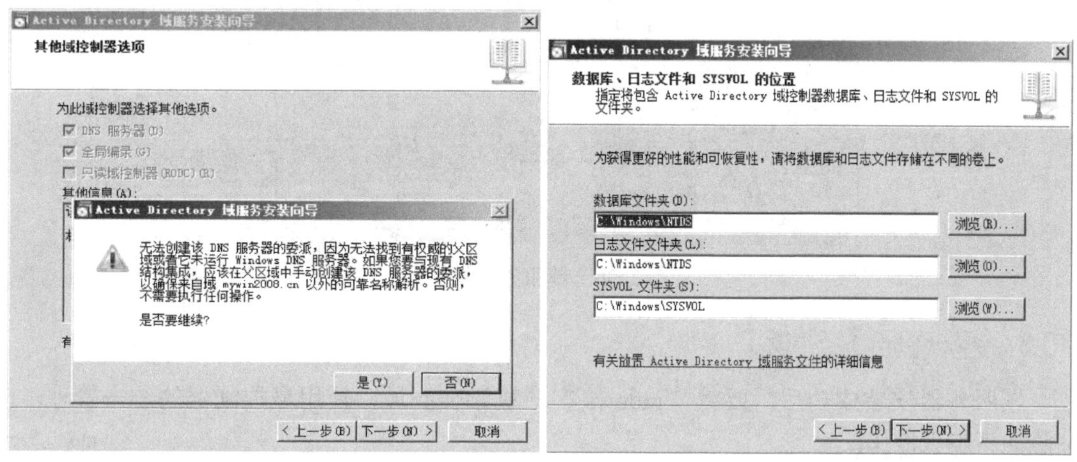

图 3-33　DNS 委派提示　　　　图 3-34　相关文件位置

11）单击“下一步”按钮，在图 3-35 中，设置目录服务还原模式的 Administrator 密码，也就是系统管理员的登录密码。与 Windows Server 2008 的强制密码规则一样，密码要由大小写字母及数字组成，如：ABCabc123。

12）单击“下一步”按钮，继续安装，等待 Active Directory 域服务安装配置完成后提示重新启动完成安装，如图 3-36 所示。此时活动目录服务安装就结束了。

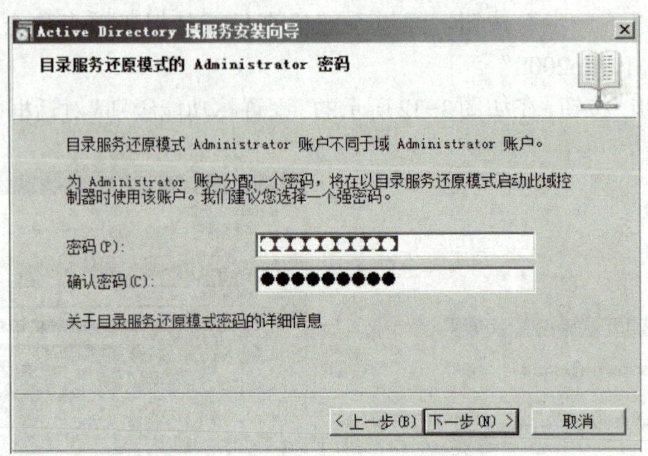

图 3-35　设置系统管理员密码

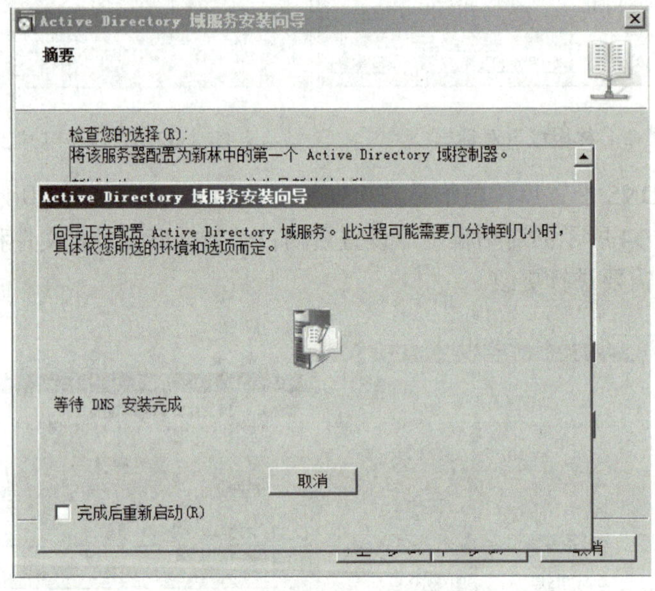

图 3-36　域服务安装配置

3.3.3　客户机登录到域

域服务器安装成功后，要将 Windows 客户机添加到域，使用域控制器的统一管理，应按照如下步骤操作：

1）设置客户机的主机名和 IP 地址，例如设置主机名为“kady”，IP 地址为“192.168.0.3”，且 DNS 服务器地址为“192.168.0.2”，并右击“我的电脑”，选择“属性”选项，进入“计算机名”对话框，单击“更改”按钮，并在“隶属于”区域的“域”一项中填写所要加入的域的名称：mywin2008.cn，如图 3-37 所示。

2）单击“确定”按钮，客户机将通过 DNS 服务器查询是否有域名为“mywin2008.cn”的域控制器存在，解析成功后，出现如图 3-38 所示的“计算机名更改”对话框。在对话框中分别输入域账号名称和密码进行登录。

此处的用户名可能与计算机“kady”的本地管理员用户名相同，但是并非是 kady 的管理员，而是域“mywin2008.cn”的域用户账户。

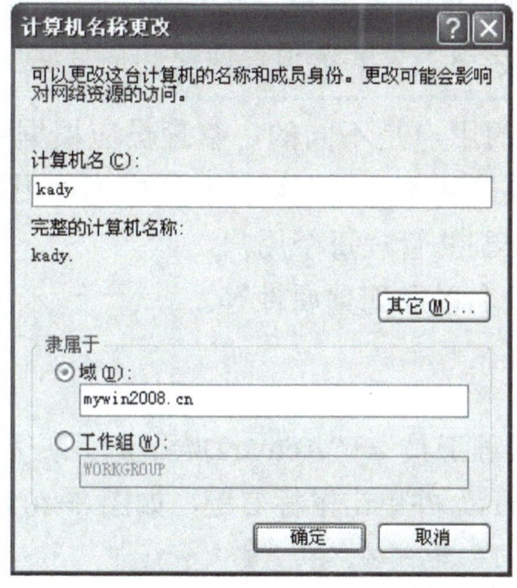

图 3-37　设置隶属域

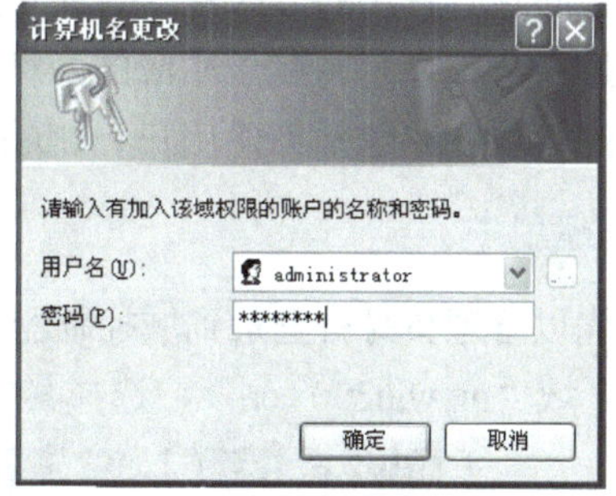

图 3-38　“计算机名更改”对话框

3）如图 3-39 所示，在域控制器核实用户权限有效后，计算机“kady”成功加入到域。

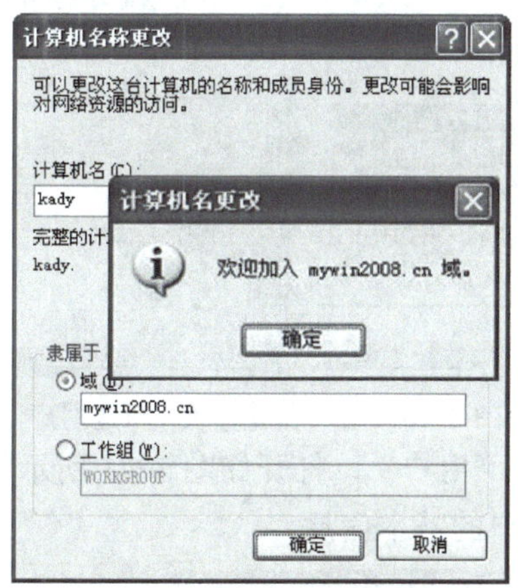

图 3-39　成功加入域

4）客户机登录到域。重新启动计算机，在系统登录对话框时需要选择登录到域 MYWIN2008（即域 mywin2008.cn 的域 NetBIOS 名称），并输入域用户名及密码，才能成功登录。客户机要访问网络的资源，只要在“网上邻居”中查找“域”下的各种服务器或者客户机提供的共享资源即可。

3.4　用户与组管理

3.4.1　用户管理

在一个网络中，用户和计算机都是网络的主体，两者缺一不可。拥有计算机账户是计算机接入 Windows 网络的基础，拥有用户账户是用户登录到网络并使用网络资源的基础，因此用户和计算机账户管理是 Windows 网络管理中最必要的工作。

【实例 3-3】

管理员小王所在公司的网络中的计算机用户很多，但是由于公司各部门的用户权限不一样，访问级别和相关的设置都不尽相同，那么小王应该如何解决上述问题呢？

【分析】在网络中，不同的资源其允许访问的用户是不同的，管理员应根据实际网络需求来考虑问题。解决的方式是：首先设置一台域控制器，再在域控制器中为使用计算机的每个人创建一个用户，并赋予相应的网络权限，控制并管理每个用户。

用户的管理主要包括创建用户、删除用户、改名以及配置属性等。

1. 创建用户

1）首先以管理员身份登录到域控制器，打开“管理工具”→“Active Directory 用户和计算机”窗口，展开域“mywin2008.cn”，选择其中的“Users”并单击鼠标右键，如图 3-40 所示。

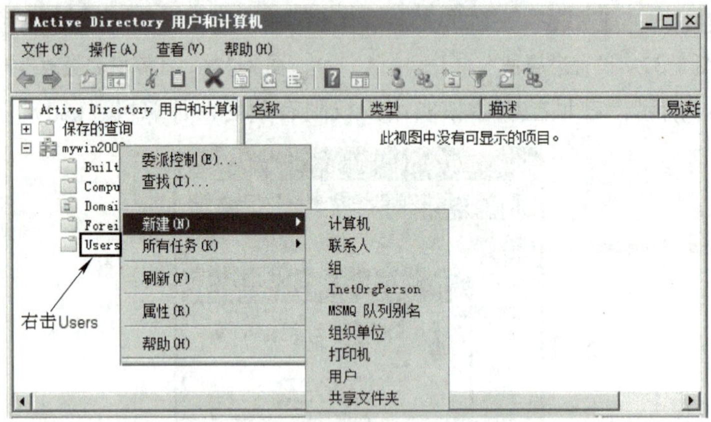

图 3-40 用户和计算机 - 新建用户

2）在“新建”菜单中选择“用户”，打开如图 3-41 所示的“新建对象 - 用户”对话框。在对话框中输入将要创建的用户的基本信息。

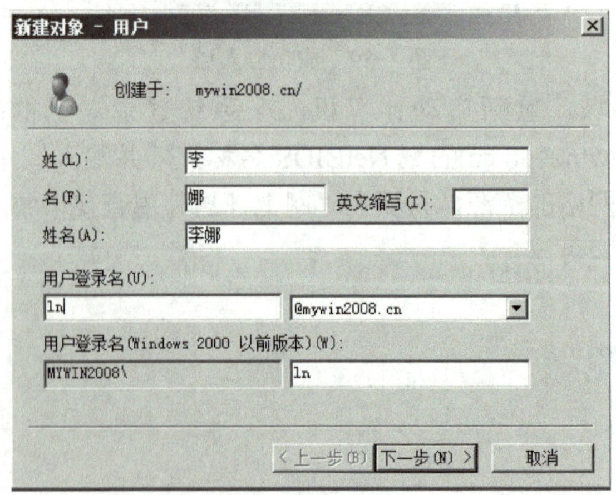

图 3-41 “新建对象 - 用户”对话框

3）单击“下一步”按钮，设置用户密码与用户属性对话框，如图 3-42 所示。在“密码”和“确认密码”中输入用户密码，保证两次输入一致并符合 Windows Server 2008 的密码规则，密码要由大小写字母及数字组成，如：ABCabc123。单击“下一步”按钮，完成用户的创建，如图 3-43 所示。

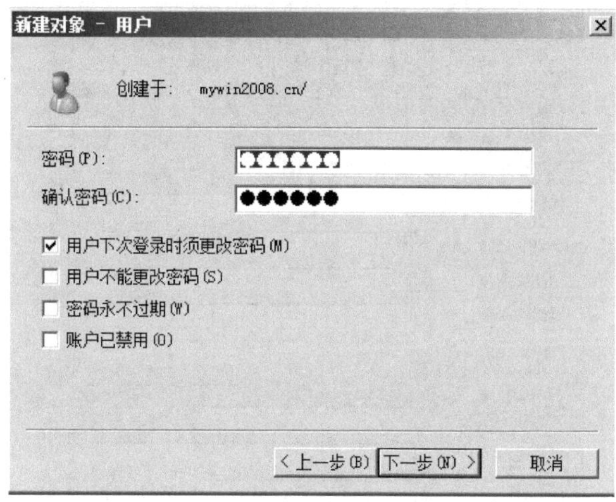

图 3-42　设置用户密码

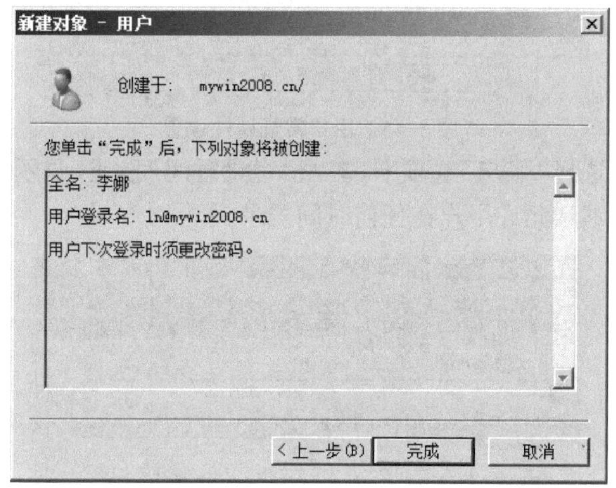

图 3-43　创建的用户信息

4）单击“完成”按钮后返回“Active Directory 用户和计算机”窗口。如果设置的用户密码不符合 Server 2008 密码规则，则会弹出如图 3-44 所示对话框。单击“确定”按钮，重新设置密码。

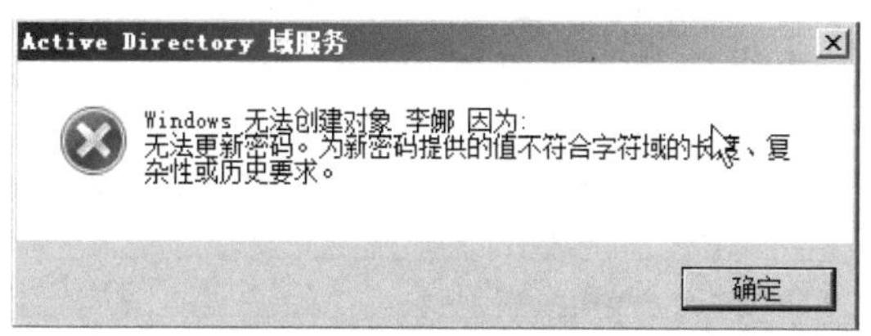

图 3-44　创建对象错误提示

2. 管理用户

为了统一管理用户，对创建的用户属性要做进一步的设置，设置步骤如下：

1）选择一个用户，右击“用户名”→“属性”打开对话框，如图 3-45 所示，可以设置用户的个人信息。

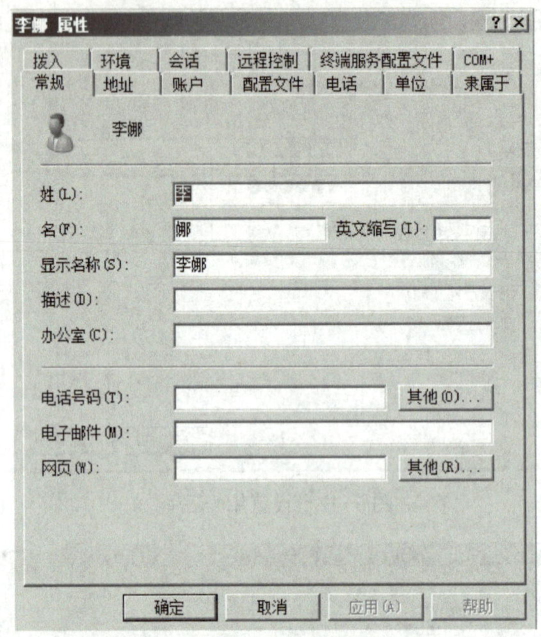

图 3-45　用户常规属性设置

2）如图 3-46 所示选择“账户”选项卡，单击“登录时间”按钮，显示登录时间设置对话框，如图 3-47 所示，系统默认允许用户在任何时间登录。

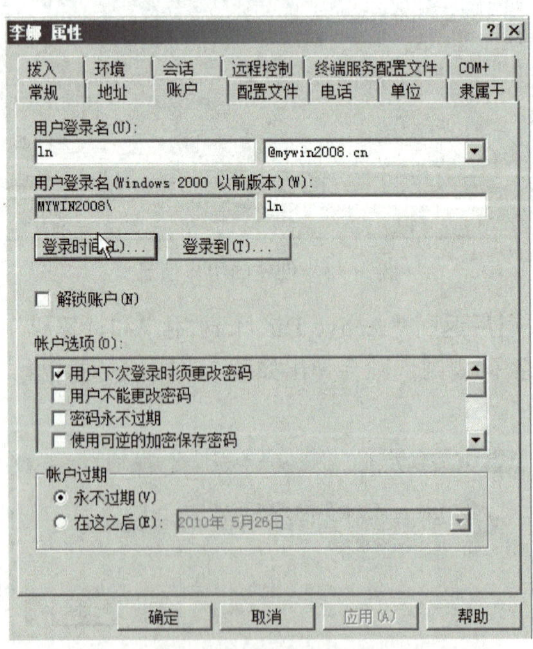

图 3-46　用户账户属性

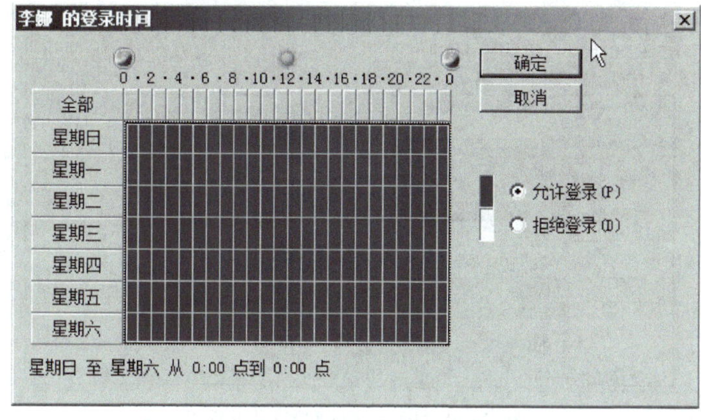

图 3-47　用户登录时间

3）用鼠标选取时间范围，单击“允许登录”或“拒绝登录”按钮设置登录时间，如图 3-48 所示。

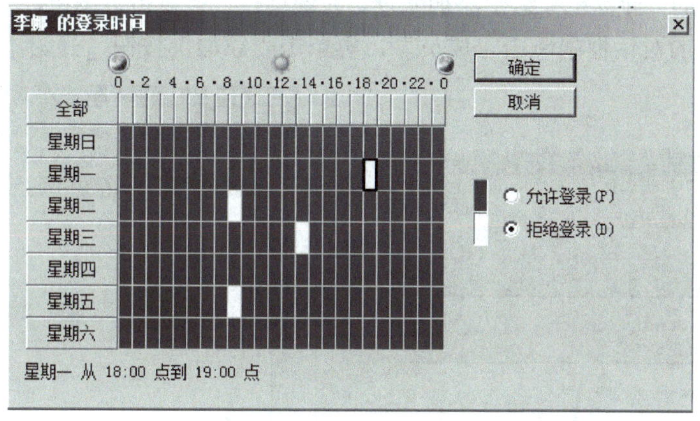

图 3-48　设置用户登录时间限制

3.4.2　用户组管理

【实例 3-4】

某公司的网络中用户很多，但有些用户同属一个部门，他们具有相同的权限，但不同部门之间的权限又不同，当用户权限都一样时，管理员也同样为每个用户设置权限和其他参数，这样会很麻烦，那么如何解决这个问题呢？

【分析】在 Windows Server 2008 系统中，提供了用户组管理功能，可以将用户加入到相应的用户组中，通过对用户组的权限设置，再继承给组内成员的方式简化网络的管理工作。当用户对组设置了权限后，则组中所有的用户就具有了相同的权限，这样管理员就不必对每个用户单独设置权限了，可以提高网络管理效率。

下面介绍用户组管理的基本步骤。

1）以管理员身份登录到域控制器，在管理工具菜单中单击“Active Directory 用户与计算机”。

2）在“Users”右侧的空白窗格中单击右键，从出现的菜单中选择“新建”→“组”，如图 3-49 所示。

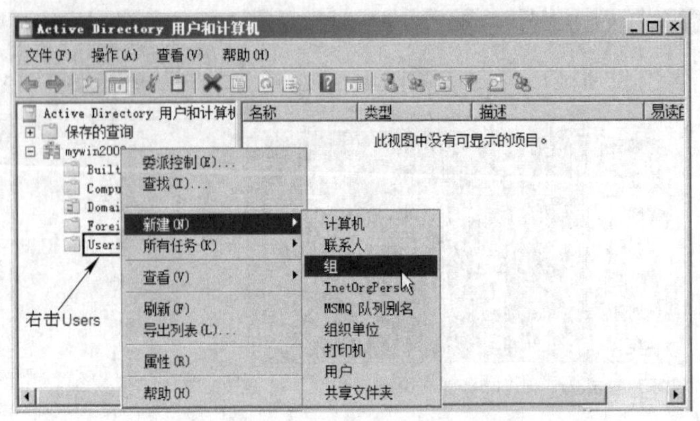

图 3-49 用户和计算机 - 新建组

3）打开如图 3-50 所示的“新建对象 - 组”对话框，输入组名“计算机”，组作用域为“全局”，组类型为“安全组”，单击“确定”按钮完成创建组。

4）在创建好的“计算机”组中添加账户，右键单击“计算机”按钮，然后选择“属性”，在如图 3-51 所示的对话框中单击“成员”，再单击“添加”按钮，开始添加组账户。

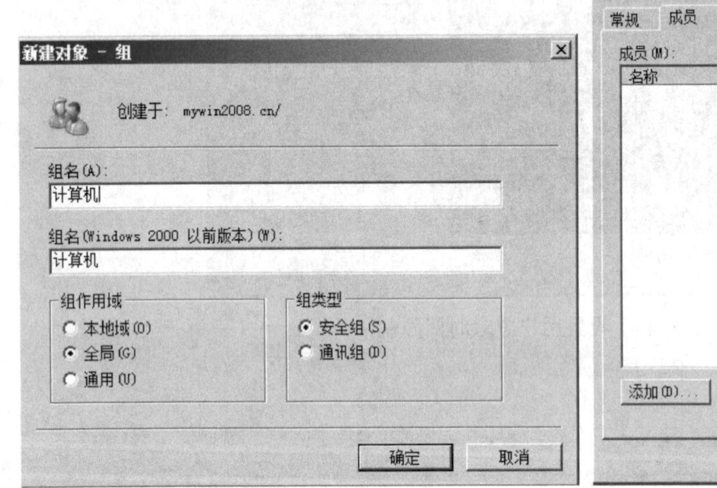

图 3-50 “新建对象 - 组”对话框

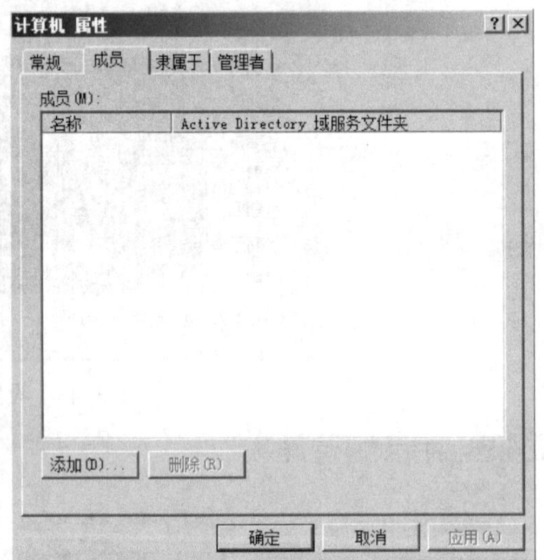

图 3-51 计算机成员属性

5）在弹出的“选择用户、联系人、计算机或组”对话框中，输入对象名称“user01”，单击“检查名称”，如图 3-52 所示。

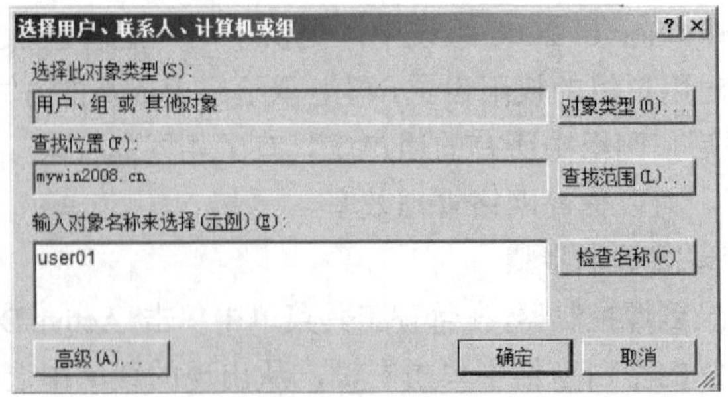

图 3-52 选择用户

6）输入正确无误后，显示出账户 user01 的全名信息，如图 3-53 所示。单击“确定”按钮完成添加，如图 3-54 所示，成员 user01 成功添加进组“计算机”中。

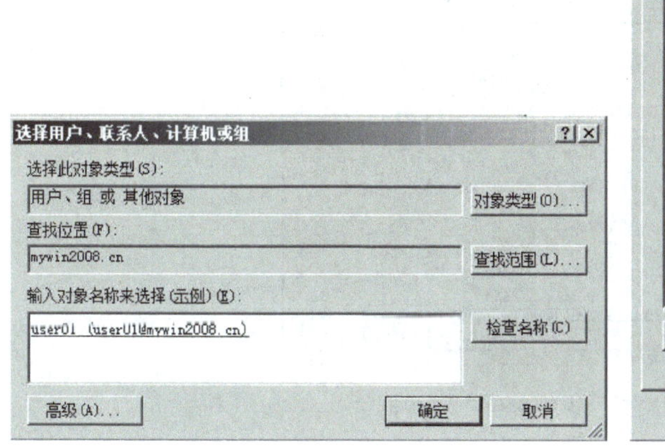

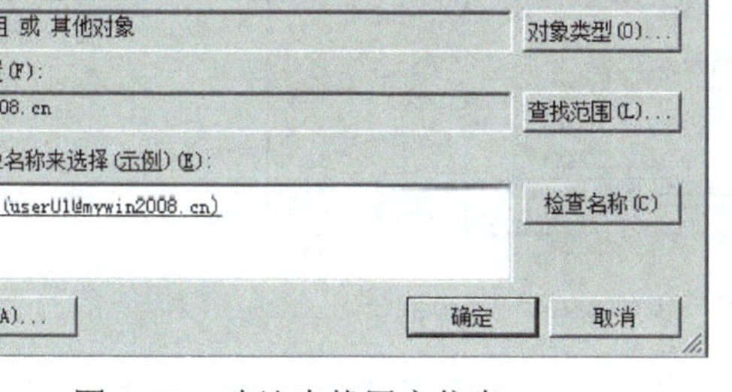

图 3-53　确认查找用户信息

图 3-54　成员添加成功

3.4.3　组织单位 OU 管理

组织单元（Organizational Unit，OU）是域中包含的一类目录对象，它包括域中用户、计算机和组、文件与打印机等资源。但是组织单元不能包含其他域中的对象。由于动态目录服务把域又详细划分成组织单元，且组织单元中还可以再划分下级组织单元，因此组织单元的分层结构可用来建立域的分层结构模型，进而可使用户把网络所需的域的数量减至最小。

1. 创建组织单位

1）打开“Active Directory 用户和计算机”管理窗口，选择当前域“mywin2008.cn”，单击右键，从弹出的菜单中选择“新建”→“组织单位”，如图 3-55 所示。

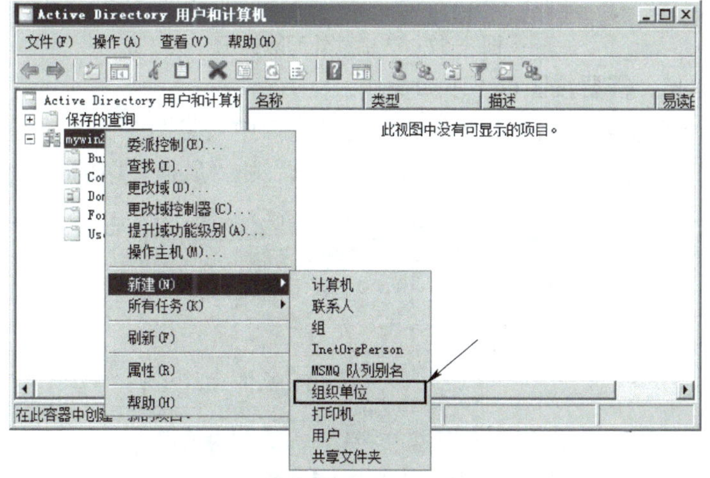

图 3-55　用户和计算机 - 新建组织单位

2）打开如图 3-56 所示的“新建对象 - 组织单位”对话框，输入新建组织单位的名称：ouwin2008。系统默认选择“防止容器被意外删除”选项。单击“确定”按钮完成创建。

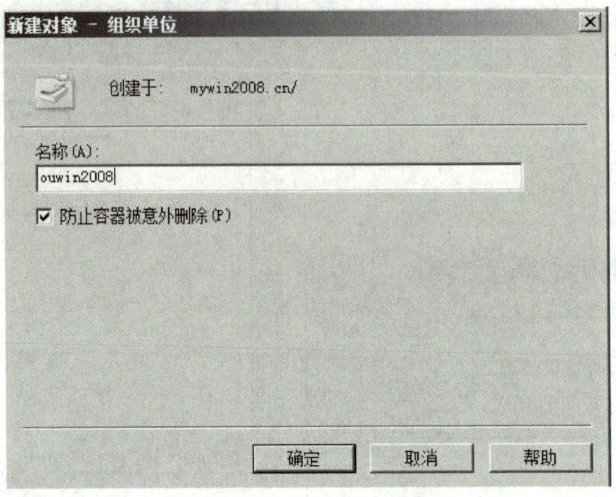

图 3-56 “新建对象 - 组织单位”对话框

3）在新建的组织单位“ouwin2008”中，可以继续建立子组织单位。按照网络用户结构创建组织单位后，可以将以前创建的用户“移动”到其相应的组织单位中便于管理。

2. 删除组织单位

当组织单位中的大多数用户失去直接联系时，可以删除组织单位。如果直接右键删除组织单位“ouwin2008”，则会弹出如图 3-57 所示的错误提示框。这是因为组织单位在创建时已经被设定成防止意外删除选项。

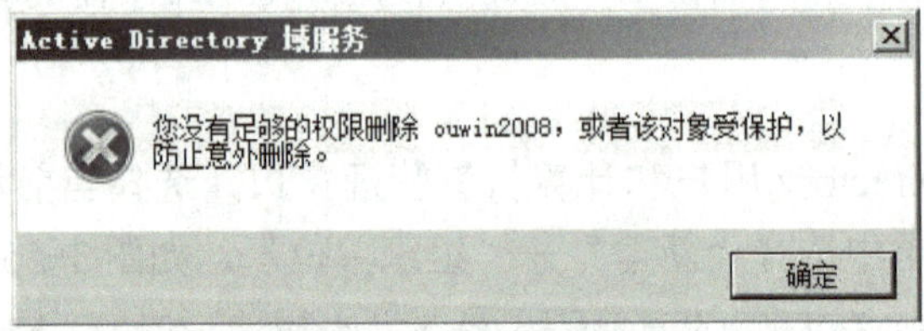

图 3-57 防止意外删除提示

要删除组织单位，需要按照以下步骤操作：

1）在“Active Directory 用户和计算机”管理窗口中（见图 3-58），单击“查看”菜单中的“高级功能”按钮，打开组织单位“ouwin2008”的“属性”中的“对象”选项卡。

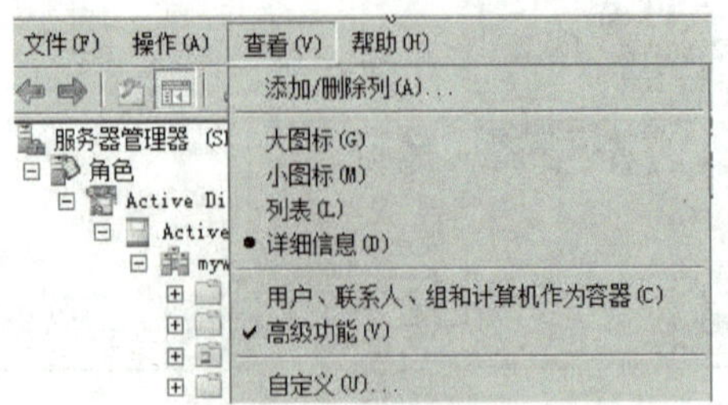

图 3-58 查看选项

2）右键单击组织单位“ouwin2008”→“属性”，在如图 3-59 所示的“对象”选项卡中取消“防止对象被意外删除”复选框，单击“确定”按钮完成操作。

3）然后再右键单击组织单位“ouwin2008”并选择“删除”选项，如图 3-60 所示，这时才能删除组织单位。

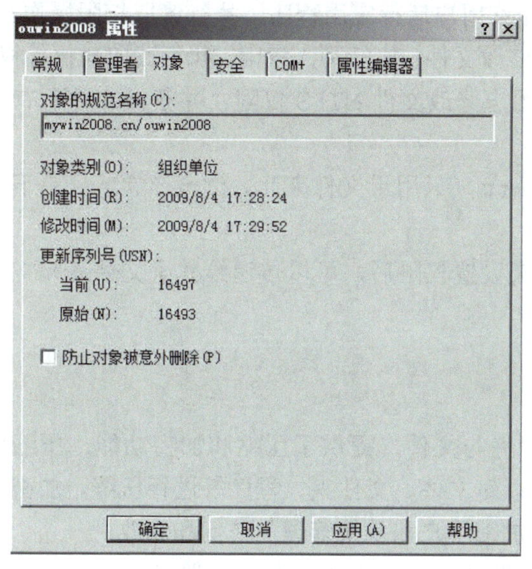

图 3-59　对象选项

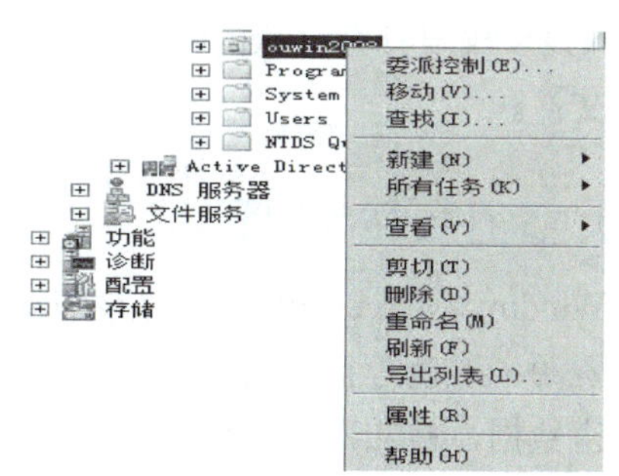

图 3-60　删除操作

3.5　文件与共享资源管理

3.5.1　文件系统概述

目前，服务器的主要文件资源还是保存在磁盘系统中，在磁盘中存储数据时，首先磁盘必须先进行分区操作，分区完成后，不能直接存储数据时，还要根据需要选择一种文件系统进行格式化，格式化后的分区就可以存储各类文件了。不同文件系统有不同的读写文件方法和文件组织结构以及安全策略。常用文件系统有 FAT16、FAT32、NTFS。其中，在 Windows Server 2008 服务器系统中，推荐使用 NTFS 文件系统。

NTFS 文件系统只能在安装了 Windows NT/2000 系统的计算机上使用。NTFS 文件系统与 FAT 文件系统相比，功能更强大，适合更大的磁盘和分区，支持安全性，是更为完善和灵活的文件系统。NTFS 文件系统与 FAT 文件系统相比最大的特点是安全性，NTFS 提供了服务器或工作站所需的安全保障。在 NTFS 分区上，支持文件级别的访问控制，使每个用户只能按照系统赋予的权限进行操作，充分保护了系统和数据的安全。NTFS 使用事务日志自动记录所有文件夹和文件更新，当出现系统损坏和电源故障等问题而引起操作失败后，系统能利用日志文件重做或恢复未成功的操作。

3.5.2　NTFS 文件权限

NTFS 分区支持文件级别的访问控制。为了保护 NTFS 分区上的文件和文件夹，可以为需要访问该资源的每一个用户账户授予 NTFS 权限。用户只有获得具体的授权才能访问资源。

不管用户是访问文件还是访问文件夹，也不管这些文件或文件夹是在本地计算机或者在网络上，NTFS 的安全控制都有效。标准的文件或者文件夹访问权限有下面几种：

1）读取（Read）权。允许用户读取文件，查看文件的属性、所有者及其权限。

2）写入（Write）权。允许用户改写文件，改变文件的属性、查看文件的所有者及其权限。

3）读取及运行（Read&Execute）权。允许用户运行应用程序，执行读取权限操作。

4）修改（Modify）权。允许用户删除或修改文件，执行写入权限，执行读取与执行权限。

5）完全控制（Full Control）权。允许用户修改文件 NTFS 权限，并获得文件所有权，允许用户执行修改权限。

6）列出文件夹目录权（List Folder Contents，只用于文件夹）。浏览该卷或目录下的子目录，不能读取，也不能运行。

NTFS 权限具有继承的特点，对某文件夹设置权限后，可以传递给其子文件夹和文件夹下的文件。

3.5.3 文件压缩与加密

Windows Server 2008 对于 NTFS 的文件夹与文件，提供了压缩和加密功能，压缩可以减少资源在磁盘等存储设备上占用空间，可以对文件、文件夹、程序等进行压缩。加密能保护机密数据，被加密的文件或文件夹只能被加密用户和系统管理员访问和修改。

Windows Server 2008 可以针对 NTFS 文件系统的磁盘驱动器、文件夹或文件启用压缩功能，一旦启用后，存盘时系统会先将数据压缩后再写入；而读取压缩过的文件时，系统也会自动先解压缩。由于压缩和解压缩的动作都是由系统在幕后处理，因此使用者在操作上会觉得和一般文件无异。

例如：当利用 NTFS 对文件夹 file01 及其内文件进行压缩和加密时，可以按以下步骤进行：

1）在“file01 属性”对话框中单击常规选项中的“高级”按钮，如图 3-61 所示。

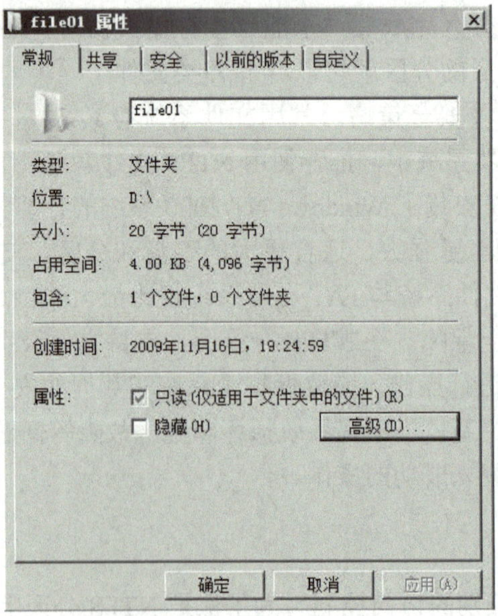

图 3-61 “file01 属性”对话框

2）在弹出的“高级属性”对话框中勾选“压缩内容以便节省磁盘空间”和“加密内容以便保护数据”两个复选框，单击“确定”按钮，如图 3-62 所示。

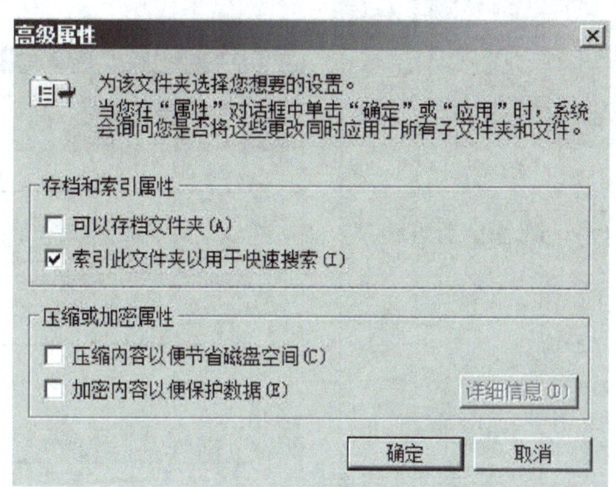

图 3-62　“高级属性”对话框

3）然后会弹出如图 3-63 所示的“确认属性更改”对话框，勾选“将更改应用于此文件夹、子文件夹和文件”选项，单击“确定”按钮完成操作。

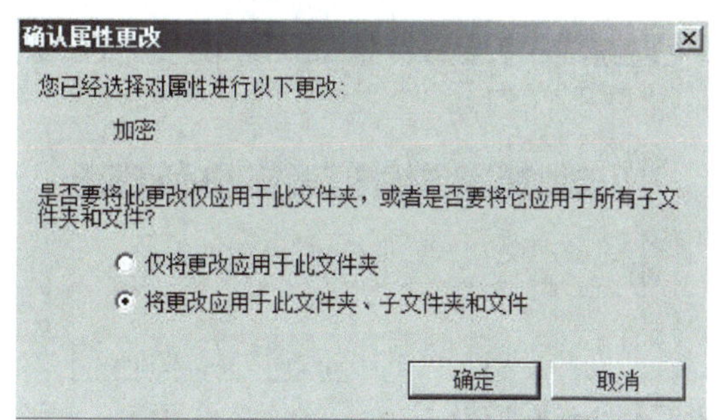

图 3-63　“确认属性更改”对话框

3.5.4　共享资源管理与发布

网络的主要目的就是共享资源，其中文件资源的共享是应用比较广泛的，文件夹共享可以让有权限的用户或组访问指定的文件夹，方便用户间的资源交流。在 Windows Server 2008 操作系统中，对文件夹的共享改进了操作界面，让使用者能轻松完成设定，更有充分的权限控管机制，在便利与安全之间取得适当的平衡。

下面以文件夹 file01 设置共享为例进行讲解，其步骤是：

1）选择文件夹“file01”，右键单击并选择“属性”，然后选择“共享”选项卡，如图 3-64 所示。

2）选择“高级共享”进入“高级共享”对话框，勾选“共享此文件夹”并设置共享名为“win2008”，如图 3-65 所示，

3）在“高级共享”对话框中，单击“权限”按钮，在弹出的“win2008 的权限”对话框中设置能够访问文件夹“file01”的用户或用户组的权限。并可以通过“添加”选项增加有共享权限的用户或用户组，如图 3-66 所示。

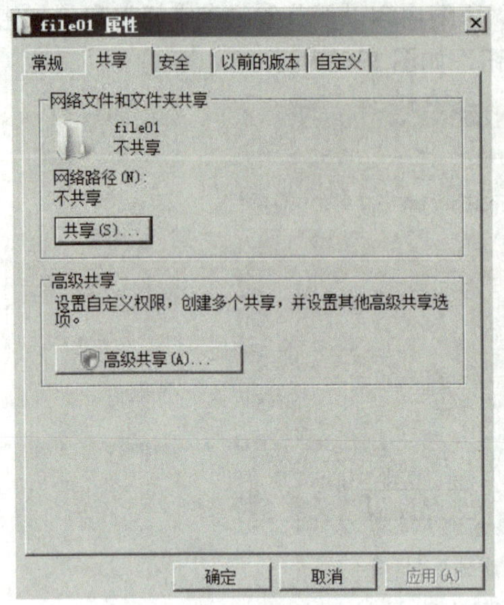

图 3-64 “共享”选项卡

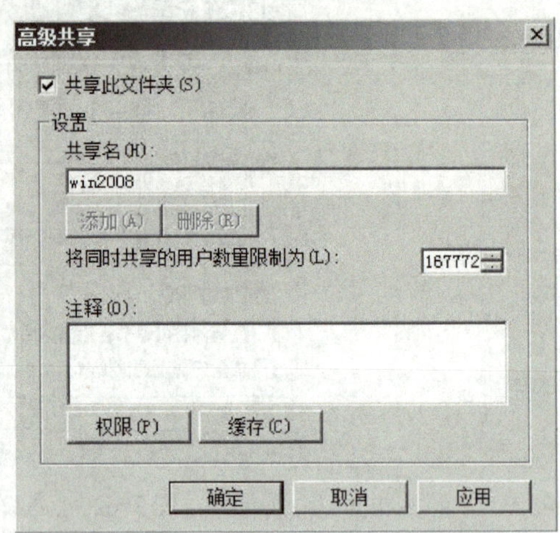

图 3-65 “高级共享”对话框

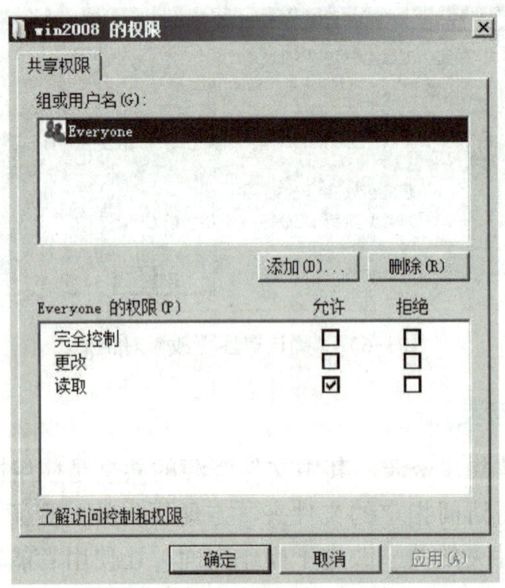

图 3-66 “win2008 的权限”对话框

知识补充

从 Windows Server 2003 到 Windows Server 2008，在共享文件方面进行了相应改变：

1）可以共享单一文件。

2）内建公用文件夹。

3）没权限就看不到共享的文件。

4）启动网络探索才能看到网络资源。

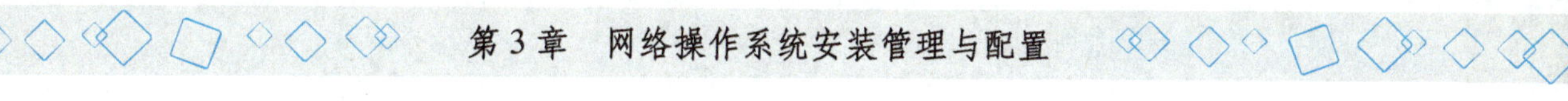

3.5.5 分布式文件系统 DFS

DFS（分布式文件系统）是用来集中管理网络上分散各处的共享数据，将分布在不同服务器上的共享文件夹组织起来，对各服务器的共享文件进行统一管理，从而达到分散共享文件夹综合管理的目的。简单地说，DFS 是为网络的共享数据夹，画一张以树状目录呈现的“导览图”。当用户要存取共享文件夹时，无需记得服务器名称和文件夹的共享名称，只要从这张导览图的起始点开始找，就能找到所要的数据。

设置 DFS 分布式文件系统管理的步骤如下：

1）首先要安装“文件服务”。具体步骤与安装“活动目录”相似。

2）单击“开始”→“管理工具”→“服务器管理器”，打开“服务器管理器”窗口，在左侧的列表中展开“角色”→“文件服务”。

3）右键单击“DFS 管理”，在弹出的快捷菜单中选择“新建命名空间”进入“命名空间服务器”对话框，如图 3-67 所示。输入想要命名的空间服务器名称，或单击“浏览”进入如图 3-68 所示的“选择计算机”对话框查找域“mywin2008.cn”上的服务器来担任空间服务器，如“SERVER2008”。

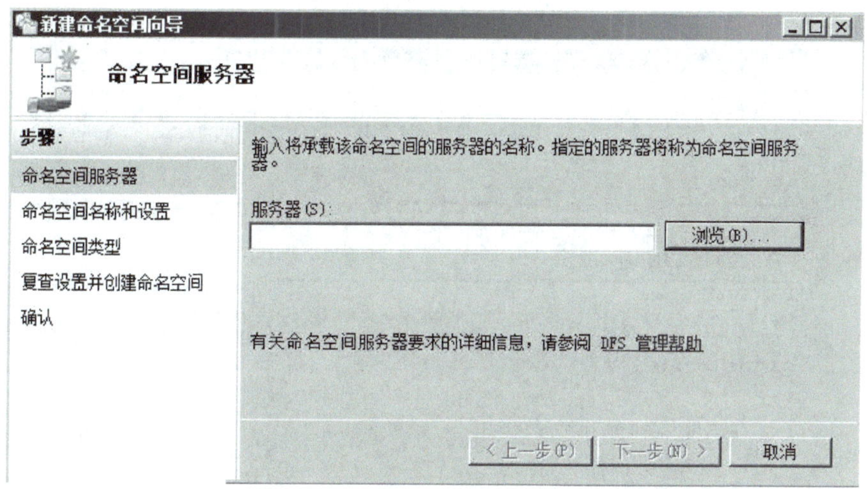

图 3-67 “命名空间服务器”对话框

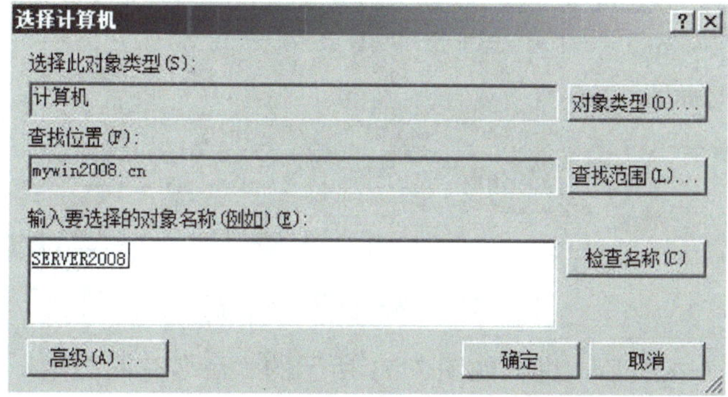

图 3-68 “选择计算机”对话框

4）单击“下一步”按钮进入如图 3-69 所示的“命名空间名称和设置”对话框，输入命名空间的名称如“Share”。单击“编辑设置”选项，在“编辑设置”对话框中更改空间共享文件夹的相应设置，如图 3-70 所示。

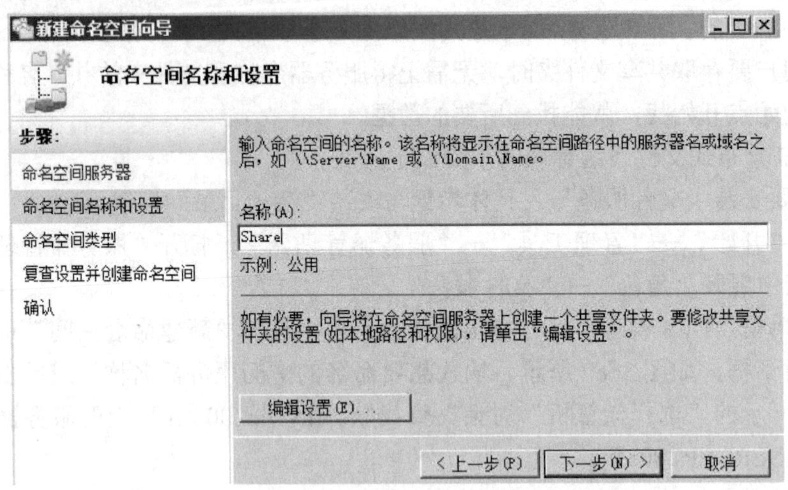

图 3-69　空间名称和设置

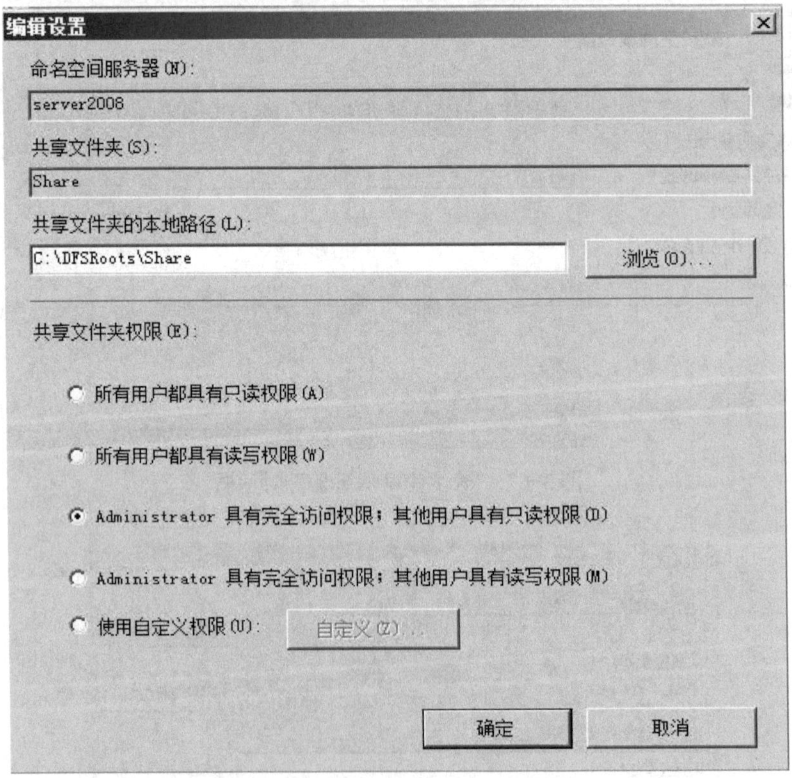

图 3-70　“编辑设置”对话框

5）单击“确定”按钮后，进入如图 3-71 所示的“命名空间类型”对话框。进行默认设置后单击“下一步”按钮，根据提示完成命名空间的创建。

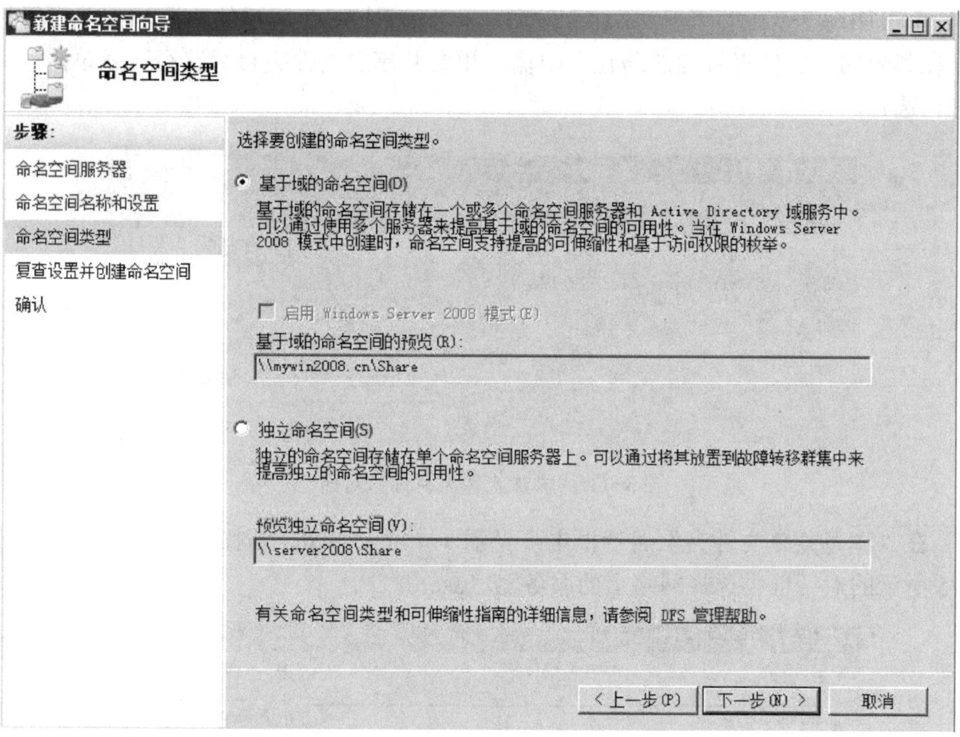

图 3-71　“命名空间类型”对话框

6）在“服务器管理器”窗口中，右键单击左侧列表中刚刚创建的命名空间“\\mywin2008.cn\Share”，选择“新建文件夹”对话框。在如图 3-72 所示的“新建文件夹”对话框中填入名称“ziliao”，则文件夹“ziliao”将统筹管理文件夹目标中的所有共享文件夹，也就是说这些共享文件夹的数据资料都可以让有权限的用户通过文件夹“ziliao”进行访问。

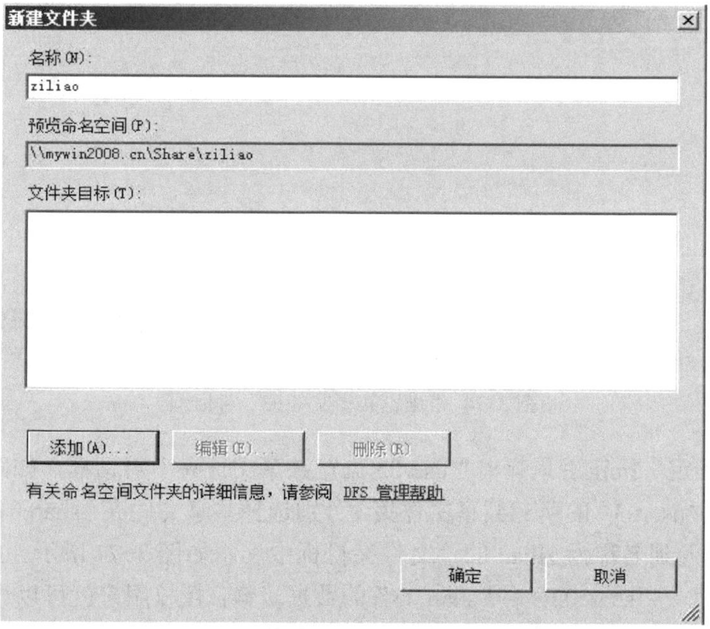

图 3-72　“新建文件夹”对话框

7）单击如图 3-72 所示的“添加”按钮，弹出如图 3-73 所示的“添加文件夹目标”对话框，在其中的“文件夹目标的路径”中输入想要共享的文件夹目标路径，或单击“浏览”按钮进行选择。

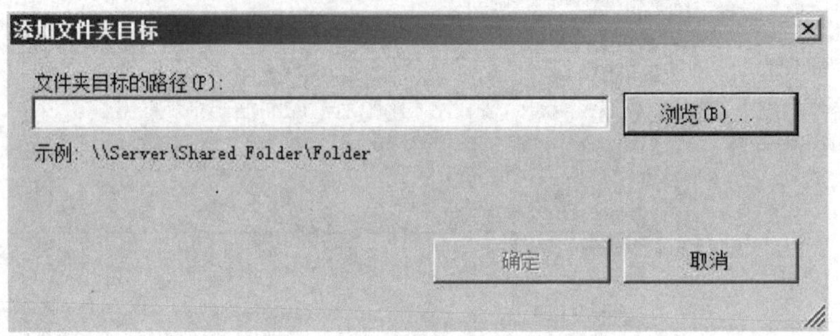

图 3-73 “添加文件夹目标”对话框

8）在“浏览共享文件夹”对话框中（见图 3-74），单击“浏览”按钮后，在弹出的如图 3-75 所示的对话框中选择网络上的服务器“user03”。

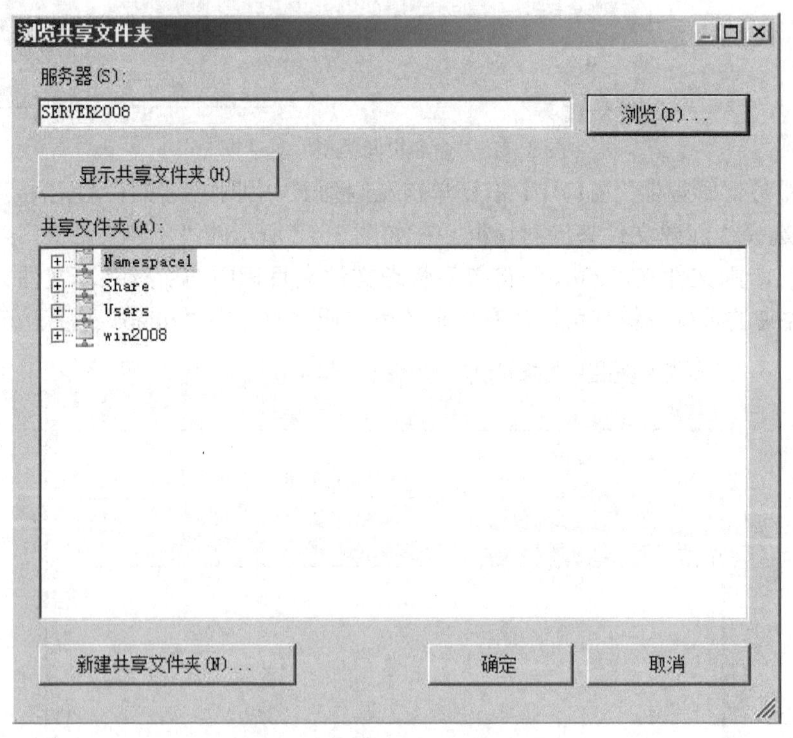

图 3-74 “浏览共享文件夹”对话框

9）单击“确定”按钮后，弹出“user03 浏览共享文件夹”对话框，如图 3-76 所示，图中显示了服务器“user03”的所有共享文件夹，分别选择共享文件夹“share01”、“share02”、“share03”并加入到名称为 ziliao 的“文件夹目标中”，如图 3-77 所示。此时“ziliao”就包含了“share01”、“share02”、“share03”的数据资料，授权用户就可以通过访问“ziliao”查看“share01”、“share02”、“share03”上的资源。

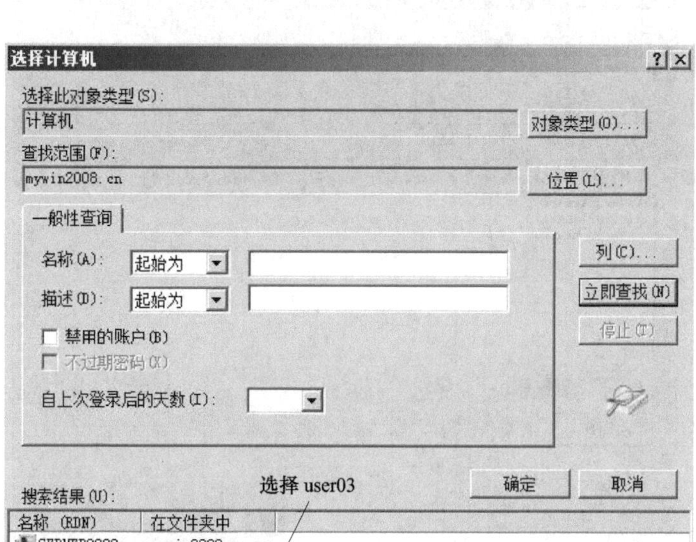

图 3-75　选择计算机

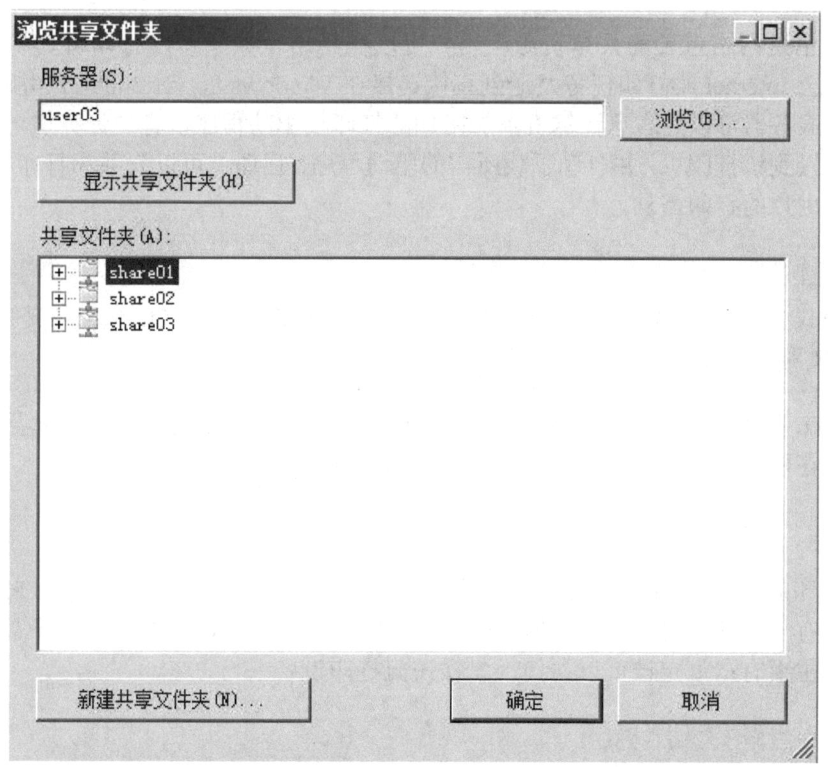

图 3-76　“user03 浏览共享文件夹”对话框

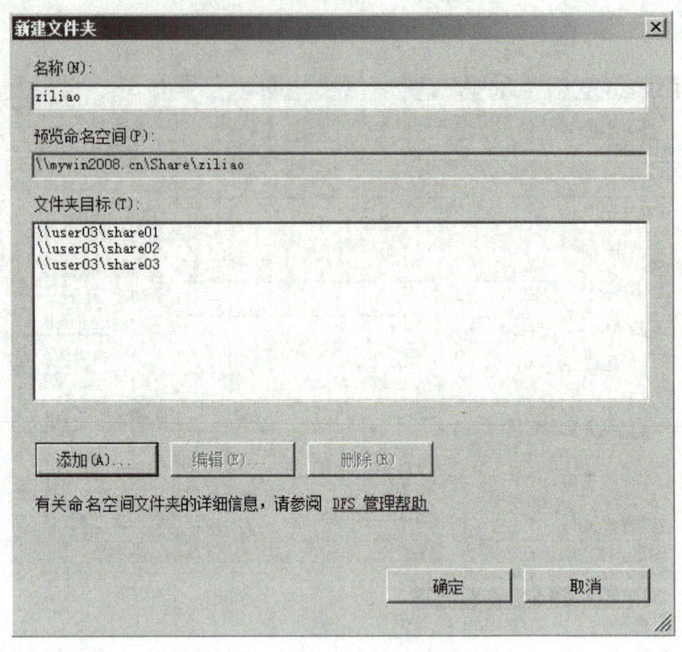

图 3-77 “ziliao”的文件夹目标

3.6 打印服务管理

打印机也是网络重要的共享资源，用户可以在网络上共享使用打印机资源，可以通过局域网络甚至 Internet 将打印任务发送到直接连接在 Windows Server 2008 打印服务器上的打印机。打印服务器可以为客户计算机添加附加的打印机驱动程序，客户计算机可以运行本机操作系统连接到该打印机，并自动下载所需的驱动程序。管理员可以为共享打印机设置权限，以方便不同用户的打印需求。

【实例 3-5】

某公司购置一台打印机，想让网络中的所有用户使用这台打印机，但是对于不同用户的使用级别和权限要有限制，管理员应该如何操作呢？

【分析】要实现上述功能，首先需要将这台打印机连接到服务器上，配置打印服务，并将打印机在网络中共享，同时为用户设置不同的打印访问权限。

3.6.1 网络打印概述

网络打印就是用户通过网络中共享的打印机，将所需的打印材料打印出来。使用网络打印时最少有一台计算机作为打印服务器，并且将网络中的打印机共享。对于共享打印机，其打印权限主要有：规定谁可以访问、怎样访问打印设备。

3.6.2 安装管理打印服务器

1. 安装打印服务器

1）首先打开“服务器管理器”窗口，选择“角色”→“添加角色”命令，在“选择服务器角色”对话框中勾选“打印服务”选项，如图 3-78 所示。

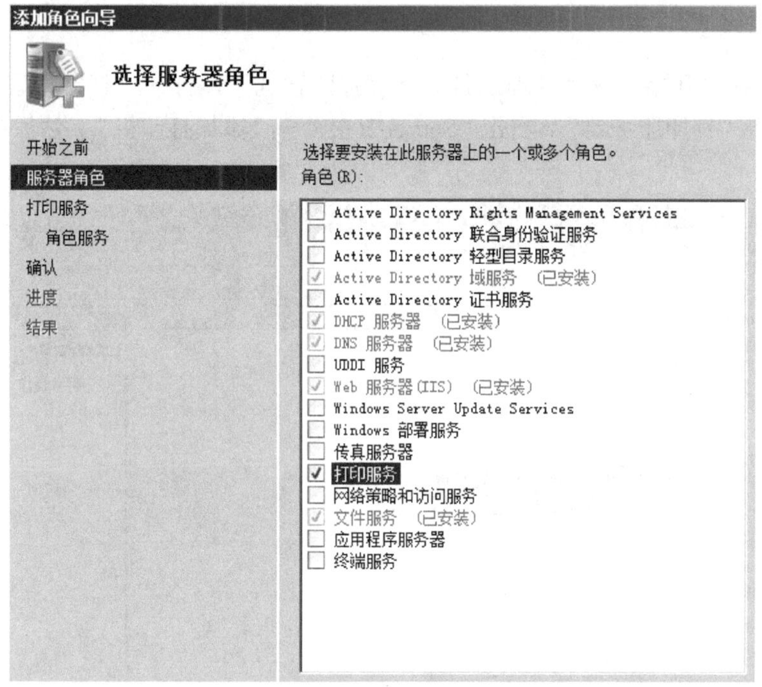

图 3-78　添加打印服务角色

2）单击“下一步”按钮后，在“选择角色服务”对话框中勾选对应的角色服务，如图 3-79 所示。

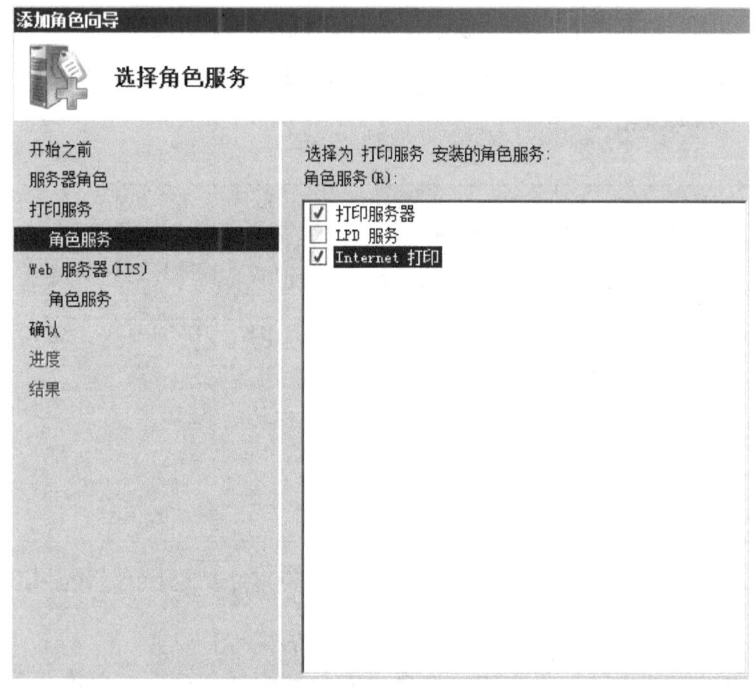

图 3-79　添加打印服务功能

3）根据向导提示，完成打印服务角色的安装。

2. 添加打印机

1）依次选择“开始”→“管理工具”→“打印管理”，打开“打印管理”窗口，如图 3-80 所示，展开“打印服务器”，右击“Server 2008”→“添加打印机”，然后单击“下一步”按钮。

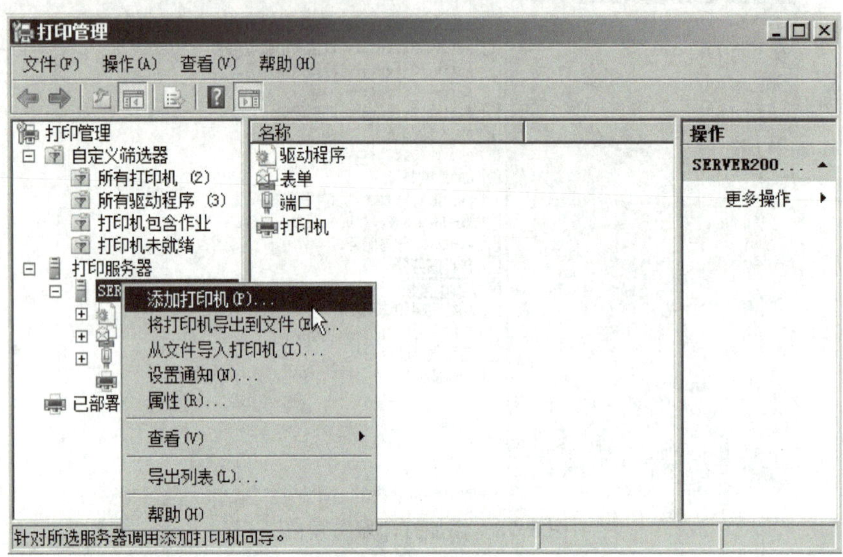

图 3-80　添加打印机

2）在“打印机安装 选择安装方法”对话框中选择“使用现有的端口添加新打印机”，如图 3-81 所示。继续单击“下一步”按钮，为打印机安装驱动程序。

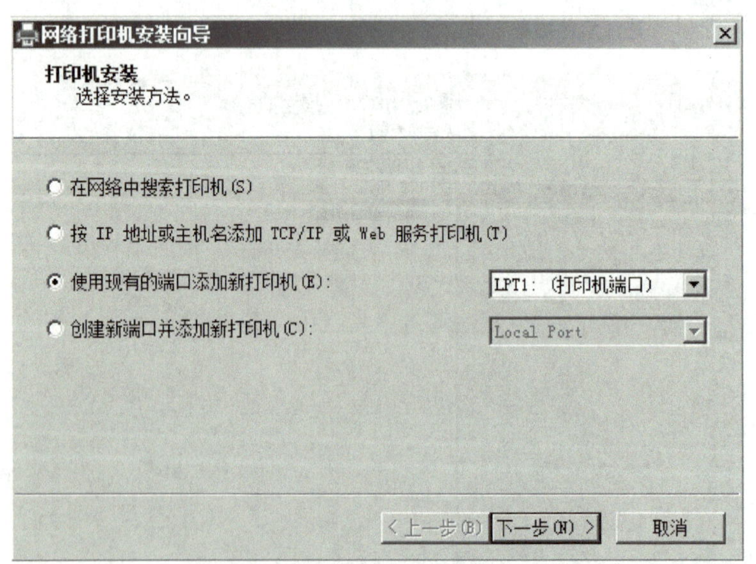

图 3-81　选择安装方法

3）在“打印机驱动程序”界面中，选择“安装新驱动程序”，单击“下一步”按钮，进入检索设备列表，如图 3-82 所示，在检索出的列表中选择相应打印机的制造商和型号。

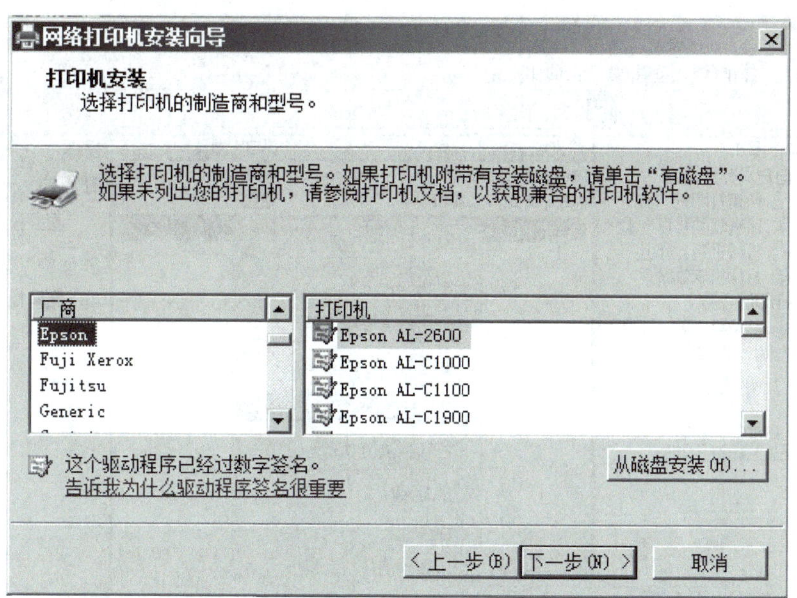

图 3-82　选择打印机型号

4）根据向导提示继续安装，在“打印机名称和共享设置”对话框中，输入打印机的名称，并将该打印机共享，如图 3-83 所示。驱动程序安装完成后，可以打印一页进行测试，直到完成打印机的安装。

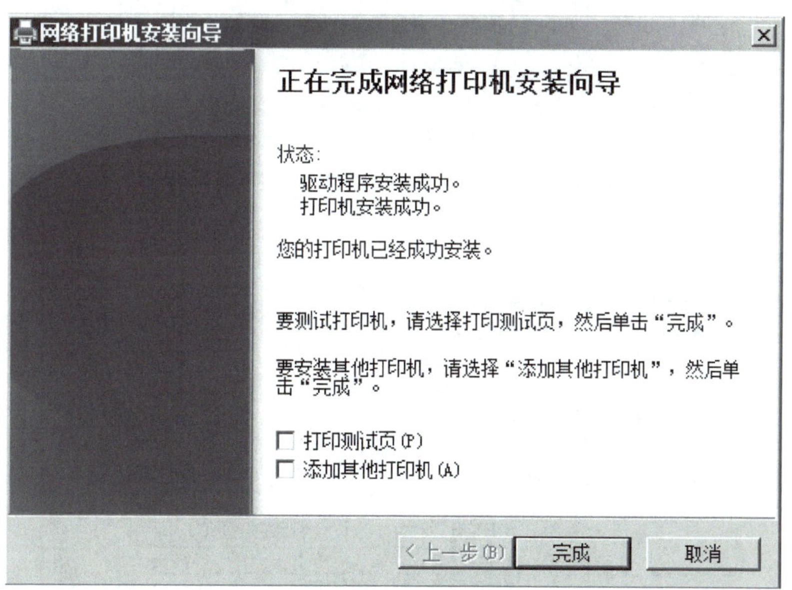

图 3-83　打印机安装成功

3. 设置打印机

1）在“打印管理”窗口中，展开打印服务器下的 SERVER 2008，选择“打印机”，右击共享的打印机，选择“管理共享”，如图 3-84 所示。

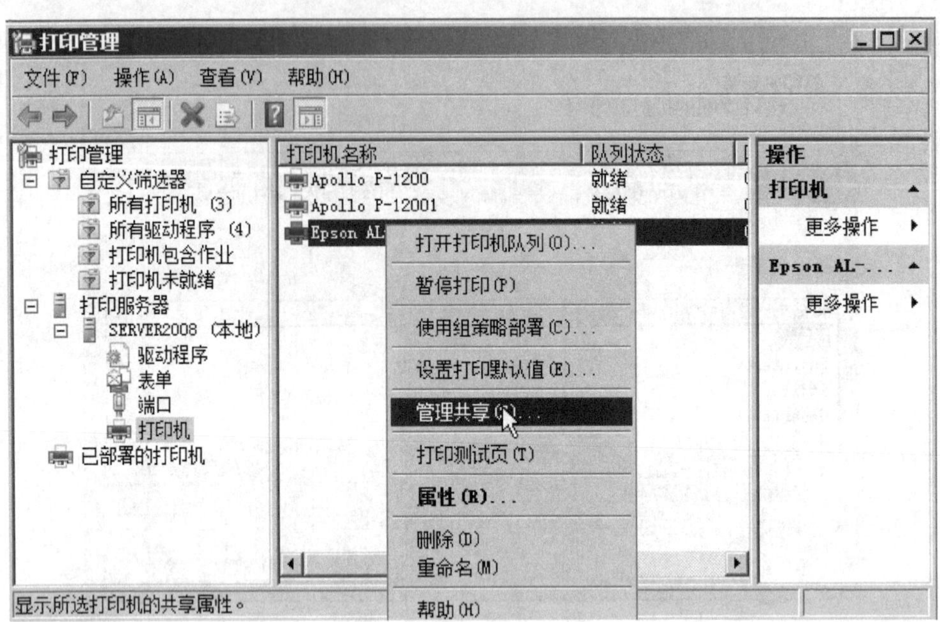

图 3-84　选择管理共享

2）在如图 3-85 所示的“Epson AL-2600 属性”对话框中，可以对打印机的基本属性进行设置。

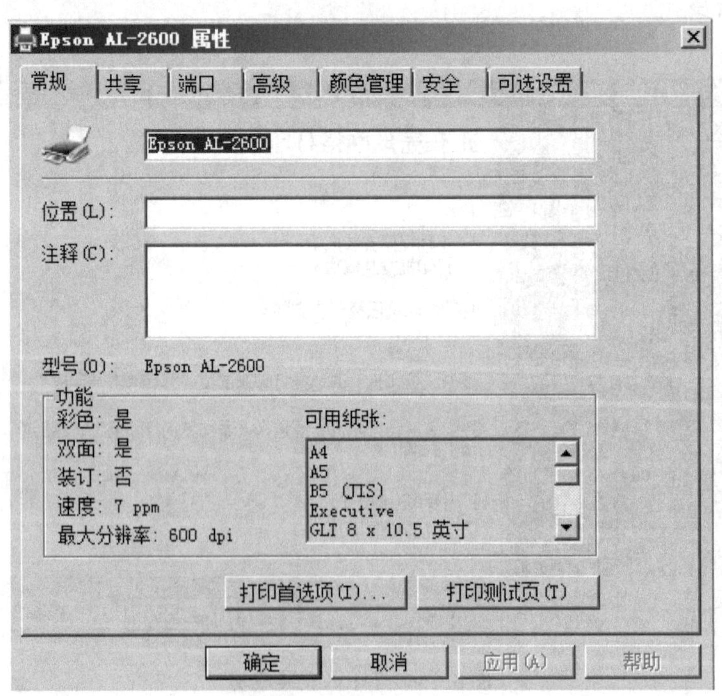

图 3-85　设置打印机属性

3）如图 3-86 所示，在“共享”选项卡中，勾选“共享这台打印机”等属性。

4）如图 3-87 所示，在“高级”选项卡中，设置打印机的各项参数。

5）如图 3-88 所示，在“安全”选项卡中，选择为网络中的用户设置打印权限参数。

Epson AL-2600 属性
常规
共享
端口
高级
颜色管理
安全
可选设置
您可以与网络上的其他用户共享这台打印机。计算机睡眠或关闭时打印机将不可用。
共享这台打印机(S)
共享名(H):
Epson AL-2600
在客户端计算机上呈现打印作业(R)
列入目录(L)
驱动程序
如果运行不同版本 Windows 的用户共享此打印机，则可能需要安装其他驱动程序。这样，当用户连接到共享打印机时就不需要查找打印机驱动程序。
其他驱动程序(D)...
确定
取消
应用(A)
帮助

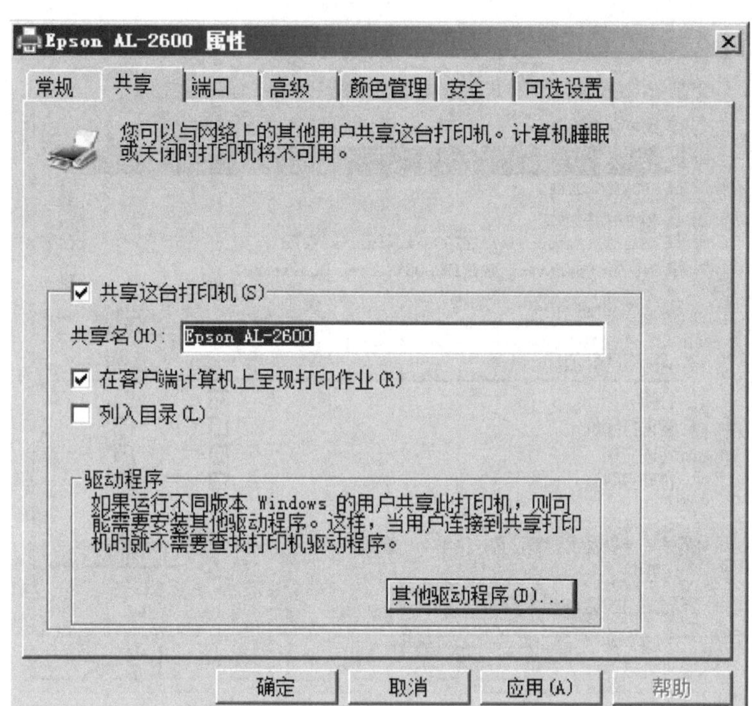

图 3-86　打印机共享属性

Epson AL-2600 属性
常规
共享
端口
高级
颜色管理
安全
可选设置
始终可以使用(L)
使用时间从(B)
0:00
到
0:00
优先级(Y):
1
驱动程序(V):
Epson AL-2600
新驱动程序(W)...
使用后台打印，以便程序更快地结束打印(S)
在后台处理完最后一页时开始打印(T)
立即开始打印(I)
直接打印到打印机(D)
挂起不匹配文档(H)
首先打印后台文档(R)
保留打印的文档(K)
启用高级打印功能(E)
打印默认值(F)...
打印处理器(N)...
分隔页(O)...
确定
取消
应用(A)
帮助

图 3-87　打印机高级属性

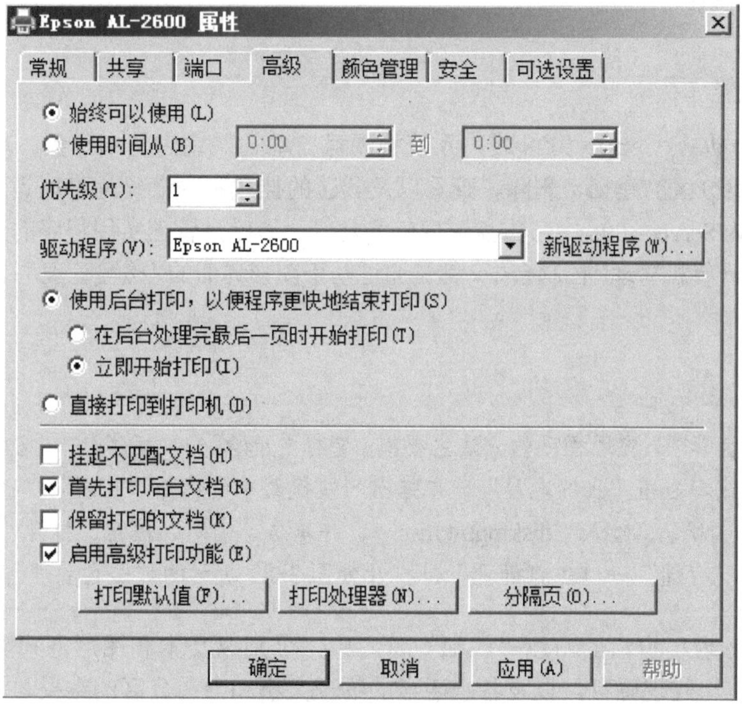

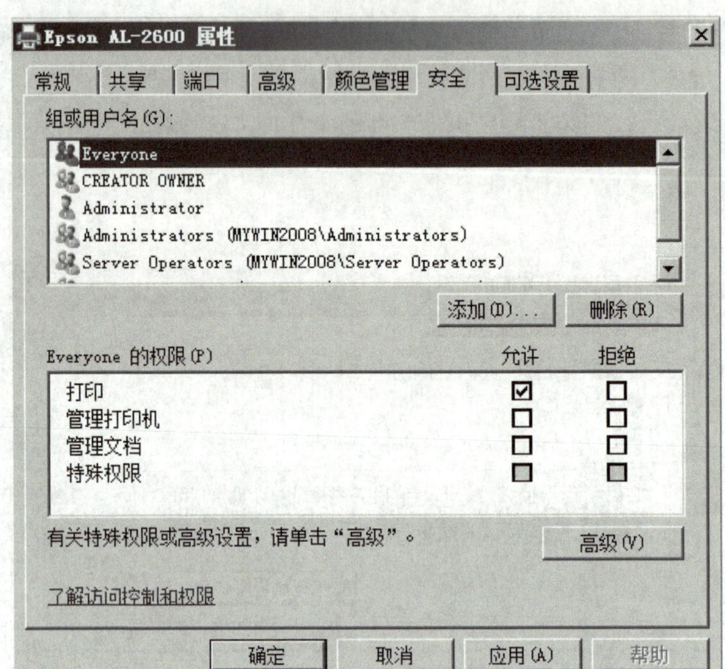

图 3-88　打印机权限设置

3.7　磁盘管理

3.7.1　基本磁盘管理

在安装 Windows Server 2008 时，系统将硬盘自动初始化为基本磁盘。基本磁盘上的管理任务包括磁盘分区的建立、删除、查看以及分区的挂载和磁盘碎片整理等。

在 Windows Server 2008 中，磁盘管理任务是以一组磁盘管理实用程序的形式提供给用户的，它们位于“计算机管理”控制台中，都是通过基于图形界面的“磁盘管理”控制台来完成的。

技能提示

启动“磁盘管理”应用程序的方法主要有：选择“开始”→“程序”→“管理工具”→“计算机管理”，或者右击“我的电脑”，在弹出的快捷菜单中选择“管理”；也可以执行“开始”→“运行”命令，输入“diskmgmt.msc”，并单击“确定”按钮，打开“计算机管理”控制台。展开“存储”→“磁盘管理”，打开如图 3-89 所示的“磁盘管理”窗口。

在“磁盘管理”窗口的右侧“底端”窗口中，分别以文本和图形方式显示了当前计算机系统安装的三个物理磁盘，以及各个磁盘的物理大小和当前分区的结果与状态。同时，窗口上方以列表的方式显示了磁盘的属性、状态、类型、容量、空闲等详细信息。并以不同的颜色表示不同的分区（卷）类型，利于用户区别不同的分区（卷）。

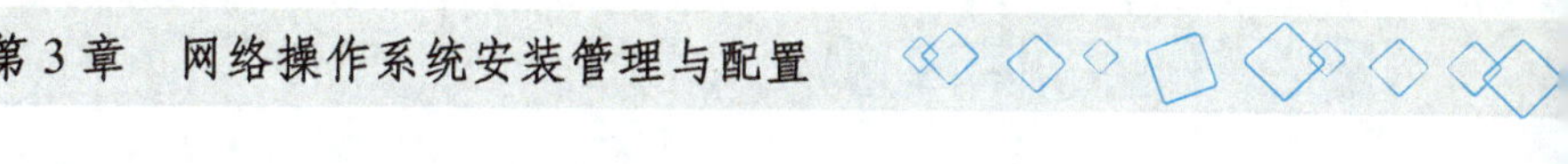

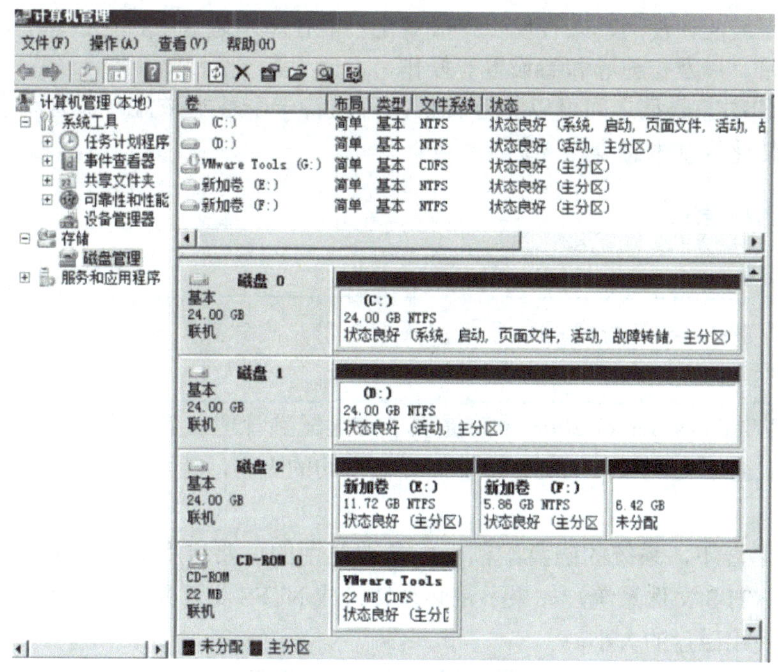

图 3-89　“磁盘管理”窗口

3.7.2　磁盘分类

从 Windows 2000 Server 开始，Windows 系统将磁盘存储类型分为基本磁盘和动态磁盘两种类型。磁盘系统可以包含任意的存储类型组合，但是同一个物理磁盘上的所有卷必须使用同一种存储类型。在基本磁盘上，使用分区来分割磁盘空间；在动态磁盘上，将存储分为卷而不是分区。

基本磁盘是指包含主磁盘分区、扩展磁盘分区或逻辑驱动器的物理磁盘，它是 Windows Server 2008 中默认的磁盘类型，是与 Windows 98/NT/2000 兼容的磁盘操作系统。如果一个磁盘上同时安装 Windows 98/NT/2000，则必须使用基本磁盘，因为这些操作系统无法访问动态磁盘上存储的数据。

基本磁盘上的分区和逻辑驱动器称为基本卷，只能在基本磁盘上创建基本卷。对于“主启动记录（MBR）”基本磁盘（磁盘第一个引导扇区包括分区表和引导代码），最多可以创建四个主磁盘分区，或最多三个主磁盘分区加上一个扩展分区。在扩展分区内，可以创建多个逻辑驱动器。一个基本磁盘有以下几种分区形式。

1）主磁盘分区。当计算机启动时，会到被设置为活动状态的主磁盘分区中读取系统引导文件，以便启动相应的操作系统。

2）扩展磁盘分区。扩展磁盘分区只能够被用来存储数据，无法启动操作系统。

3）逻辑分区。扩展磁盘分区无法直接使用，必须在扩展磁盘分区上创建逻辑分区才能够存储数据。

动态磁盘可以提供一些基本磁盘不具备的功能，例如创建可跨越多个磁盘的卷（跨区卷和带区卷）和创建具有容错能力的卷（镜像卷和 RAID-5 卷），所有动态磁盘上的卷都是动态卷。动态卷有 5 种类型：简单卷、跨区卷、带区卷、镜像卷和 RAID-5 卷。一般情况下，多磁盘的存储系统应该使用动态存储。一般规定不能在基本磁盘上执行创建卷、带、镜像和带奇偶校验的带，以及扩充卷和卷设置等操作。

基本磁盘和动态磁盘之间可以相互转换，可以将一个基本磁盘升级为动态磁盘，也可以将动态磁盘转化为基本磁盘。

3.7.3 磁盘配额管理

【实例 3-6】

某网络服务器的硬盘资源是有限的，不希望用户随意且无限制地使用磁盘空间，管理员应该如何操作呢？

【分析】Windows Server 2008 系统提供了磁盘配额管理功能，管理员可以为访问服务器资源的用户设置磁盘配额，限制用户访问存储空间的大小，就可以避免个别用户滥用磁盘空间的现象。

在默认的情况下，系统的磁盘配额功能是被禁用的。要启用磁盘配额功能，首先要确定磁盘使用的 NTFS 文件系统，如果不是必须转换成 NTFS 文件系统。服务器可以通过磁盘配额管理用户使用磁盘的大小。

1）首先选择设置磁盘配额的盘符，然后单击右键选择“属性”，打开“本地磁盘属性”对话框，如图 3-90 所示。

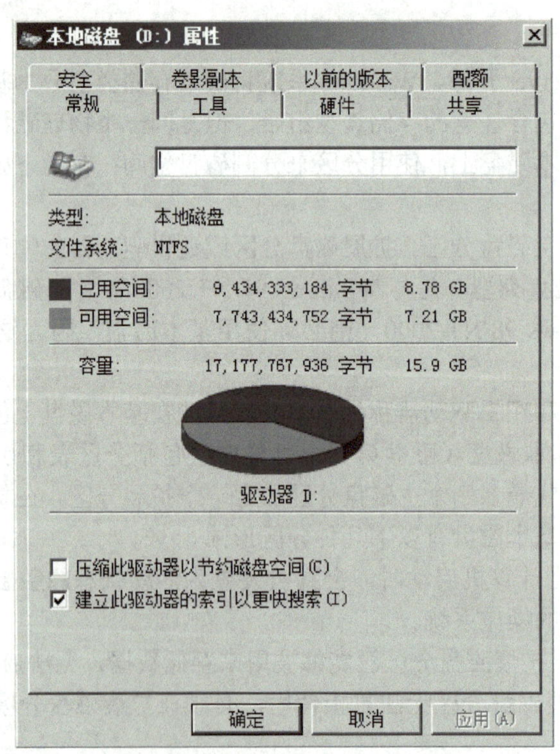

图 3-90 “本地磁盘属性”对话框

2）选择“配额”选项卡，勾选“启动配额管理”，设置磁盘空间限制和警告等级，如图 3-91 所示。

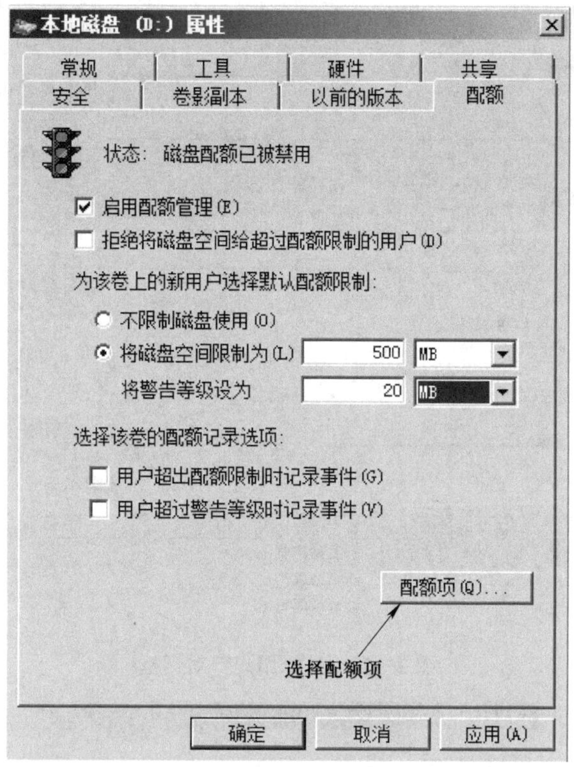

图 3-91　设置磁盘配额属性

3）设置好后，选择“配额项”，进入如图 3-92 所示的本地卷 D 的磁盘配额项。

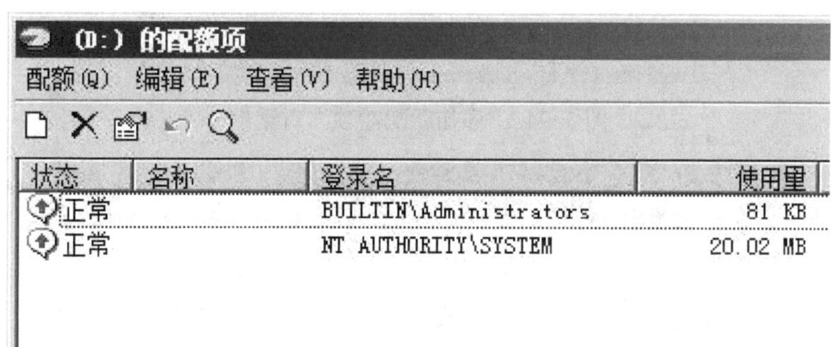

图 3-92　本地卷 D 的配额项

4）单击菜单中的“配额”→“新建配额项”，弹出如图 3-93 所示的“选择用户”对话框。在对话框中选择想要委派权限的用户如 user02，并单击“确定”按钮。

5）在“添加新配额项”对话框中，设置了用户 user02 的默认配额规则，当其可用磁盘容量不大于 20MB 时，将收到“磁盘空间不足”的警告信息，如图 3-94 所示。

6）单击“确定”按钮后，回到配额项列表，如图 3-95 所示为用户 user02 的磁盘配额情况。

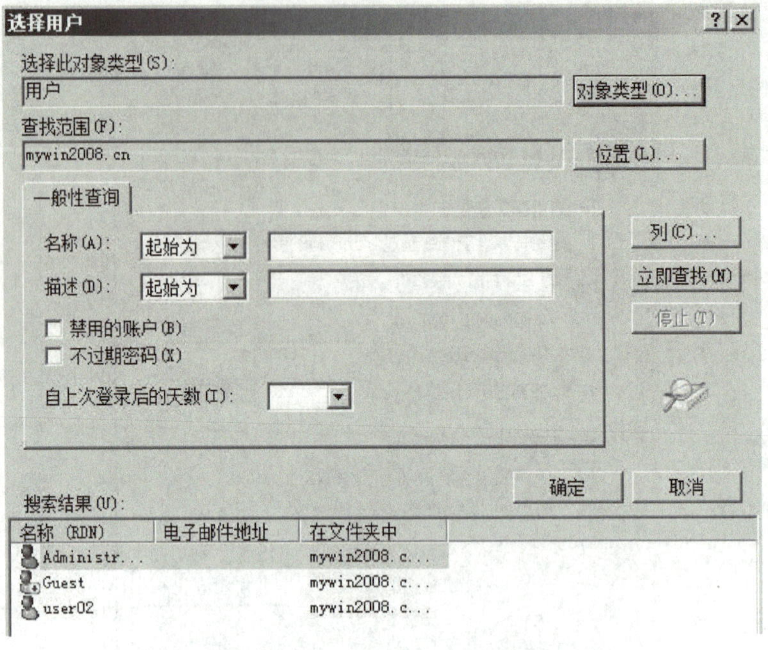

图 3-93 “选择用户”对话框

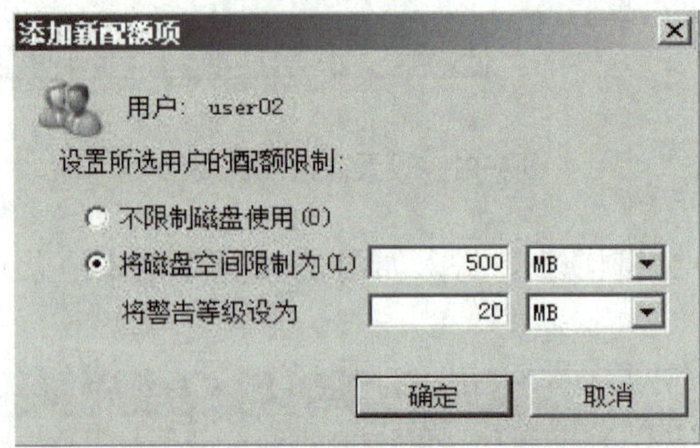

图 3-94 “添加新配额项”对话框

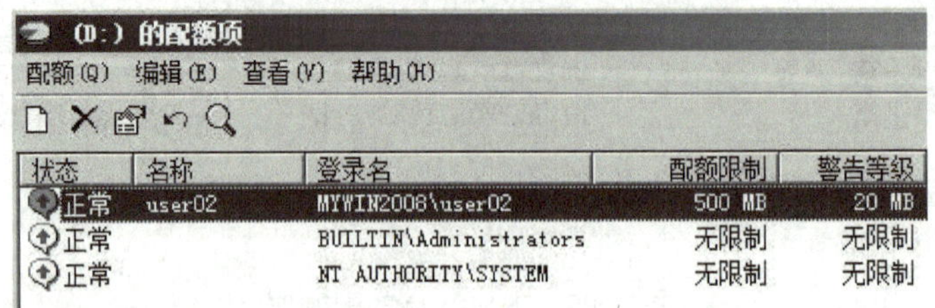

图 3-95 用户 user02 的磁盘配额情况

3.8 课后小结与习题

小 结

本章主要介绍了 Windows Server 2008 系统的安装与管理，重点介绍了系统的安装、活动目录、域与用户和组管理、文件系统管理、磁盘管理、打印管理等知识与技能。

知识习题

3-1　Windows Server 2008 主要有哪些版本，其区别是什么，在安装 Windows Server 2008 时对硬件系统有哪些基本要求？

3-2　什么是活动目录、组织单元与域？

3-3　为什么要使用组，域组与本地组有什么不同之处？

3-4　NTFS 文件系统有哪些特性，文件与目录访问权限有哪些？

3-5　Windows 下管理员的名称是什么，是否可以改名和删除？

3-6　什么是 DFS，有什么作用？

3-7　如何安装网络打印服务器。在安装打印服务器时应注意哪些问题？

3-8　在对文件及文件夹进行压缩与加密操作时应注意哪些问题？

3-9　什么是磁盘配额管理，如何设置？

技能习题

3-1　从光盘中全新安装 Windows Server 2008 标准版，要求：Windows Server 2008 的安装分区大小为 20GB，文件系统格式为 NTFS 格式，计算机名与管理员密码自定。IP 地址为 192.168.1.1；255.255.255.0，DNS 设为 11.2.2.111，网关设置为 192.168.1.254，属于工作组 Computer。

3-2　在域控制器上建立一个本地域组 mynet，域用户账户 u01、u02，把 u01 和 u02 加入到域组 mynet 中，设置 u01 的可登录的时间段是星期一到星期五的 7:00 ～ 18:00。设置用户 u02 的过期日期为 2011 年 12 月 11 日。

3-3　在一块基本磁盘上创建主分区“C：”，及扩展分区，并在扩展分区中创建逻辑盘“D：”和“E：”，并对“C：”做磁盘配额操作，设置用户 User1 的磁盘配额空间为 50MB。（建议在虚拟机软件环境下完成，VMWARE 与 VIRTUAL PC 虚拟机软件和安装使用说明可到 www.skycn.com 网站下载。解压后自带安装使用说明书。）

第 4 章 Internet 信息服务管理

Internet 信息服务（Internet Information Services）是一个模块化的服务器软件包，也可以简写成 IIS，其中包括 Web 服务器、Ftp 服务器和邮件服务器等，通过 IIS 可以很容易地在网络上发布信息，Windows 2008 Server 直接提供 IIS7.0 版本。本章介绍如何在 Windows Server 2008 系统下安装和配置 IIS，实现 Web 服务器、Ftp 服务器和邮件服务器。

<table>
<tr><th colspan="2">学习目标</th></tr>
<tr><td>知识要求</td><td>1）了解 IIS 相关知识，掌握 WWW 服务的基本概念工作原理。
2）掌握 FTP 服务的基本概念与工作原理。
3）掌握电子邮件服务与设置基础知识。
4）掌握 DHCP 服务的基本概念、工作原理。
5）掌握 DNS 域名系统的基本概念，域名解析的原理和模式。</td></tr>
<tr><td>岗位职业能力目标</td><td>1）能安装设置 IIS 7.0。
2）能配置 Web 服务，完成属性设置，建立虚拟目录。
3）能配置 FTP 服务，完成属性设置，建立虚拟目录，配置访问限制。
4）能配置电子邮件服务，完成属性设置。
5）能配置 DNS，DHCP 服务，实现网络内部域名解析。</td></tr>
</table>

4.1 Web 服务配置与管理

在 Internet 上 World Wide Web（也称 Web、WWW 或万维网）是将文本、声音、动画、视频等多媒体信息集于一身的信息服务系统。是在 Internet 上以超文本为基础形成的信息网，用户通过浏览器可以访问 Web 服务器上的信息资源，其工作原理如图 4-1 所示。

目前，在 Windows 环境中应用比较多的 Web 服务是 IIS，而在 Linux 操作系统上最常用的 Web 服务器软件是 Apache。

图 4-1 工作原理

4.1.1　Internet 信息服务管理器

【实例 4-1】

某公司的业务繁多，各部门之间欲通过局域网进行沟通，希望能以更快捷的方式，例如通过浏览器来访问公司信息，实现信息的发布与浏览，那么该如何实现呢？

【分析】在企业网中，可以通过构建企业内部网站来实现信息的发布和查询，Windows Server 2008 提供的 IIS 信息服务可以解决上述问题，用户可以很容易地实现 Web 服务，并建立公司内部信息网站，或实现对外进行信息发布。

Windows Server 2008 推出的 IIS7.0 为管理员提供了统一的 Web 平台，为管理员和开发人员提供了一个一致的 Web 解决方案。并针对安全方面做了改进，可以减少利用自定义服务器以减少对服务器的攻击面。在 Windows Server 2008 中，IIS 不是默认安装的，它被作为服务器的一个角色。使用该服务前，需要先安装 IIS 信息服务，其步骤如下：

1）打开“服务管理器”，勾选“Web 服务器（IIS）”选项，如图 4-2 所示。

2）根据提示，单击“下一步”按钮，直到安装完成，就可以添加 Web 服务器所必需的功能。

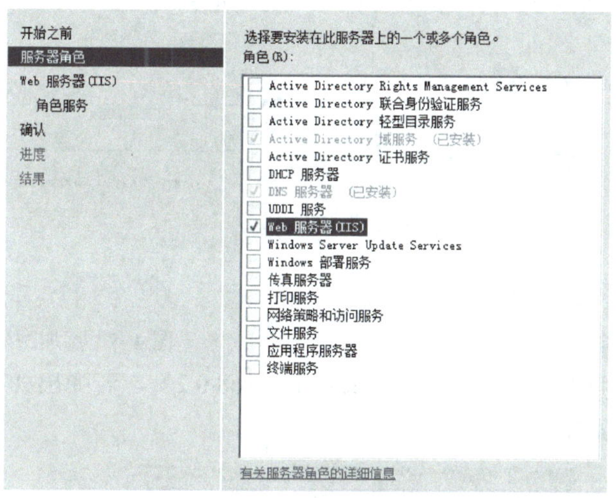

图 4-2　勾选“Web 服务器”选项

4.1.2　Web 服务配置与站点设置

IIS 安装完成后，接下来就可以配置站点。其步骤如下：

1）单击“开始”→“管理工具”→“Internet 信息服务（IIS）管理器”，进入如图 4-3 所示的界面。

2）在 Internet 信息服务管理器中，单击左侧窗口中的“网站”选项，在弹出的快捷菜单中选择“添加网站”命令，如图 4-4 所示。

3）在“添加网站”对话框中设置“网站名称”为“web”，“物理路径”为“D:\web”，绑定的地址为“http://192.168.0.2”，端口为“80”。单击“确定”按钮完成网站的添加，如图 4-5 所示。

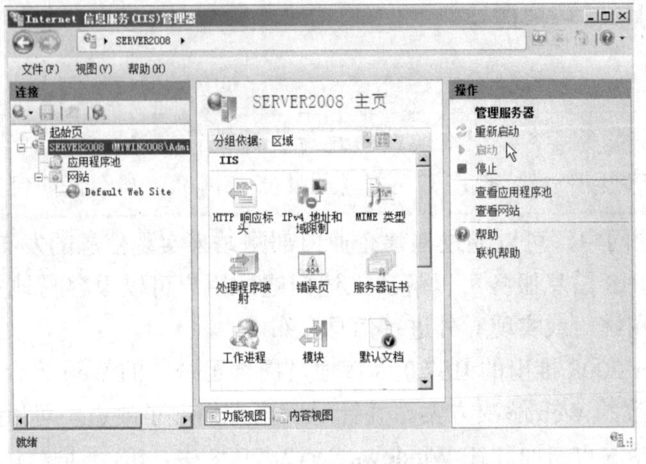

图 4-3　Internet 信息服务管理器

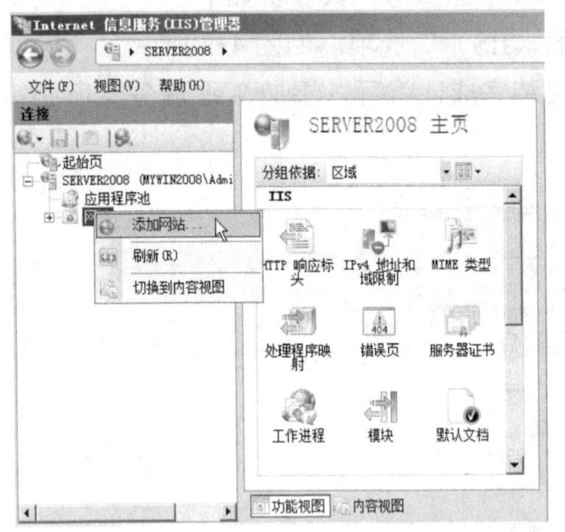

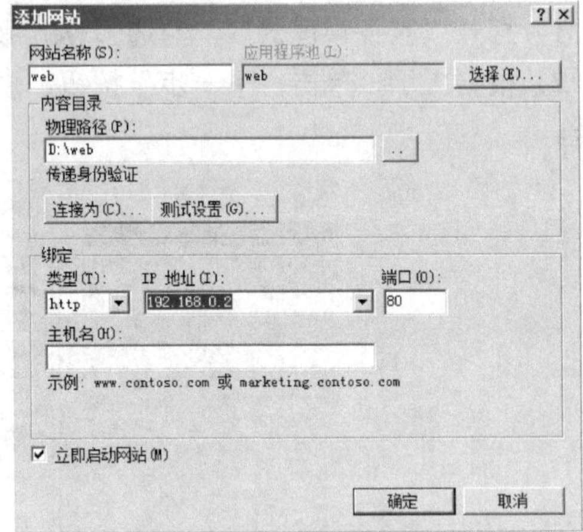

图 4-4　选择“添加网站”命令　　　　　　图 4-5　添加网站属性设置

4）在域内客户机的地址栏内输入“http://192.168.0.2”，若弹出如图 4-6 所示内容，则表示测试成功，网站工作正常。

图 4-6　IIS 服务器测试网站

技能提示

如果没有找到测试页面，那是在该目录下不存在页面文件，可以在服务器“SERVER2008”的“D:\web”路径下，粘贴“C:\inetpub\wwwroot”路径下的系统默认网站页面作为测试用网页。

5）对建立好的站点，可以进行管理，如图 4-7 所示。

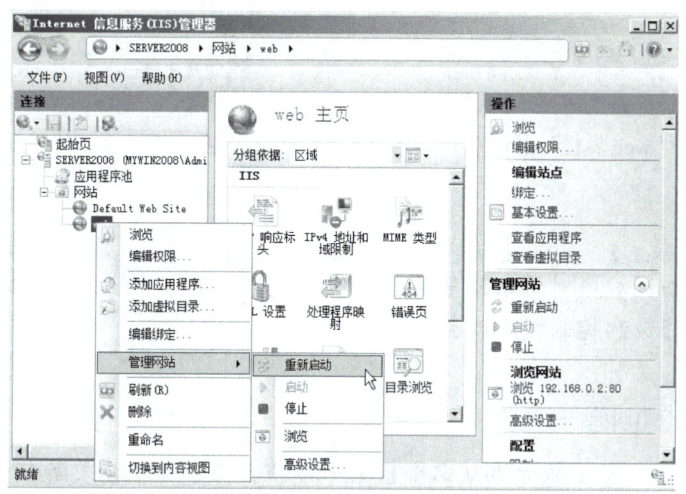

图 4-7　管理网站

6）在 Web 服务器列表中右键单击“web”选项，在弹出的快捷菜单中选择“编辑权限”，如图 4-8 所示。

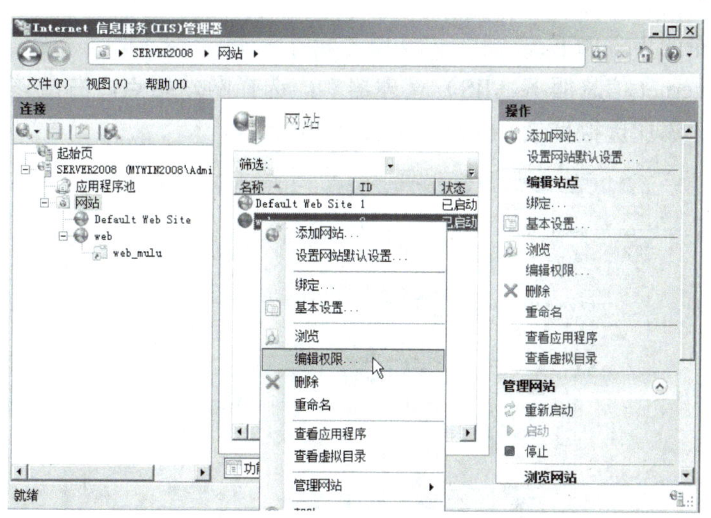

图 4-8　编辑 Web 站点的权限

7）在弹出的“web 属性”对话框（见图 4-9）中选择“安全”选项卡，就可以对相应的组或用户进行权限设置了，如图 4-10 所示。设置结束后单击“确定”按钮。

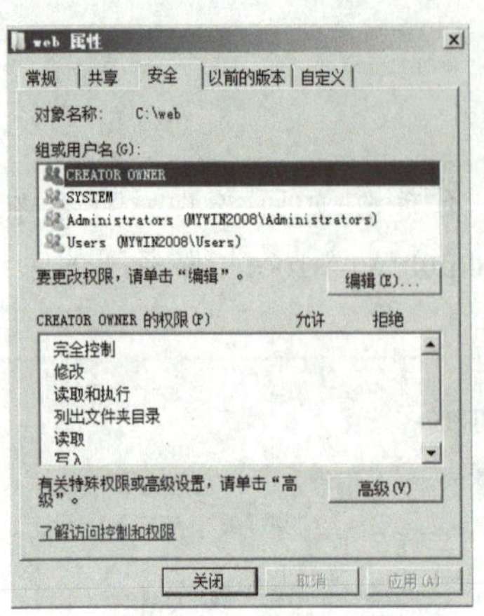

图 4-9 “web 属性”对话框

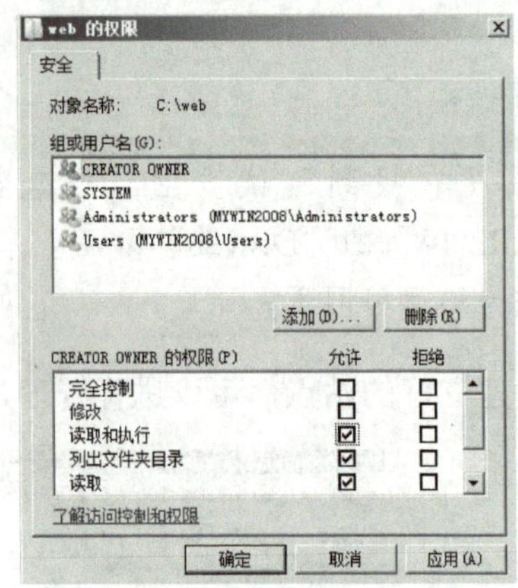

图 4-10 web 权限设置

技能提示

设置用户的访问权限对于 Web 服务器的安全是有一定影响的，建议如果无特殊要求，不要给用户提供修改和控制权，以免造成安全隐患。

4.1.3 虚拟目录的创建与管理

在 IIS 服务中，信息资源允许从多个目录中发布。但是并不要求所有目录必须统一存放于根目录下，系统允许通过特定的别名和用户名及用于访问权限的密码来访问指定目录，目录允许定位于本地驱动器其他目录下或网络上。相对于服务器的宿主根目录，将这些目录定义为虚拟目录。要访问虚拟目录，用户必须知道虚拟目录的别名。采用虚拟目录，可以更方便有效地访问网络信息资源。

建立虚拟目录的步骤如下：

1）打开“Internet 信息服务（IIS）管理器”，选择网站站点，右击该站点，在弹出的快捷菜单中选择“添加虚拟目录”选项，如图 4-11 所示。

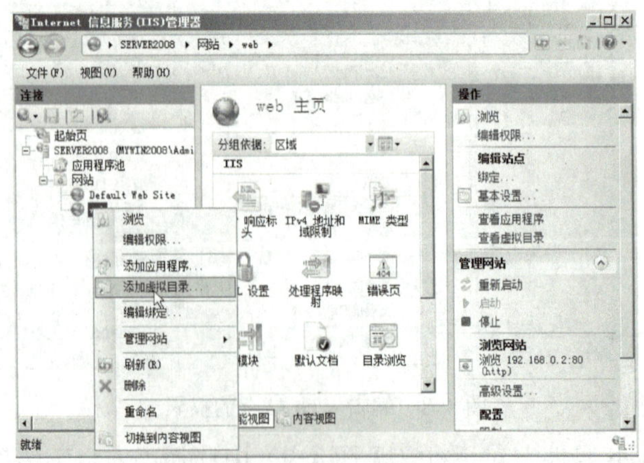

图 4-11 添加虚拟目录

2）在“添加虚拟目录”对话框中，输入虚拟目录的名称和路径，如图 4-12 所示。

建立完虚拟目录后，用户可以在浏览器中输入 http://web 服务器 IP 地址或域名 / 虚拟目录的别名来访问该虚拟目录。

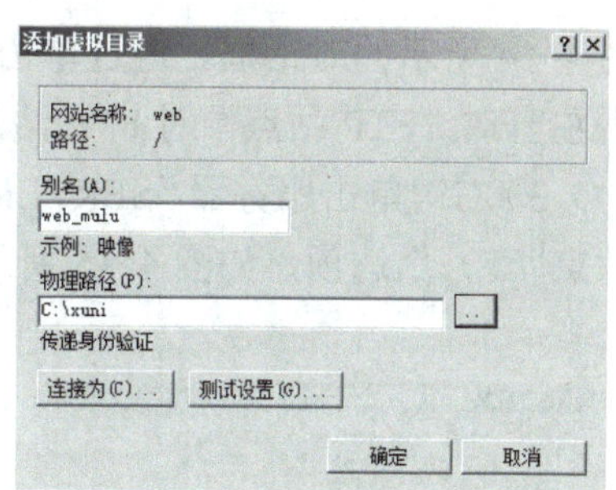

图 4-12　设置虚拟目录的名称和路径

4.2　FTP 服务配置与管理

【实例 4-2】

某公司的员工要经常上传和下载一些公司文件，通过局域网查找计算机访问共享的文件效率比较低，而且容易造成网络阻塞，安全性也很低，管理员应该如何解决这一问题呢？

【分析】要实现文件、数据的共享与传输，并保证安全可靠，可以使用 Windows Server 2008 提供的 FTP 文件传输服务来解决上述问题，管理员在服务器上安装并配置 FTP 服务器，设置文件的访问权限，使用户方便安全地上传与下载文件。

4.2.1　FTP 的安装与配置

1）在 Windows Server 2008 中，要创建 FTP 站点首先要在添加“Web 服务器（IIS）”角色时，勾选“FTP 发布服务”及相关服务，如图 4-13 所示。

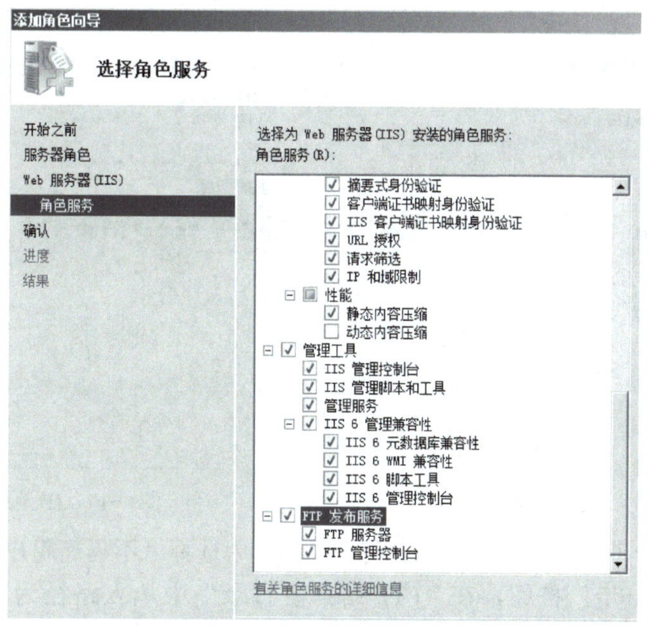

图 4-13　FTP 发布服务的添加

2）然后选择“开始”→“管理工具”→“Internet 信息服务器（IIS）管理器”，进入如

图 4-14 所示的对话框。通过单击中间窗口处的“单击此处启动”启动 FTP 站点，或右键单击左窗口“FTP 站点”对 FTP 站点启动或停止。

3）右键单击服务器“SERVER2008”FTP 站点，在弹出的快捷菜单中选择“新建”→“FTP 站点（F）”选项，如图 4-15 所示。

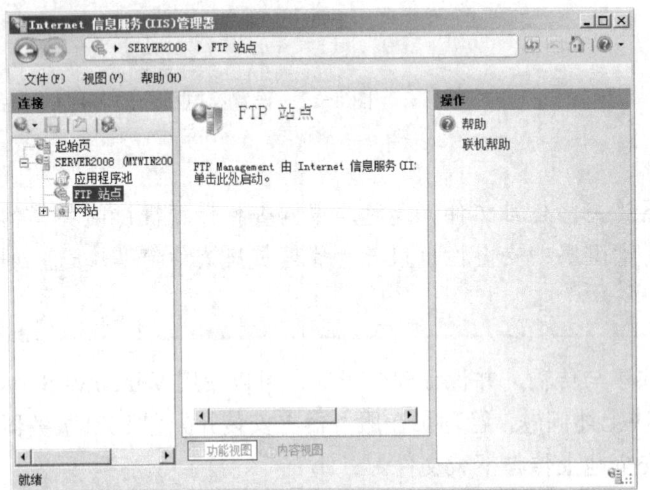

图 4-14 “Internet 信息服务（IIS）管理器”对话框

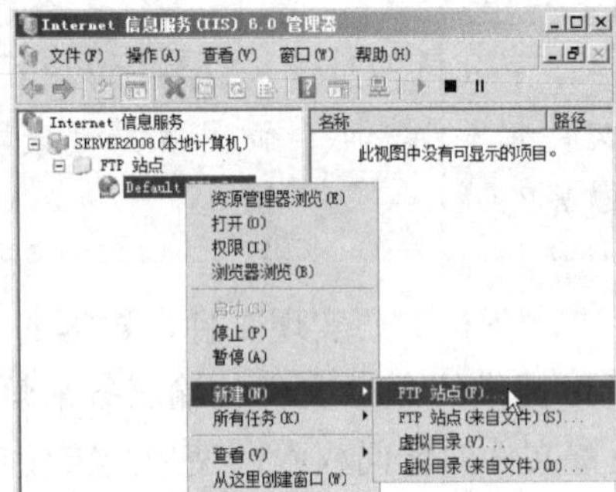

图 4-15 新建 FTP 站点

4）根据创建 FTP 向导提示单击“下一步”，在“FTP 站点描述”对话框中输入站点名称为 FTP，如图 4-16 所示。

5）单击“下一步”按钮，输入 FTP 站点的 IP 地址和 TCP 端口，如图 4-17 所示。

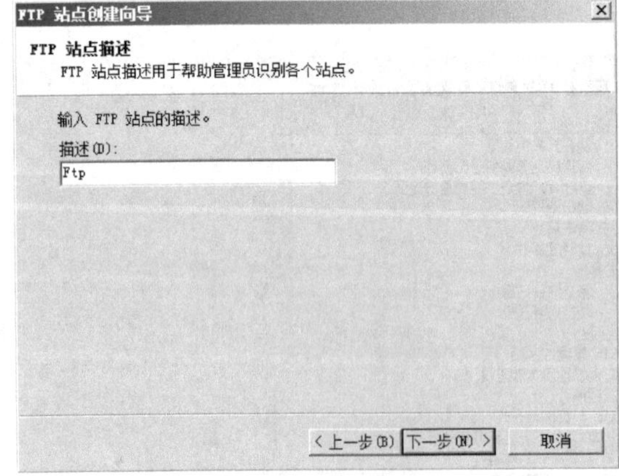

图 4-16 FTP 站点描述

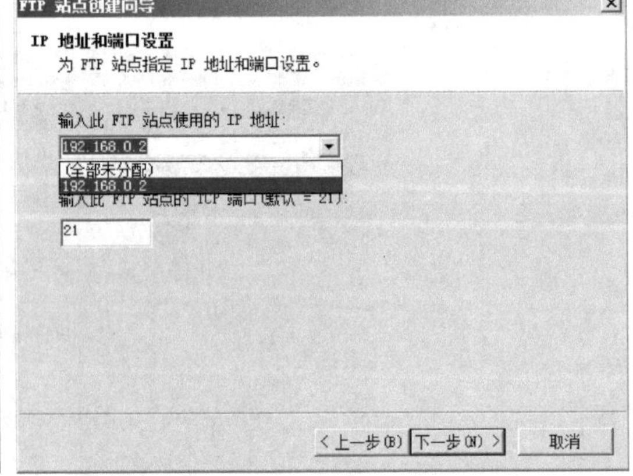

图 4-17 IP 地址分配

6）单击“下一步”按钮，在“FTP 用户隔离”中选择“不隔离用户。

7）单击“下一步”按钮，在“FTP 站点主目录”中填入路径为“D:\myftp”，如图 4-18 所示，则 FTP 服务器上提供共享的数据资源都将存储在主目录“D:\myftp”中。

8）单击“下一步”按钮，设置此 FTP 站点的访问权限为“读取”，如图 4-19 所示。单击“下一步”按钮直到完成 FTP 站点的创建。

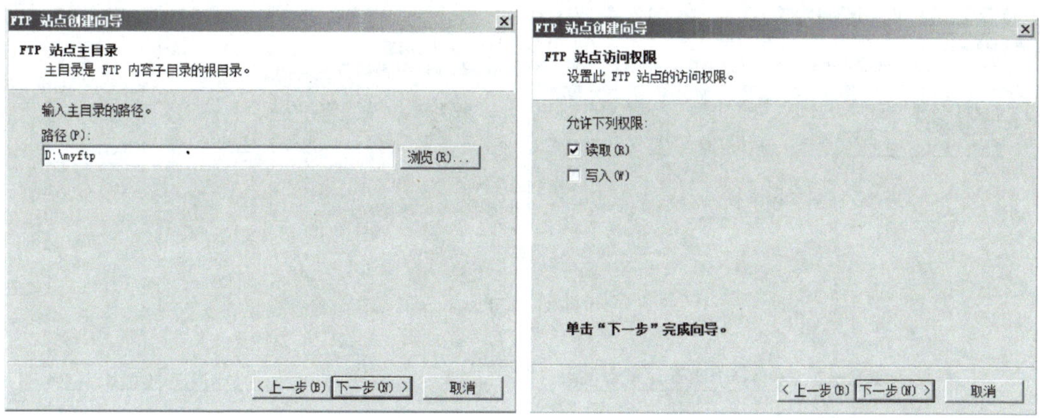

图 4-18　FTP 站点主目录　　　　图 4-19　FTP 站点访问权限

技能提示

如果选择的权限包括"写入"，则意味着用户可以在远程通过浏览器删除或者修改 FTP 服务器中的文件资源，这带有一定的危险性，一般不允许开放写入权限。

9）接下来就可以对 FTP 服务器进行访问，打开客户端的浏览器，在地址栏中输入 FTP 服务器的 IP 地址（192.168.0.2）或主机名，例如 ftp://192.168.0.2，就能够以匿名的方式登录到 FTP 服务器。如图 4-20 所示。

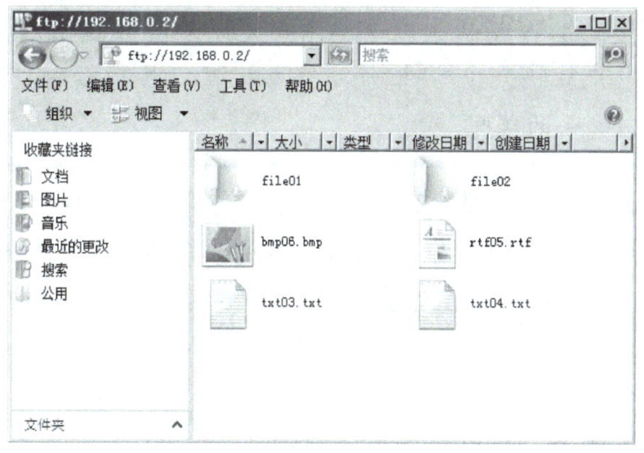

图 4-20　FTP 目录访问

4.2.2　FTP 虚拟目录管理

FTP 服务同样提供了虚拟目录功能，采用虚拟目录可以更灵活地控制文件上传和下载服务。具体步骤如下：

1）右键单击服务器"SERVER2008"FTP 站点，在弹出的快捷菜单中选择"新建"→"虚拟目录"命令。在弹出的对话框中输入虚拟目录的别名，例如 ftp1，如图 4-21 所示。

2）在"FTP 站点内容目录"对话框中。选择创建虚拟目录对应的实际目录路径，如图 4-22 所示。

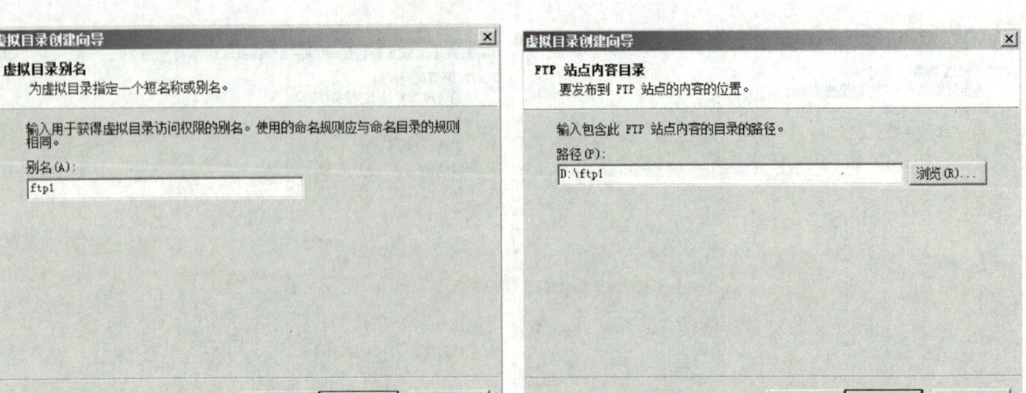

图 4-21　设置虚拟目录名称　　　　图 4-22　设置虚拟目录路径

3）单击“下一步”按钮，根据需要设置虚拟目录的访问权限，然后继续向导提示，完成虚拟目录的创建。

访问虚拟目录的方法是在客户端浏览器地址栏中输入 ftp:// 服务器 IP 地址或域名 / 虚拟目录名。

4.3　DNS 服务配置与管理

【实例 4-3】

某公司的网络中有一台 WWW 服务器，用户可以采用 IP 地址来访问该服务器获取公司的相关信息，不过用户放映采用 IP 地址不容易记忆，希望能用更直观的方式来访问服务器，管理员如果解决这一问题呢？

【分析】在 TCP/IP 协议中，唯一的主机识别方法就是 IP 地址，不过，TCP/IP 也允许通过 DNS 域名解析服务来实现 IP 地址与域名的转换，通过 DNS 服务可以实现 IP 地址与域名的正向和反向搜索，用户就可以通过域名来访问服务器，而 DNS 服务器对用户请求的域名进行解析，并转换成计算机能识别的 IP 址。最终实现对目标主机的访问，实现这一功能，只需要在网络中设置一台 DNS 服务器，并建立 IP 地址与域名的对应关系，Windows Server 2008 系统也提供了 DNS 服务，可以解决上述问题。

首先，应在系统中安装 DNS 服务器。

4.3.1　安装配置 DNS 服务器

1. 安装 DNS 服务器

1）首先单击“开始”→“管理工具”→“服务器管理器”打开服务器管理器窗口，在窗口中选择“角色”→“添加角色”命令，弹出“添加角色向导”对话框。

2）单击“下一步”按钮，在图 4-23 中勾选“DNS 服务器”选项，然后单击“下一步”按钮，根据向导提示继续安装。

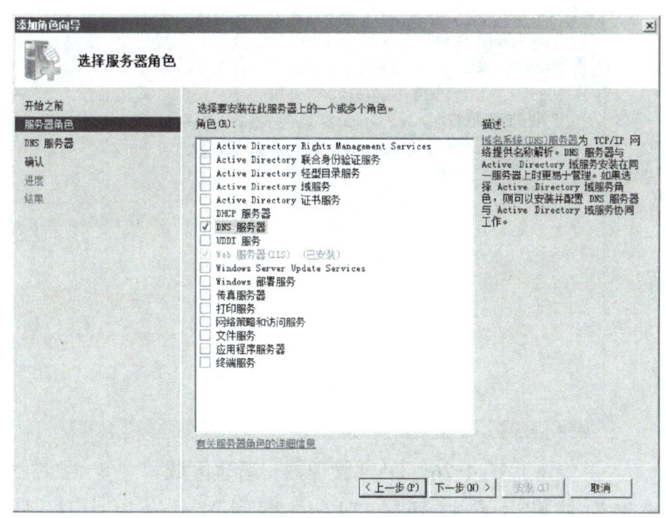

图 4-23　添加 DNS 服务器角色

3）在“确认安装选择”对话框中，单击“安装”按钮，直至完成安装为止，如图 4-24 所示。

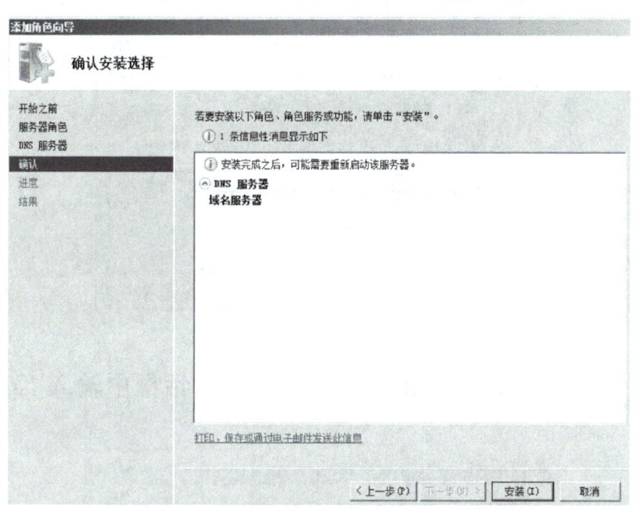

图 4-24　确认 DNS 服务器安装

2. 管理配置服务器

1）在服务器中右键单击“网络”→“属性”，单击“管理网络连接”，然后右键“本地连接”，设置“DNS 服务器 IP 地址”为服务器 SERVER2008 的 IP 地址“192.168.0.2”，并设置首选 DNS 为“192.168.0.2”，如图 4-25 所示。

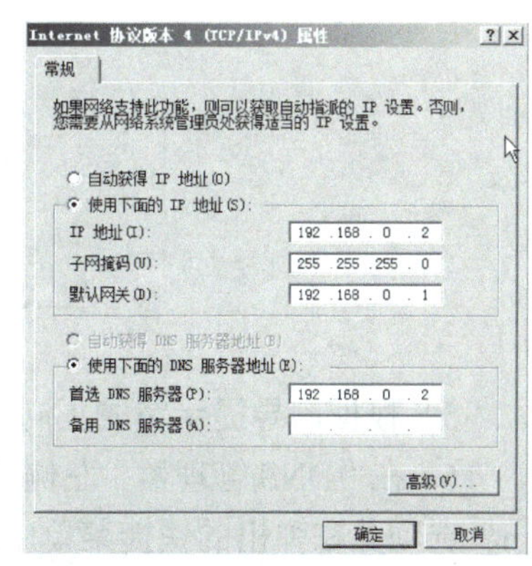

图 4-25　设置 DNS 服务器地址

2）单击“开始”→“管理工具”→“DNS”，打开“DNS 管理器”窗口，启动 DNS 服务器，右键单击“正向查找区域”，在弹出的快捷菜单中选择“新建区域”命令，如图 4-26 所示。

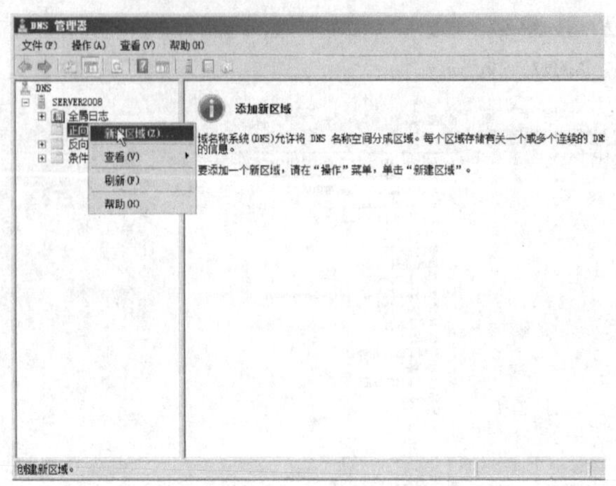

图 4-26　DNS 管理器 - 新建区域

3）单击“下一步”按钮，在打开的“区域类型”对话框中选择“主要区域”（见图4-27），然后单击“下一步”按钮，在“正向查找区域名称”界面中选择“IPv4 正向查找区域”。

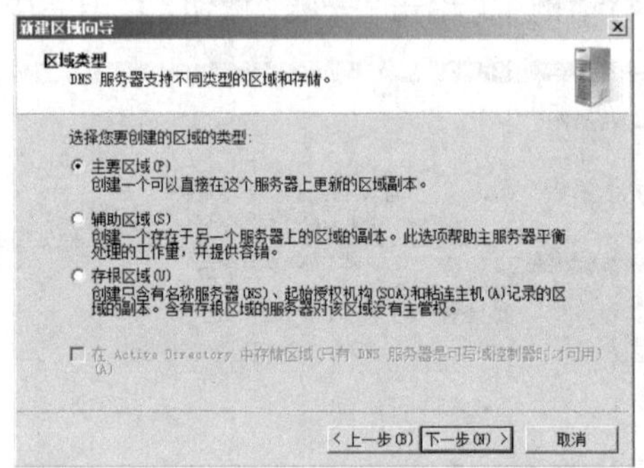

图 4-27　创建区域类型

4）继续单击“下一步”按钮，在“区域名称”对话框中输入“mywin2008.cn”，如图 4-28 所示。

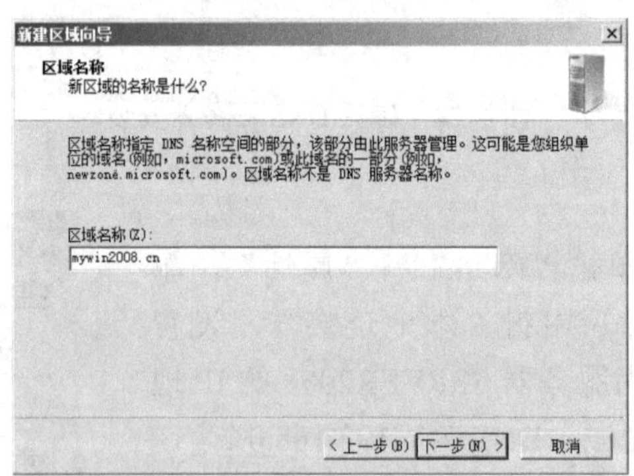

图 4-28　输入区域名称

5）根据向导提示完成正向查找区域的创建。

6）在“DNS 管理器”左侧的列表中选择“正向查找区域”，然后右键单击“mywin2008.cn”选项并在弹出的快捷菜单中选择“新建主机”对话框，如图 4-29 所示。

7）在弹出的“新建主机”对话框中设置主机名称为“winserver”和主机 IP 地址为

“192.168.0.2”，并勾选“创建相关的指针（PTR）记录”。单击“添加主机”按钮完成添加，如图 4-30 所示。

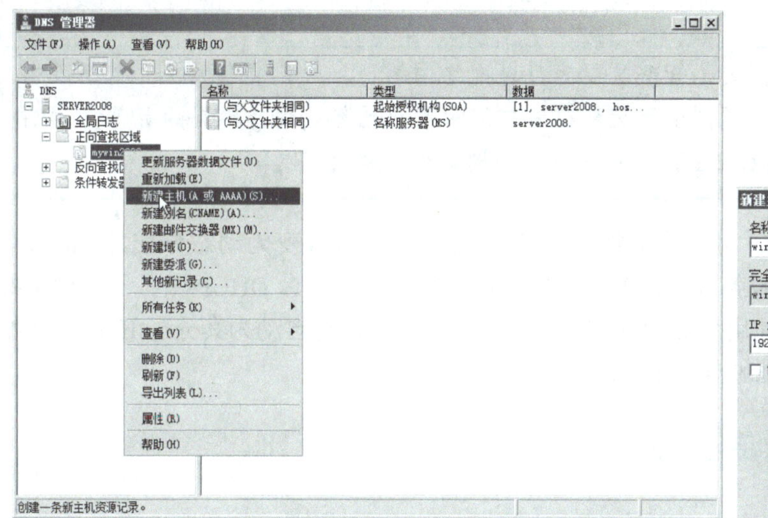

图 4-29　新建主机

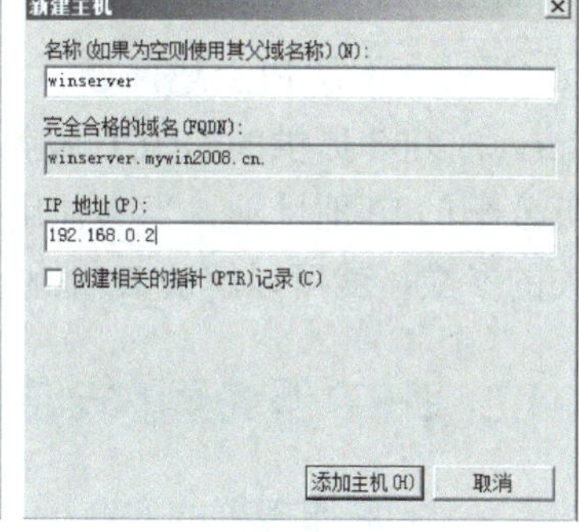

图 4-30　设置主机名称与 IP 地址

4.3.2　配置 DNS 客户机

虽然网络内已经建立了 DNS 服务器，但是直接就是用域名是无法解析的，因为客户机本身还不能智能地自动发现 DNS 服务器。如果客户机 IP 地址采用的是静态分配，则必须手工配置客户机的 TCP/IP 属性中的 DNS 服务器属性，如图 4-31 所示。一定要正确设置首选或者备用 DNS 服务器的 IP 地址，这样，当客户端采用域名访问服务器时，将自动将域名信息发给 DNS 服务器进行解析，获得对应的 IP 地址。

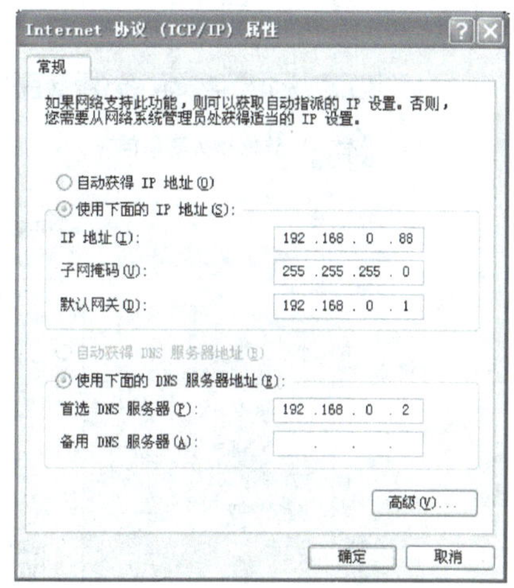

图 4-31　设置客户机 IP 地址

如果 DNS 服务器设置正确，那么采用 Ping 命令就不必用 IP 地址来进行测试了，可以利用 Ping 对方域名的模式来测试网络连通性，如图 4-32 所示。

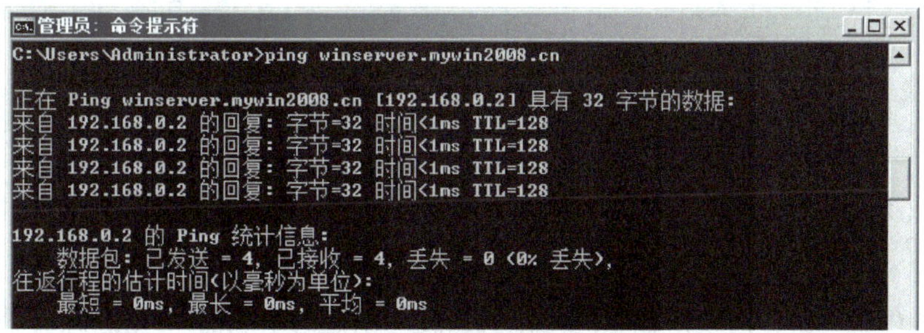

图 4-32　利用域名测试主机连通性

4.4 DHCP 服务器的配置与管理

【实例 4-4】

某公司由于网络规模扩大，管理员要为每台网络中的计算机配置 IP 地址，发现效率很低，而且管理起来也不方便，由于无法查看和记录用户已经使用或闲置的 IP 地址，用户经常会因为 IP 地址冲突无法上网，针对这一问题该如何解决呢？

【分析】解决上述问题，可以将网络中的 IP 地址分配模式改变为动态分配，Windows Server 2008 提供的 DHCP 服务就可以解决问题，在网络中安装一台 DHCP 服务器并设置好可分配的 IP 地址池，当其他用户启动计算机时，DHCP 服务器将自动为其分配 IP 地址及相关的参数，就可以解决 IP 地址分配中出现的问题。

4.4.1 DHCP 服务器的安装与配置

1. DHCP 服务器的安装

1）打开“服务器管理器”，单击添加“角色”，在选择“服务器角色”对话框中勾选“DHCP 服务器”选项，如图 4-33 所示。

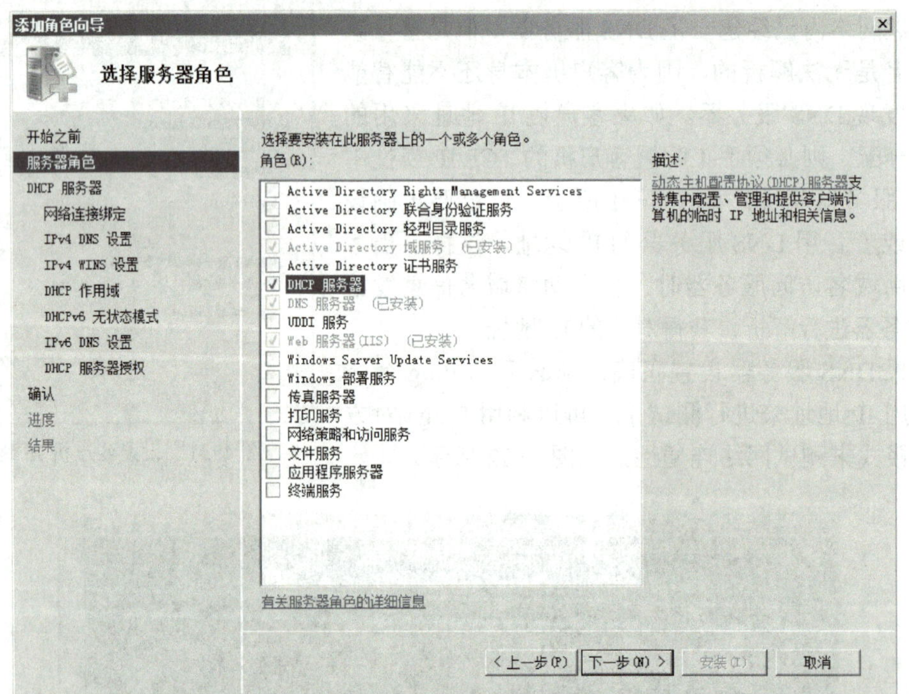

图 4-33 添加 DHCP 服务器

2）单击“下一步”按钮，在“网络连接绑定”界面中，显示检测静态 IP 地址以及相关信息，如图 4-34 所示。

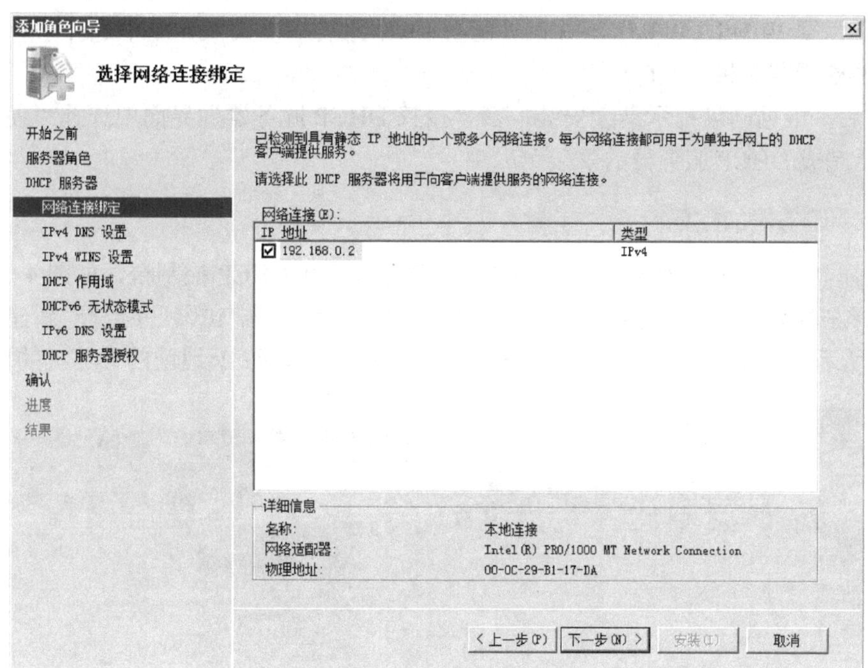

图 4-34 网络连接绑定

3）单击“下一步”按钮，在“指定 IPv4 DNS 服务器设置”界面中，设置父域为“mywin2008.cn”、首选 DNS 服务器 IPv4 地址为“192.168.0.2”，如图 4-35 所示。

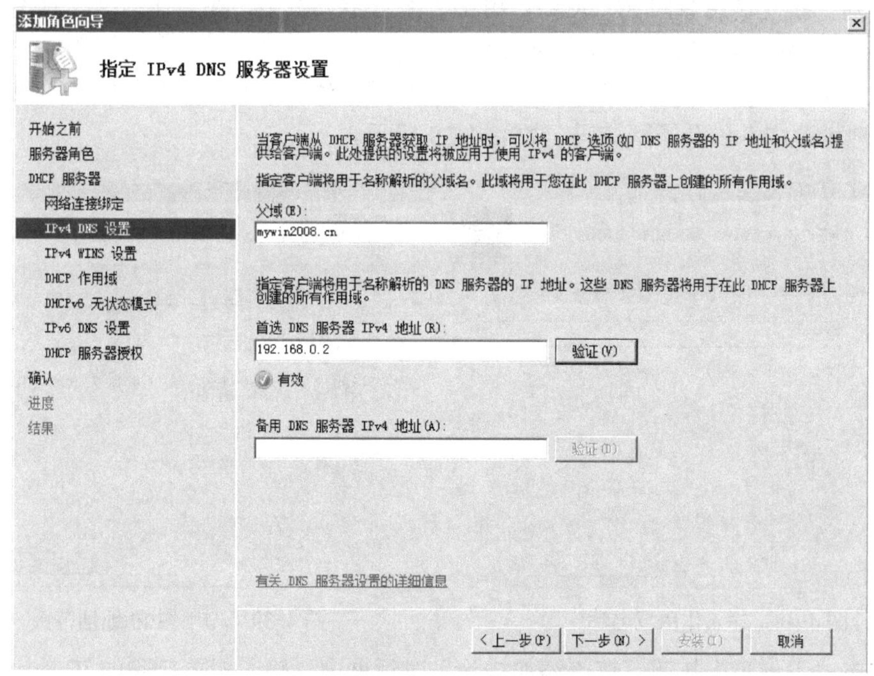

图 4-35 设置父域以及 DNS 服务器 IPv4 地址

4）单击“下一步”按钮，在“指定 IPv4 WINS 服务器设置”界面中选择“此网络上的应用程序不需要 WINS（W）”，并在“配置 IPv6 无状态模式”界面中选择“对此服务器禁用 DHCPv6 无状态模式（D）”。

5）然后，根据向导提示继续安装，在“授权 DHCP 服务器”界面中选择“使用当前凭据”，直至完成 DHCP 服务器的安装。

2. DHCP 服务器的配置

1）选择“开始”→“管理工具”→“DHCP”，打开 DHCP 控制台，如图 4-36 所示。

2）选择左侧的 DHCP 服务器，展开前面的“+”号，右键单击“IPv4”并选择“新建作用域”，如图 4-37 所示。只有建立作用域后才能规划出分配给请求动态 IP 地址的计算机的地址范围。

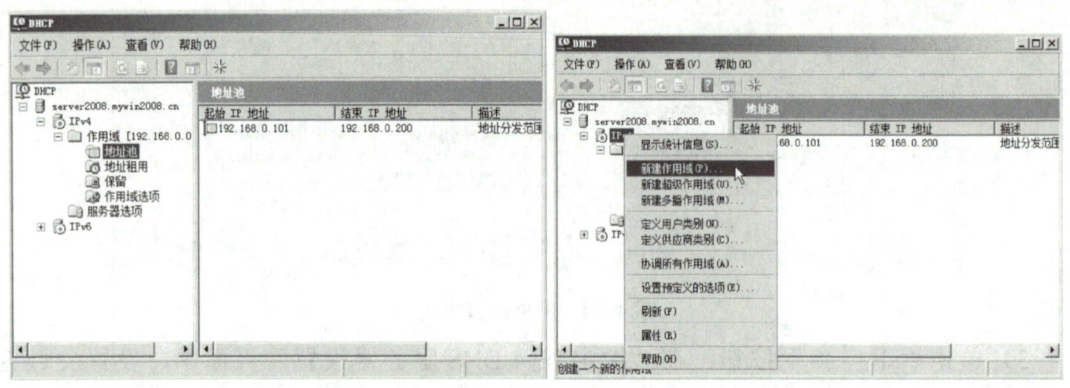

图 4-36　DHCP 控制台　　　　图 4-37　新建作用域

3）打开“新建作用域向导”窗口，单击“下一步”按钮，在“作用域名称”对话框中输入作用域的名称“mydhcp”，如图 4-38 所示。

4）继续单击“下一步”按钮，在“IP 地址范围”对话框中，输入分配作用域的起始 IP 及结束 IP 地址范围，以及子网掩码，如图 4-39 所示。

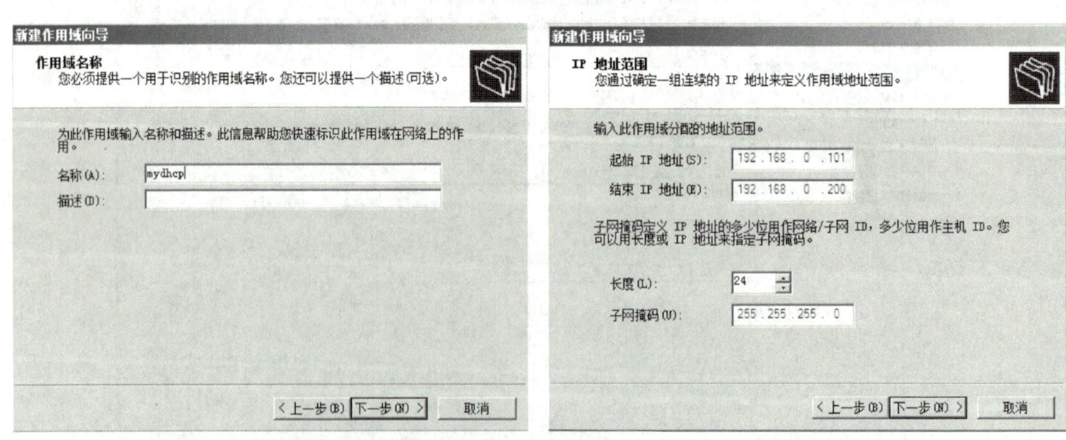

图 4-38　输入作用域名称　　　　图 4-39　作用域 IP 地址范围

5）单击“下一步”按钮，在“添加排除”对话框中，输入想要排除的 IP 地址范围，可以在作用域地址范围内选择多个排除范围，如果想排除一个单独的地址，则只在“起始 IP 地址”中输入地址，如图 4-40 所示。

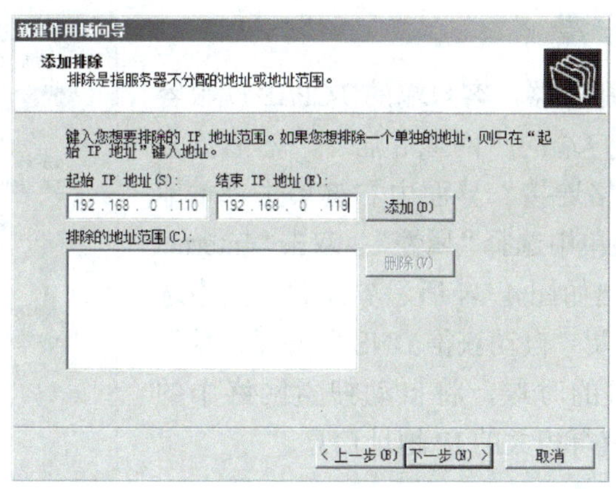

图 4-40　排除地址范围

6)接下来按照默认设置，继续安装，完成设置后，需要激活作用域。右键单击新建的作用域，在弹出的快捷菜单中选择“激活”选项，激活后才能使新建的作用域工作，如图 4-41 所示。

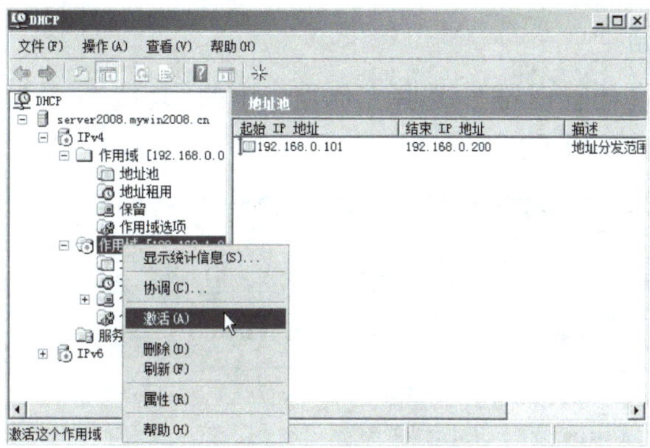

图 4-41　激活作用域

3. IP 地址的保留

如果希望为特定的用户或其他设备保留 IP 地址，可以针对这个作用域新建保留，选中作用域中的“保留”，然后从右键菜单中选择“新建保留”，如图 4-42 所示。输入需要保留的 IP 地址参数即可。然后从弹出的窗口中输入相应的 IP 地址和 MAC 地址，如图 4-43 所示。

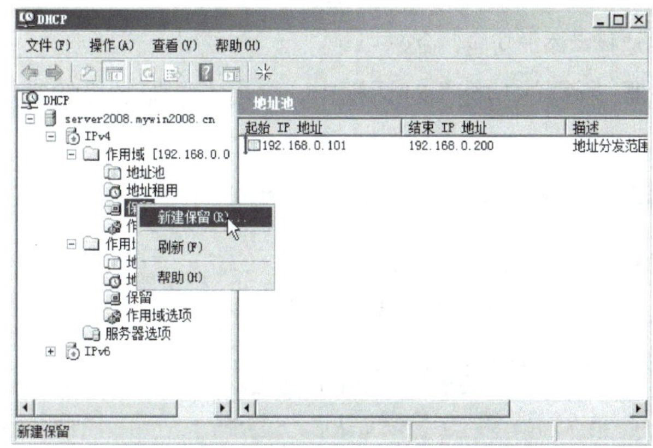

图 4-42　新建保留

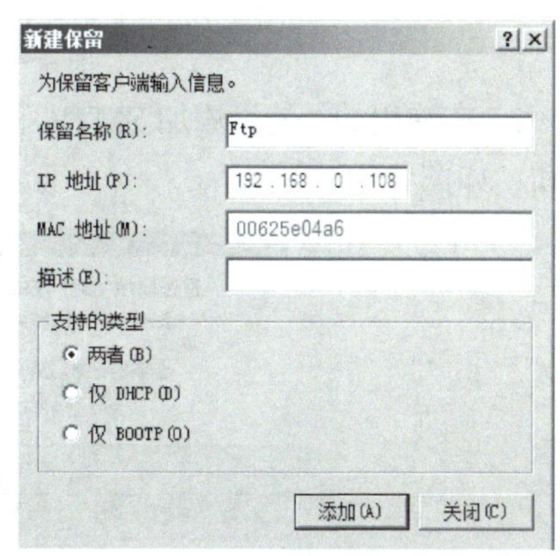

图 4-43　输入设置保留地址的参数

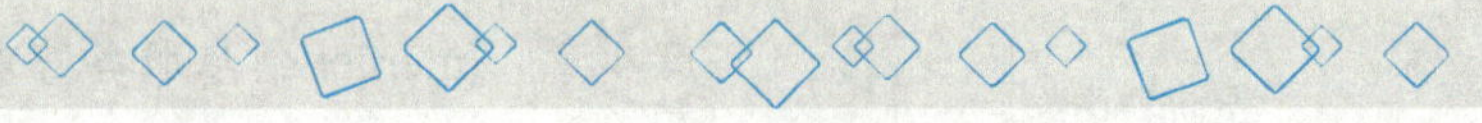

4.4.2 DHCP 客户端设置

由于采用了 DHCP 服务器，客户端的 TCP/IP 就很容易设置了，右键单击客户端的“网上邻居”，然后分别单击“属性”，在“网络连接”界面中右键单击“本地连接”，在弹出的快捷菜单中选择“属性”，双击“Internet 协议（TCP/IP）”，弹出如图 4-44 所示界面并在其中选择“自动获得 IP 地址”及“自动获得 DNS 服务器地址”选项。每当客户端开机的时候，将自动搜索网络中的 DHCP 服务器，并申请获得相关的 IP 地址信息。

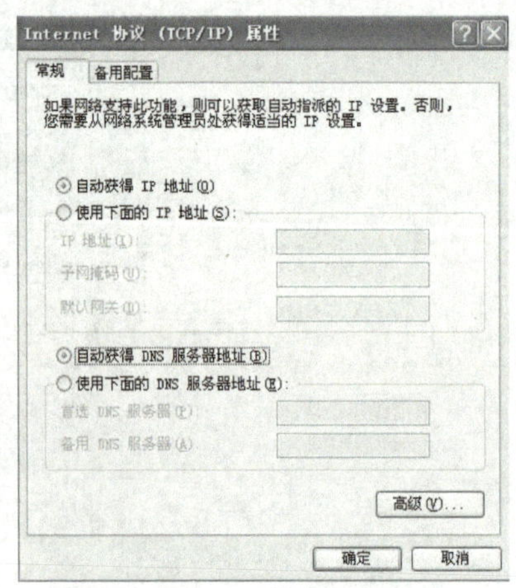

图 4-44　配置 IP 地址和 DNS 地址

4.5 电子邮件服务与设置

IIS 也提供了比较方便的电子邮件服务功能，可以实现企业内电子邮件的管理。

1. 安装邮件服务器

1）首先，打开“服务器管理器”，选择左侧窗口中的“功能”，然后单击右侧窗口中的“添加功能”命令，如图 4-45 所示。

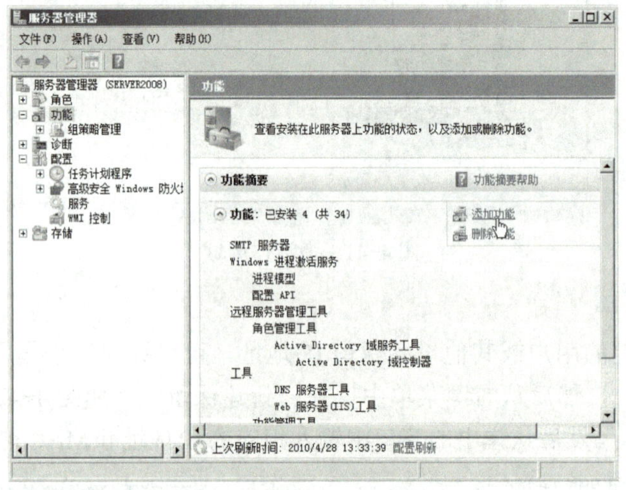

图 4-45　选择“添加功能”命令

2）在弹出的“是否添加 SMTP 服务器 所需的功能”对话框中，单击“添加必需的功能”按钮，如图 4-46 所示。

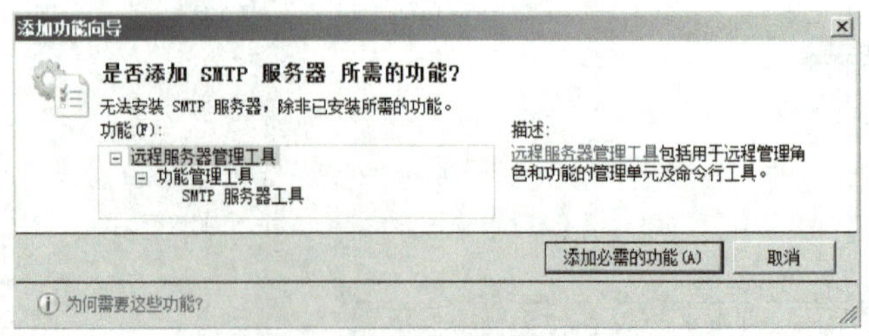

图 4-46　添加 SMTP 服务器所需功能

3）在“选择功能”界面中，勾选“SMTP 服务器”选项，如图 4-47 所示，单击“下一步”按钮，安装 SMTP 服务器，直到完成安装为止。

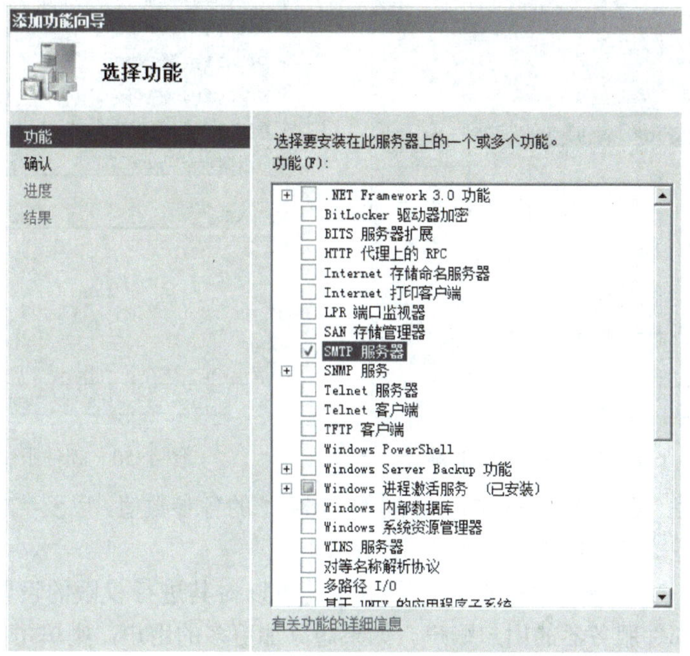

图 4-47　添加 SMTP 服务器功能

2. 配置邮件服务器

1）单击“开始”→“管理工具”→“Internet 信息服务器（IIS）管理器”，在左侧列表中右键单击 SMTP 服务器，在弹出的快捷菜单中选择“属性”选项，如图 4-48 所示。

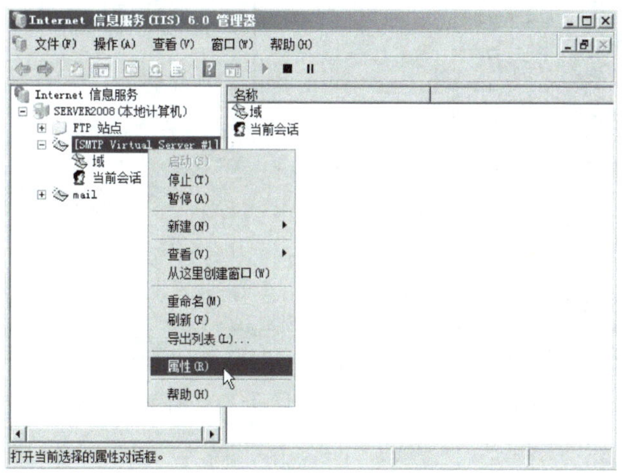

图 4-48　SMTP 服务器属性

2）在图 4-49 中选择“常规”选项卡，设置 SMTP 服务器的 IP 地址为服务器“SERVER2008”的地址。设置客户机的限制连接数、连接超时时间和日志记录的启用。

3）选择“邮件”选项卡，在如图 4-50 所示的对话框中设置邮件大小、会话大小、每个连接的邮件数、每封邮件的收件人数等限制条件，并更改“死信目录”。

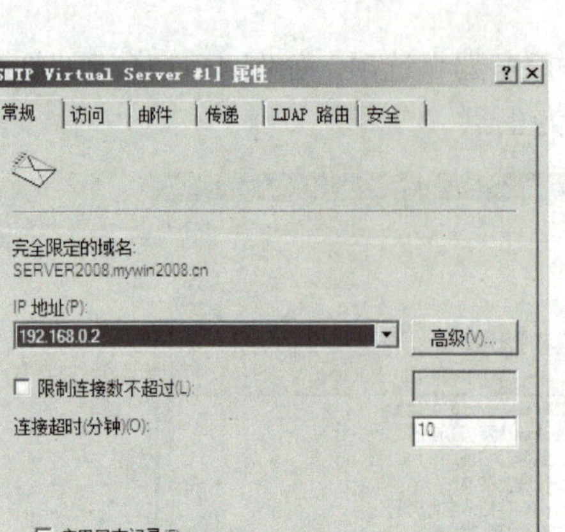

图 4-49　设置 SMTP 服务器 IP 地址

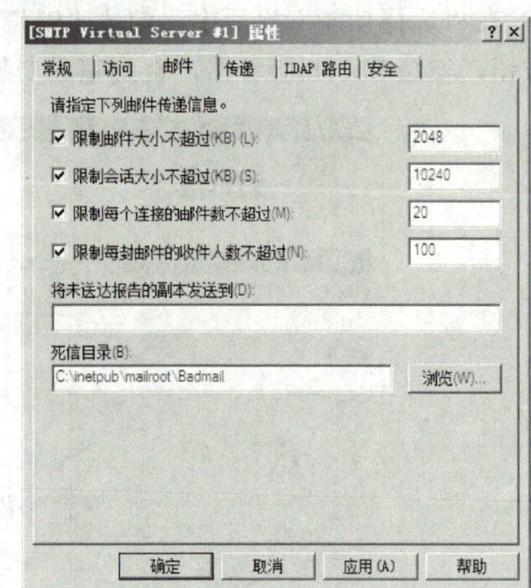

图 4-50　邮件限制

4）选择“传递”选项卡，设置邮件传递的“出站”的各参数值，以及“本地”的各项参数。按“确定”按钮完成基本配置，如图 4-51 所示。

5）在如图 4-52 所示的“安全”选项卡中，可以对其进行权限的设置。在该界面中，列出了可以操作邮件服务器的用户账户。如果想添加更多的用户，则单击“添加”按钮，选择想要添加的用户进行添加即可。

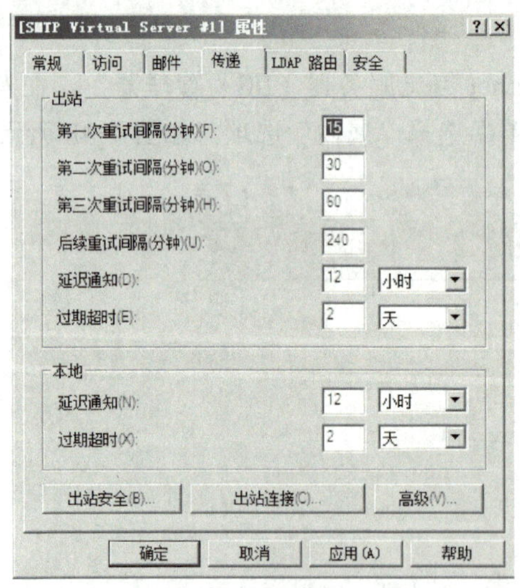

图 4-51　邮件传递

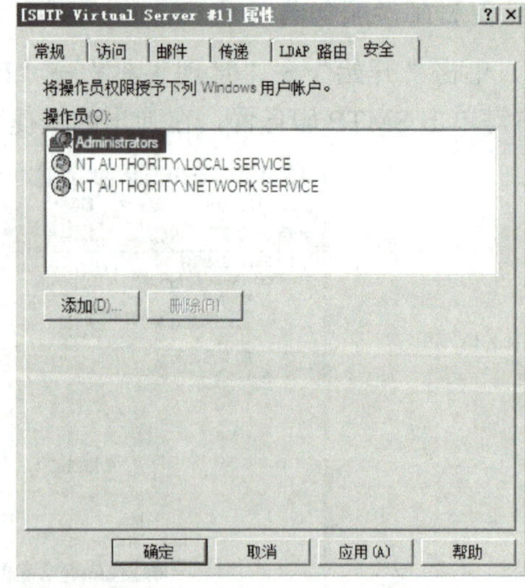

图 4-52　SMTP 安全属性

4.6　课后小结与习题

小　结

本章介绍了 WWW 服务、FTP 文件传输协议、DNS 域名解析服务、DHCP 服务、电子邮件服务的概念及工作原理，并详细介绍了 Windows Server 2008 环境下实现上述服务的安装与配置及客户端设置。

知 识 习 题

4-1 IIS 是什么意思，IIS 7.0 主要包括哪些服务？

4-2 什么是虚拟目录，Web 服务的虚拟目录与 FTP 服务的虚拟目录有什么区别？

4-3 什么是 DNS、DHCP ？

技 能 习 题

4-1 如果采用域名方式来访问一台 Web 服务器，DNS 解析服务器地址是 172.16.0.1，请完成客户机端的相关网络参数配置。

4-2 练习在 IIS 下创建 FTP 服务器，并管理 FTP 站点。

4-3 练习启动、暂停 FTP 服务。

4-4 假设要在 IIS 下支持 JSP 服务，通过搜索引擎查询具体安装与配置步骤。

4-5 参照本章所讲述的 IIS，下载安装 Apache 服务器，并完成基本设置。

第 5 章 局域网规划设计与组建实例

本书前面章节已经介绍了中小型网络组建与管理的基础知识和技能，本章将借助一个局域网的组建与规划案例，以一个校园网络的规划分析、建设与实施的过程为模型来了解一个中小型园区网组建的系统知识，并系统归纳前面所学知识与技能。通过本章的学习，应能够系统地掌握中小型网络的规划设计、实施以及基本配置。

学习目标	
知识要求	1）了解网络现状背景分析过程以及总体方案要求。 2）了解常见交换机品牌及主要参数。 3）了解常见路由器品牌及主要参数。 4）掌握交换机 VLAN 配置的基础知识。 5）掌握路由器相关技术术语（NAT，ACL）。
岗位职业能力目标	1）能根据实际需求设计园区网网络拓扑图。 2）能设计含交换机和路由器的中型园区网。列出软硬件清单。 3）能使用常见的交换机命令，并能正确配置划分 VLAN，生成 STP、设置接口访问控制。 4）能配置路由器静态路由、动态路由，访问控制列表 ACL 以及 NAT。

5.1 网络组建基本要求

一个完整的局域网在建设实施过程中可以分成两个环节：网络集成方案设计和信息系统集成。其中信息系统集成是目的，网络集成是手段。网络集成方案主要包括两个方面：结构化布线与设备选择、网络技术及设备选型。它的设计思想有两个：一个是网络方案采用模块化的设计，另一个是采用层次体系。整个网络通过主干网连接起来，各个子网通过接口与主干网连接，实现各自的功能，在子网内部与主干网进行数据通信。

在各类园区网中，校园网是比较典型的，校园网通常是建立在局域网的基础上，并采用 Internet 技术的网络，即 Intranet。

1. 校园网建设基本要求

目前，校园网的网络拓扑结构一般采用星型结构，要求具有很好的可靠性和一定的可扩充性，有利于网络的升级。作为系统集成商来说，当然希望给学校的方案越先进越昂贵越好。但是作为学校来说，必须研究以后会有什么样的用途，能不能发挥这些设备的潜能，这些设备能不能满足未来发展的需要等。校园网络建设的基本要求是：

（1）先进性　应采用先进的设计思想、网络结构、开发工具，并采用市场覆盖率高、标准化和技术成熟的软硬件产品；建网时应考虑利用和保护现有的资源、充分发挥设备效益，并满足校园网络对多媒体数据传输的要求。

（2）开放性　系统设计应采用开放技术、开放结构、开放系统组建和开放用户接口，以利于网络的维护、扩展升级及与外界信息的沟通，同时还要保证安全性。

（3）灵活性　采用积木式模块组合和结构化设计，使系统配置灵活，满足学校逐步到位的建网原则，使网络具有强大的可增长性。

（4）可靠性　校园网对系统稳定性、可靠性有非常高的要求，要求网络具有容错功能，管理、维护方便。

总之，校园网络由于覆盖面积比较大，且节点比较多，因此对网络的设计、选型、安装、调试等各环节进行统一规划和分析，确保系统运行可靠，经济性，投资合理，有较高的性价比。

2．校园网络建设的基本步骤

校园网络工程的一般步骤为：网络需求调研→网络规划与方案设计→土建施工→技术安装→网络测试→文档整理移交→维护。

（1）网络需求调研　主要任务是询问客户网络需求，勘察建筑实际结构，根据建筑平面图等资料去预算线材的用量，确定信息插座的数目和机柜定位、数量，做出网络设计报告。学校和一般企事业单位的区别就是园区内建筑物多，信息点分布比较广。

（2）网络规划与方案设计　根据前期勘察数据做出网络布线材料预算表、工程进度安排表。

（3）土建施工　提出布线许可，主要是钻孔、走线、信息插座定位、机柜定位、做线缆标识。如果是新建校园，信息点布线施工应该和建筑物一起完成。

（4）布线与设备安装　主要是打信息模块、线缆制作与调试、打配线架、机柜内部安装、服务器安装、交换机设置、Internet 及广域网连接、路由器设置、网络软件安装。

（5）网络测试与验收　主要有一般测试和深层测试两种测试方式，一般通常可用美国 FLUKE 线缆测试仪，根据 TSB－67 标准，对接线图（Wire MAP）、长度（Length）、衰减量（Attenuation）、近端串扰（NEXT）、传播延迟（Propagation Delay）等 5 方面的数据测试，可打印出详细的测试报告，同时测试各网络设备的连通性及运行效率。

（6）文档管理　最终要提供给客户的竣工报告（材料实际用量表、测试报告、楼层（楼群）配线表及各网络设备参数，为日后维护提供数据依据。

（7）维护与管理　完成网络的日常管理，当网络出现故障时，快速地进行响应。

由于大部分网络目前都采用招标的形式建设，因此，具体工作的要求和规定应在招标文件中给出，招标完成后，各步骤由网络公司来承担完成，作为学校应成立专门的管理组来监督和参与有关网络的建设。

5.2　网络规划与设计

校园网总体设计是网络建设的总体思路和工程蓝图，是搞好校园网建设的核心任务。进行校园网总体设计，首先要进行网络需求分析，弄清校园网的任务和未来发展的方向特点，并对学校现有的信息化条件进行评判，明确网络建设的需求和条件。

5.2.1 网络需求分析与总体方案

1. 网络背景介绍

某学校为适应教育现代化和学校信息化建设的需要，并为学校师生提供一个先进、可靠、安全的计算机网络教学和科研环境，促进学校与外界的信息交流、资源共享和科研合作，支持学校的教学、科研和学校各项管理工作，准备建设一个校园网。

该校规模中等，但由于历史原因被分为东、西两个校区，两个校区的情况基本相同，主要建筑物分成几个楼群，主要是综合办公楼、教学楼、实训楼、图书馆、宿舍楼，其东校区建筑物分布如图 5-1 所示。计算机台数为 200 台左右（不含学生用计算机）。为适应学校信息化的要求，准备建设一个可扩展的、高速的、充分冗余的、基于标准的校园网络，此外，根据校园网的特点，该网络应能够支持融合了话音、视频、图像和数据的应用程序，以适应校园网网络负荷大、多媒体信息量大、网络带宽要求高、网络管理及维护工作量大和利用率高的特点。

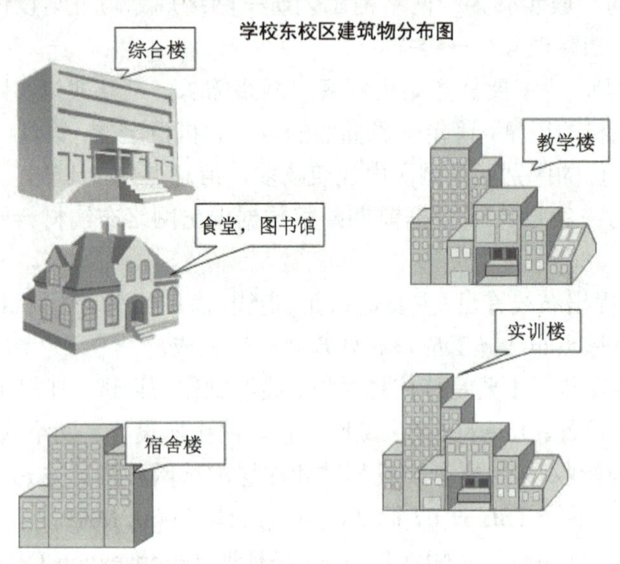

图 5-1 学校东校区建筑物分布图

2. 网络需求分析

校园网是集教学、科研、管理、信息服务等于一起的有机体。在传统网络建设的基础上，要做到有“路”、有“车”、有“货”，从而充分发挥校园的重要作用。

根据校园网络建设的目标与服务对象，可以把校园网络的应用需求分析归为以下几方面：

（1）信息服务　用来发布校园内部的新闻、通知、文件、管理制度等。

（2）应用服务　主要是提供电子邮件服务、BBS、个人主页空间、文件资源共享服务、数据库服务。

（3）互联网接入服务　主要是实现与校外信息的交流和远程教育。

（4）校园信息管理综合平台　主要提供学校管理、信息查询服务，包括学校人事管理、学生管理、成绩管理、后勤管理、实训管理等多个管理子模块。

（5）教学资源库服务　主要是提供网络课程与教学资源，包括多媒体课件点播、网络点播、远程教育等模块。

（6）电子阅览与图书服务　师生可以在校园网任何一个工作站调运自己需要的任何形式、格式的教学资料，并能够实现多人同时点播相同的或不同的资料，达到资源共享的效果。同时提供书籍在线浏览，在线书目检索、借书服务等。

3. 校园网建设目标

根据目前网络的状况以及未来发展规划，建议短期内分以下两个阶段来实施完成。

（1）校园网一期　在校园网一期，主要是建设校园网络基础设施，如主干光缆的铺设、布线系统的建设、Internet 接入、网络管理中心建设、校园信息服务平台的组建。并建立完善的校园网络安全与管理制度。

（2）校园网二期　在一期的基础上，进一步完善校园网络管理平台、完善校园网络资源库。并完成信息点的扩充。并实现与城域网和分校区的连接。

根据学校的发展，还可以继续建设校园网三期和四期，最终实现数字校园。

4. 校园网总体构成

根据该校的规模，尽管计算机台数比较多，但是考虑到其分布状态，仍可算做中等规模的计算机局域网，由于分成两个校区，经过规划设计，网络中心建设在东校区，西校区通过光纤连接到东校区，准备采用以校园网的网络管理中心为核心的层次型的网络模式进行建设。总的拓扑方案图如图 5-2 所示。

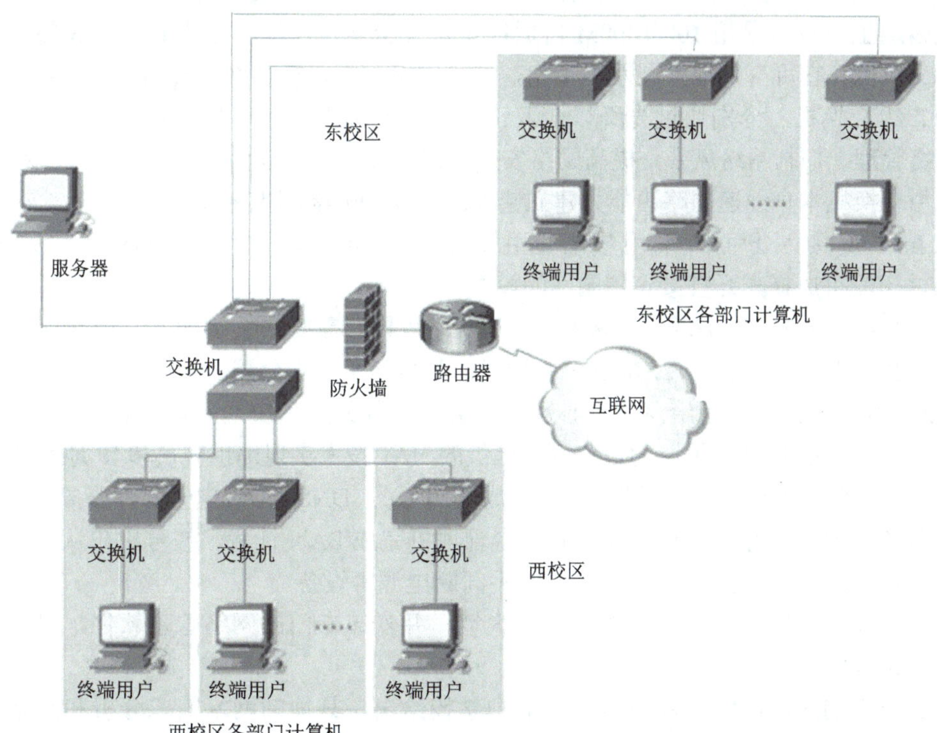

图 5-2　校园网拓扑图

在本案例中，考虑到网络实际，主要以东校区为例介绍网络组成，该网络应由以下几部分组成：

（1）校园网络主干与布线系统　用于连接各个主要建筑物，为主要的网络节点提供上网条件。主要由核心交换机、汇聚交换机、接入交换机、路由器、光纤线路组成。

(2)建筑物局域网系统　以学校各个职能部门为单位而建立的独立的计算环境和实验环境。

（3）服务器系统　学校网络中心的服务器和分布在各个子网上的服务器是网络资源的载体，它的投资和建设也是校园信息系统网络建设的重要工作。

（4）软件系统　包括网上 Web 公共信息发布系统、办公自动化系统、管理信息系统、电子邮件系统、行政办公系统、人事管理系统和财务系统等专用的系统。

（5）信息出口系统　是指将信息系统网络与 Internet 相连接的系统，出口系统的主要问题包括两个方面：一个是选择合适的连接方式，如 DDN、X.25、卫星、微波等方式连网；另一个是防火墙的建设，它与出口系统的安全性有直接的关系。

5．网络总体建设方案

具体来说，结合校园网系统设计原则和用户的具体需求，推荐的方案采用交换式千兆位以太网作为校园网的主干，并配套相应的以太网交换机和路由器设备。各楼群与楼层部署的子网可选用 100Mbit/s 交换模式，桌面用户终端独占 100Mbit/s 速率的数据交换。在核心交换机与汇聚交换机之间，通过光纤连接，采用 1000Mbit/s 传输速率。

根据距离和速度要求，网络主干采用 6 芯多模光纤。网络中心到主建筑物结点采用 6 芯多模光纤连接，在全双工条件下传输距离可达 2km，光纤布线采用星型拓扑结构。

校园网主干设备采用 100/1000M 自适应全双工交换机，即网络中心配备 3 层交换机作为核心交换机。它可有效地扩展网络带宽，消除网络碰撞，提高网络传输效率。各主建筑物结点的二级交换机，分别通过光纤以全双工 1000Mbit/s 传输速率与中心交换机相连。为了便于网络管理，抑制网络风暴，提高网络安全性能，校园网划分为多个虚拟子网（VLAN），通过路由交换机本身线速的路由能力建立起 VLAN 之间的高速连接。

在 Internet 接入方面，采用核心路由器接入，并通过光缆和 DDN 两种方式连入 Internet，一般可选择光纤直接到校园网的模式。

在网络协议方面，考虑到 Intranet 应用和网络规模，需要安装 TCP/IP，IP 地址范围采用 B 类私有 IP 地址，范围是 172.16.x.x，并按楼群与房间号分别分配 IP 地址，其中 172.16.200.x 和 172.16.0.x 段 IP 地址留给网络中心及各网络设备用做管理 IP，为满足用户上网的需求，向 ISP 申请公有 IP 地址一组，通过路由器提供的 NAT 技术实现地址转换和 IP 地址共享。

网络中心配置多台网络服务器，分别完成 Web 服务、DNS 服务、电子邮件服务、FTP 服务、数据库服务、教学资源库服务，并设置多台管理机完成 LAN 计费、拨号用户认证及计费、网络管理等，并相应配置磁盘阵列和 UPS 不间断电源等设备。

在网络安全与管理方面，配置硬件防火墙，并安装专门的网络管理软件，对网络设备进行管理和维护。

需要补充的是，网络的建设目标一般由学校给出，具体的网络需求分析和网络方案以及后边的拓扑设计等，应该由承揽工程的网络公司分别在投标书中以《网络建设方案》的文件形式给出。

5.2.2　网络拓扑方案设计

作为校园网，需要连接多少个节点，怎样利用网络设备使得分布在不同地理位置的节点连接到一个统一的网络中来，使得整个网络中的节点相互连通，这些问题仅仅是校园网需要解决问题中的一部分。所以，首先要研究如何设计网络拓扑，东校区的网络系统的拓扑结构图如图 5-3 所示。西校区和东校区通过光纤直连，可以等同于东校区的一个子网。

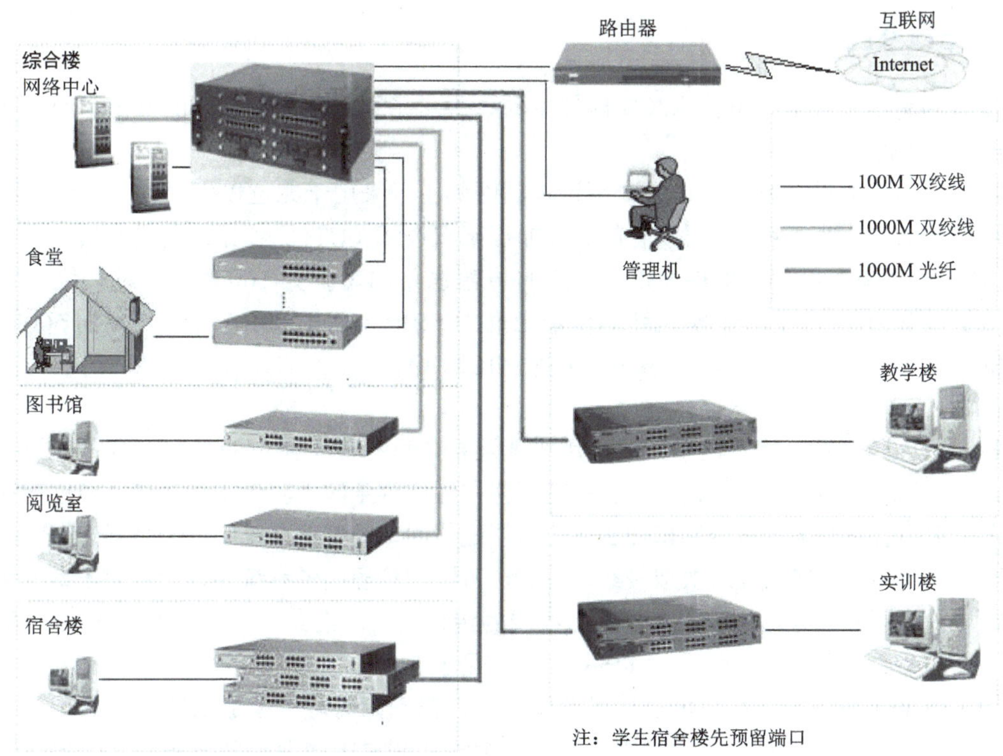

图 5-3　校园网东校区网络拓扑图

5.3　局域网组建与布线

根据网络的实际情况，该校园网的网络结构可以采用分层星型结构，网络分为三级，分别是：

（1）网络中心节点　网络中心选址在东校区的实验综合楼，该中心配备校园网的核心设备，如路由器、核心交换机、服务器（WWW 服务器、电子邮件服务器、拨号服务器、域名服务器等），在核心交换机上，通过光纤与西校区的主干交换机直接连接。

（2）建筑群的主干节点　建筑群的主干节点是二级节点。校园网按地域设置了几条干线光缆，从网络中心辐射到几个主要建筑群，并在二级主干节点处端接。在主干网节点上安装的交换机位于网络的第二层，它向上与网络中心的主干交换机相连，向下与各楼层的交换机相连。学校校园网主干传输速率全部为 1000Mbit/s，两校区之间也是 1000Mbit/s 光纤。

（3）楼内交换机　三级节点主要是指直接与服务器和工作站连接的局域网设备，即交换机。根据楼层的位置与规模，分别与二级节点连接，一般可以每个楼层设置一个楼内交换机。

从网络设计的角度看，按照模块设计的观点，本校园网设计方案主要由以下四大部分构成：校园网布线系统设计、交换模块、广域网接入与路由模块、服务器模块。考虑到东校区和西校区的实际关系，可以以东校区为主建设该网络，西校区网络算做东校区网络的一个子网。

5.3.1　布线系统设计

校园网网络系统基本可分为校园网络中心、教学子网、办公子网、图书馆子网、宿舍区子网等几大部分。

在前面的总体设计方案中已经介绍过校园网的主干采用千兆位以太网。其布线系统主要使用的传输介质有光纤、5 类或者超 5 类非屏蔽双绞线（UTP）和无线传输介质。当前，采用 850nm 多模光纤的 1000BASE － SX 的传输线路的带宽为 160MHz，最大传输距离为 300m，500MHz 带宽的多模光纤的传输距离为 550m，而 1000BASE － LX 的 500MHz 带宽的单模光纤的传输距离可达 3km。另外，1000BASE － T 的铜缆可支持的传输距离为 100m。

校园网为园区网，建筑群子系统采用光缆连接，可提供千兆位的带宽，有充分的扩展余地，在实际施工中，可用 1 根足以支持若干幢楼通信容量的大容量干线光缆，经过配线架分出若干根小容量光缆，再分别延伸到每个楼层配线间。垂直子系统则位于高层建筑物的竖井内，可采用多模光缆或大对数双绞线。同时，可以把管理区子系统并入设备间子系统集中管理。楼内水平布线采用超 5 类非屏蔽双绞线为传输媒介，桌面计算机以 100Mbit/s 速率接入网络，如图 5-4 和图 5-5 所示，其信息点分布见表 5-1。

为了保证布线的灵活性、可靠性以及安全性，在校园的每个楼层设置独立的配线间和机架式模块配线架，而在网络管理中心设置总配线间和总配线架，并使各独立配线间能通过光纤或光缆与总配线间连接。在线缆施工中，考虑到一期工程主要在旧楼施工，只能采用 PVC 线槽明装的方式。但站点较集中的房间如网络中心采用架地板的方式，可以使安装和维护都更方便。

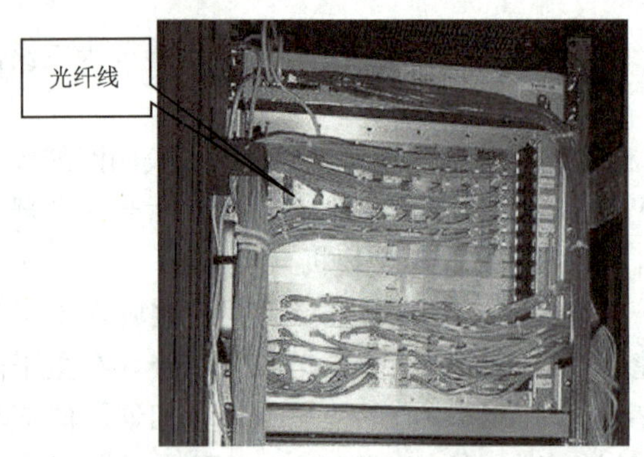

图 5-4　光纤布线连接示意图

图 5-5　双绞线布线连接示意图

表 5-1　校园网东校区信息点分布

序号	楼号	1 层	2 层	3 层	4 层	5 层	6 层	7 层	信息点数	面板模块	光纤	无线	配线架
1	综合楼	12	12	24	12	24	12		96	100	有	有	7
2	教学楼	20	20	20	20	20	20	20	140	154	有	有	7
3	实训楼	12	36	36	12	12	12	12	108	110	有	有	9
4	图书馆	8	8	8	8				32	40	无	无	2
5	阅览室	8	50						58	60	无	有	3
6	宿舍楼 1	2	2	2	2	2	2	2	14	14	有	无	7
7	宿舍搂 2	2	2	2	2	2	2	2	14	14	有	无	7
8	食堂	2	4						6	6	无	无	1

【说明】宿舍楼的信息点被预留，未正式启用，与西校区情况基本类似。

目前国际上从事综合布线系统设备开发及生产的厂家主要有美国 AVAYA 公司（原 LUCENT 公司），西蒙（SIEMON）公司，际联（linkbasic 兰贝）信息科技有限公司等。不管是哪一生产家生产出来的合格产品，从性能上来说，它们都能达到国际标准所规定的性能参数。所以在产品的选择上应着重从产品的价格、造型、质量保证、售后服务及对产品的熟悉程度等几个方面来加以考虑。

西蒙公司和 AVAYA 公司的产品，其造型漂亮，质量保证及售后服务措施也比较好，但其价格相对昂贵，而且对其工作环境的要求也比较高。际联信息科技有限公司的 linkbasic 兰贝系列布线产品，其价格有很大的优势，且其产品种类齐全、造型简洁。

在本案例中，推荐采用际联信息科技有限公司的 linkbasic 兰贝全系列综合布线产品。总体看，由于主干选用光缆满足了速度和容量的要求，桌面连接虽然采用双绞线，其速度依旧达到百兆，完全满足校园网用户信息特别是网络和多媒体的传输需求。

5.3.2　交换模块设计与实施

在本网络案例设计中，校园网数据交换设备可以划分为三个层次：访问层、分布层、核心层。访问层为所有的终端用户提供一个接入点；分布（汇聚）层除了负责将访问层交换机进行汇集外，还为整个交换网络提供 VLAN 间的路由选择功能；核心层将各分布层交换机互连起来进行穿越园区网骨干的高速数据交换。

交换模块的设计必须根据整个校园网采用层次化网络拓扑结构的实际情况出发，兼顾传输效率、可管理性和其具体分布位置。建议在核心层采用 3 层交换机。因为 3 层交换机可以完成高带宽、大容量网络层路由交换，使网络管理者能方便地监督和管理网络，同时，又能将主干网带宽提升到千兆位速率。

二级节点交换机起着“承上启下”的作用，一端连接到核心交换机，另一端连接到各网络交换机或节点。终端用户设备连接到这些网络节点，组成子系统。因此，各建筑物之间可选用千兆位光纤交换机，在核心层交换机与建筑物交换机之间可采用多链路冗余连接（Port Trunking），用以保证负载均衡及线路备份，当两个交换机之间的一条线路出现故障时，传输的数据会快速自动切换到另外一条线路上进行传输，不影响网络系统的正常工作，无需人工干预。同时，对二级节点可以采用堆叠群，这样管理员通过一个 IP 地址就可以完成整个堆叠群的管理。二级节点交换机应该可以完成诸如地址的聚集、部门和工作组的接入、广播域 / 多目传输域的定义、VLAN 路由、安全控制等。

接入级交换机即放置于每幢楼的楼层内用以连接到办公室或教室内部。一般应选择可网管、可堆叠以太网交换机。

选择交换机，首先要考虑各个楼层的信息流量极限值，这样才可以分别计算出各楼的信息流量以及总的信息流量，然后才能根据具体端点个数选择最合适的交换机型号。

本方案中推荐使用的交换设备有锐捷 RG-S2026G 交换机、RG-S3760 系列交换机。其中:

1. 锐捷 RG-S2026G 交换机

RG-S2026 系列是全线速智能型增强网管交换机（见图 5-6），具有特别丰富而强大的网管功能，在实现流量线速交换的同时，可以通过多重设置方式进行网管操作，实现 802.1Q VLAN、保护端口、链路聚合、Spanning Tree、端口监控设置、静态地址管理、广播风暴控制、端口动态 MAC 地址锁、端口 MAC 地址绑定、端口 IGMP 属性设置、802.1p 优先级等各种管理。RG-S2026 交换机在设置丰富的管理策略时，可针对用户的不同使用情况进行灵活的端口带宽分配，并采用业界最先进的 802.1x 安全接入控制策略，提供用户接入安全保障。RG-S2026 系列交换机灵活的上链端口扩展能力、端口带宽分配、安全的用户接入控制使该系列交换机特别适合于高校、中小学、金融网点、中小企业、政府、宽带社区等多种应用场合。在本方案中，该类交换机将部署在各楼层中。

图 5-6　锐捷 RG-S2026G 交换机

2. RG-S3760 系列交换机

RG-S3760 系列交换机（见图 5-7）是锐捷网络推出的全面支持 IPv6 的机架式多层交换机系列产品。该系列产品为 IPv4 向 IPv6 网络过渡、现有的 IPv4 网络间通信以及 IPv6 网络间的通信提供了最直接和最方便灵活的技术实现和方案保障。

RG-S3760 系列交换机硬件支持 IPv4/IPv6 双协议栈多层线速交换和功能特性，为 IPv6 网络之间的通信提供了丰富的 Tunnel 技术，并提供了丰富而完善的路由协议，以适合大型网络多种路由和多业务的需要。RG-S3760 系列交换机在提供高性能、多业务的同时，其内在的安全防御机制和用户管理能力，更可有效防止和控制病毒传播及网络攻击，控制非法用户接入和使用网络，保证合法用户合理化使用网络资源，充分保障网络安全、网络合理化使用和运营。RG-S3760 系列为方便大型网络使用和不同管理员的管理习惯，提供了多种形式的管理工具如 SNMP、Telnet、Web 和 Console 口等。

图 5-7　锐捷 RG-S3760-24 交换机

5.3.3 远程与路由模块设计

远程访问也是校园网必须提供的服务之一。一方面，很多用户需要通过校园网访问Internet，同时也可为家庭办公用户和出差在外的员工提供移动接入服务；另一方面，很多校园网都有分支机构，也需要提供类似的服务。不同的广域网连接类型提供的服务质量不同，其花费也不相同。在选择远程连接的时候可以根据所需带宽、本地服务的可用性、花费等因素综合考虑，选择一种适合网络自身需要的广域网接入方案。

在具体实施的时候，首先要选择连接到哪个 ISP 或城域网。在我国，可供选择 ISP 大部分都是市话提供商，主要有中国联通、中国电信、中国移动，当然也可以选择通过 CERNET 连接到 Internet，但 CERNET 一般只面向高等院校。其次要确定与 ISP 之间的介质连接，比较常见的有光纤到校、ADSL 连接，DDN 专线等。最后，要确定购买的路由器设备类型，这主要是根据介质类型以及用户访问信息流量的大小来决定。同时从安全的因素考虑，防火墙设备也应该部署在网络出口。

在本网络设计中，分别采用光纤专线方式连接到互联网，实现远程访问需求。购买的路由器是锐捷 RSR20-04 路由器（见图 5-8）。

RSR20 系列路由器采用模块化的结构，集高性能、固定接口丰富、模块化、高安全、易用性、贴近业务等特性于一身的新一代高性能路由器。内置硬件加密引擎，提供高速安全的数据加密功能。

RSR20 路由器支持种类丰富、功能齐全、高密度的网络 / 语音模块，可实现更多的组合应用。采用 64 位的微处理器技术，采用 RISC 高性能通信专用 CPU，操作系统使用锐捷网络公司拥有自主知识产权的 RGNOS，提供完备的冗余备份解决方案，支持 VoIP 特性、IP 组播协议。

图 5-8　锐捷 RSR20-04 路由器

5.3.4 服务器模块设计与实施

服务器是实现网络操作、网络应用的窗口和平台。作为一个中等规模的校园网，自然需要提供很多服务，尽管一台服务器可以同时提供多种服务，但是考虑到网络的规模和用户需求，这些服务应该通过多台服务器来实现。

一般应该将服务器与交换机、路由器一起统一安置在网络中心服务器机房，如图 5-9 所示。同时要注意配套设施及环境的布置，如电源净化、后备电源、接地、防雷击模块等。

设计服务器模块，首先要根据网络信息服务提供的类型确定要提供的服务种类，并根据流量要求确定要购买的服务器台数及参数，要意识到服务器的处理能力受到同时访问该服务器的人数、CPU 的处理能力、内存以及高速缓存等因素的影响，不应使某个服务器的负担设置过重。设计和配置服务器时，应根据业务流量的多少，采用分布式的方法设置多台服务器。另外，对于不同的应用，最好将它们装置在不同的服务器中，以减轻服务器的负载，必要时还可以采取服务器集群来实现。针对学校校园网用户而言，对此设备的选择应该充分考虑可管理性、稳定性、安全性、综合性价比等因素。

图 5-9　网络中心机房

当前，国内较为流行的服务器系统是 PC 服务器加 Windows Server 2003/2008 网络操作系统。但是，对于可靠性的要求较高、处理量较大及访问人数较多的服务器来说（例如大型网站的 Web 与域名管理服务器等），在操作系统的选择上仍应以 UNIX 为主。Linux 作为一个新型操作系统，在国内外正越来越受到欢迎，读者也应给予适当的重视。网络数据库服务器用来在网络系统中存储信息。当前主要的数据库系统有 Oracle、Sybase 和 Informix 以及 IBM 的 DB2 和微软的 MS SQL 2003/2008 Server。

本网络中，根据需要，应安装和配置的服务器有：

（1）活动目录域控制器（AD）　用来集中管理全网资源并支持活动目录服务。

（2）网络文件服务器　网络文件服务器是为全校计算机提供文件服务的共享设备，要求具有较大的外存，较强的 I/O 能力，提供 1000Mbit/s 网络接口，以减轻服务器端的网络瓶颈。也可以通过 FTP 服务和光盘塔实现。

（3）Internet 信息服务器　Internet 服务内容包括 WWW、FTP、Gopher、News 等。Internet 服务可以由多台服务器组成，采用这种结构一方面是为了能够适应日益增长的需求，另一方面是为了将多种服务分散在不同的服务器上，使服务器之间可以备份，以保证系统具有足够的稳定性和坚固性。

（4）电子邮件服务　由于 HTTP 服务器上进程较多，所以 E-mail 服务器由独立的一台服务器来承担。

（5）数据库服务器　数据库服务需要由查询服务器和查询数据库组成。服务器的性能要比较强，还要有较高的内外存配置。考虑到服务器操作系统主要以 Windows Server 2008 为主，数据库平台可选择微软的 SQL 2000/2003 数据库系统。

本方案中，从服务器的性能和稳定性考虑，分别选用 IBM 系列服务器和 HP 的服务器来实现上述功能（见图 5-10、图 5-11）。并配备有对应的 UPS 电源支持后备电源服务。数据备份则采用 HP 的磁带机来实现。

图 5-10　IBM System x3950 M2 服务器

图 5-11　HP ProLiant DL380 G6 服务器

其中，IBM 的服务器价格虽然并不便宜，但是其稳定性是非常出色的，可以提供完备的解决方案，可满足小型企业、分支机构或远程办公的应用需求。为客户提供满足商业需求和未来增长的强大的计算能力。能够提供卓越的可扩展性，包括多处理器、热插拔硬盘托架，在高性能、高可用性与大规模的内部存储容量之间实现完美均衡。

国产的浪潮服务器与联想服务器的性价比也很不错，也是值得推荐的服务器品牌。

5.3.5　网络软硬件清单

归纳以上各模块对系统软硬件的要求，不难得出本网络的主要软硬件组成，表 5-2 列出了类似于本网络这样的中型局域网应购置的主要软硬件。

表 5-2　主要网络软硬件与布线材料组成

序　号	设备型号及配置	用　途
1	IBM 服务器、HP 服务器	主服务器，数据库服务器
2	IBM 服务器、联想服务器	WWW 服务器，FTP 服务器，邮件服务器
3	UPS APC Smart 1000/2H 在线	UPS 电源
4	联想商用电脑	管理机
5	RSR20 路由器	路由器
6	RG-S3760 交换机	核心交换机
7	锐捷 RG-S2026G 交换机	接入交换机

（续）

序　号	设备型号及配置	用　途
8	网卡 Intel 8490 Gigabit SC	服务器用千兆网卡
9	机柜 19″20U，机柜 19″12U	机柜
10	Cisco PIX 515	防火墙
11	光纤接续盒　机架式	布线用光纤及相关设备
12	光纤接头 ST 及光纤耦合器 ST	
13	光纤跳线 ST-SC	
14	6 芯多模光纤	
15	超 5 类 4 对 UTP	其他布线设备
16	配线架 24 口	
17	信息插座	
18	综合布线系统辅助材料（线槽、聚乙烯管等）	
19	Windows 2008 简体中文版、Exchange Server 简体中文版、SQL Server 2008 简体中文版	网络操作系统，数据库平台，电子邮件系统
20	Site view 网络管理系统	网络管理软件
21	KV 网络版防病毒软件	网络防病毒软件

【说明】考虑到本书内容的分配及相关实验，本表只给出一个参考方案，在实际网络建设中应根据实际情况进行选择。实际上，针对本网络中的锐捷这几款交换机和路由器的配置稍微低了一些，如果网络规模再大一些，就需要更换核心交换机和路由器设备。

5.4　交换机高级配置

在第 2 章已经介绍了交换机和路由器的基本配置，但是这些对于网络交换机和路由器配置来说是远远不够的。针对交换机配置，除了基本配置以外，管理员还应掌握以下几种配置技能：VLAN 实现、跨交换机实现 VLAN 互通、Trunk 口的配置、STP（生成树协议）技术、访问控制列表以及 ARP 病毒防御功能等。

5.4.1　VLAN 技术应用

在第 2 章，已经介绍过什么是交换机、交换机的分类和 VLAN 的基本建立操作，为减少网络风暴及提高网络安全性，虚拟局域网（Virtual LAN，VLAN）技术已成为交换机配置的主要方面。VLAN 将广播域限制在单个 VLAN 内部，减少了各 VLAN 间主机的广播通信对其他 VLAN 的影响。

1. VLAN 技术

交换机中一个很重要的设置就是 VLAN 划分，VLAN 实际可以理解成把物理上连接在同一交换机上的计算机设备逻辑分成几个子网络（VLAN 段），不同 VLAN 段之间不能直接通信，这样用户可以根据应用需求，对需要保护的资源和服务器设备放入相应的特殊VLAN内。由于其他 VLAN 内的成员不能直接访问该 VLAN 的资源，只有经过相应的安全检查机制后才能进入该 VLAN，从而 VLAN 可起到安全保护作用。在 VLAN 间需要通信的时候，可以利用 VLAN 间路由技术来实现。当网络管理人员需要管理的交换机数量众多时，可以使用 VLAN 中继协议（Vlan Trunking Protocol，VTP）简化管理，它只需在单独一台交换机上定义所有 VLAN。然后通过 VTP 协议将 VLAN 定义传播到本管理域中的所有交换机上。

VLAN 需要解决的问题主要有以下 2 个：一是究竟该如何划分 VLAN，一般是按照信息资源的相似性和权限来划分；二是如何从技术上划分 VLAN 分组，一般可以通过端口、IP 地址、MAC 地址来划分。VLAN 在交换机上的实现方法，大致可划分为 6 类：

1）基于端口划分的 VLAN。

2）基于 MAC 地址划分 VLAN。

3）基于网络层协议划分 VLAN。

4）根据 IP 组播划分 VLAN。

5）按策略划分 VLAN。

6）按用户定义、非用户授权划分 VLAN。

具体采用何种方式划分 VLAN，要从方便程度、管理角度，特别是交换机自身能够支持的划分方式来实现。比较常见的是按接口和 MAC 地址划分。

2. Trunk 链路

很多企业的网络不只有一台交换机，不同的交换机上可能配置了相同的 Vlan，如图 5-12 所示。假设两个校区的财务处和学生处计算机分别属于不同的 Vlan，就有必要通过中间链路能同时传输两个 Vlan 的数据。

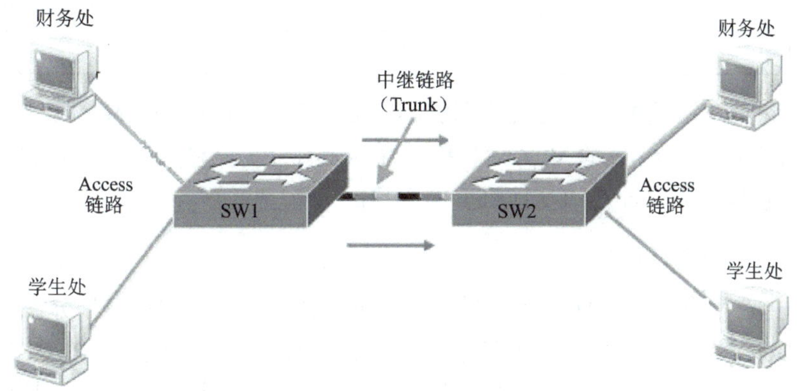

图 5-12　Trunk 链路可以承载多个 Vlan 数据的通信

在交换网中一般把链路分成两种类型：Access 链路和 Trunk 链路。

（1）Access 链路　Access 链路也被称为访问链路，Access 链路所连接的交换机接口只属于一个 Vlan，所以它只能承载单一 Vlan 的数据，用于连接客户端。连接客户端的链路应该配置为 Access 链路。

（2）Trunk 链路　Trunk 链路也被称为中继链路，Trunk 链路两端交换机接口可以属于多个 Vlan，所以它能承载多个 Vlan 的数据，可以用于连接两台交换机。如图 5-12 所示，SW1 和

SW2 之间的链路应该配置为 Trunk 链路。

Trunk 链路可以同时承载多个 Vlan 的数据，所以只要将 SW1 和 SW2 之间的链路配置为 Trunk 链路，就可以满足财务处和学生处内部的通信。

5.4.2 VLAN 划分实例

前面已经介绍了，划分 VLAN 的主要目的是减少广播风暴和提高网络安全性。针对校园网络部分网络资源的安全性需要，特别是对于像财务处、办公室这样的敏感部门，其网络上的信息不想让太多人可以随便访问，比较适合采用 VLAN 的方法来解决以上问题。在本网络中，最简单的划分方法就是按照部门进行 VLAN 划分，具体划分情况见表 5-3。划分的时候，可以用 IP 地址作为划分依据，而更多的是用接口作为划分依据。

表 5-3 VLAN 及 IP 编址方案

VLAN 号	VLAN 名称	IP 网段	说　明
Vlan1	-	172.16.100.0/254	管理 VLAN
Vlan2	caiwu	172.16.1.0/254	财务
Vlan3	xuesheng	172.16.2.0/254	学生处
Vlan4	jiaowu	172.16.3.0/254	教务处
Vlan5	bgs	172.16.4.0/254	办公室
Vlan6	Jisuanji	172.16.5.0/254	计算机专业
Vlan7	Dianzi	172.16.6.0/254	电子专业
Vlan8	Jidian	172.16.7.0/254	机电专业
Vlan9	Wangluo	172.16.8.0/254	网络中心
Vlan10	Tsg	172.16.9.0/254	图书馆
Vlan11	Sushe	172.16.10.0/254	宿舍区

为了简化起见，这里根据网络规模和实际分工划分了 11 个 VLAN，同时为每个 VLAN 定义了一个由拼音缩写组成的 VLAN 名称。注意其中有一个默认的管理 VLAN，那就是“VLAN1”，它包括所有连在该交换机上的用户。

1. 单台交换机下的 VLAN 设置

例如，一台在没有经过任何配置的锐捷交换机默认是将所有的端口划分在 VLAN 1 中。交换机 Myswitch 共有 24 个端口，现在将前面从 1 ～ 12 个端口划分在 VLAN 2 中，用于财务处的计算机，将后面的从 13 ～ 24 端口划分在 VLAN 3 中，用于学生处。具体操作是：

```
Myswitch(config)#vlan 2                          /* 创建 VLAN 2
Myswitch(config-vlan)#name caiwu             /*VLAN 2 命名 caiwu
Myswitch(config-vlan)#exit
Myswitch(config)#vlan 3                          /* 创建 VLAN 3
Myswitch(config-vlan)#name xuesheng         /* 为 VLAN 3 命名 xuesheng
Myswitch(config-vlan)#exit
Myswitch(config)#interface range fastEthernet 0/1 – 12    /* 指定接口范围
```

```
Myswitch(config-if-range)#switchport access vlan 2      /* 指定的接口划分到 VLAN2
Myswitch(config-if-range)#no shut    /* 激活所定义的接口
Myswitch(config-if-range)#exit
Myswitch(config)#
Myswitch(config)#interface range fastEthernet 0/13 – 24      /* 指定接口
Myswitch(config-if-range)#switchport access vlan 3 /* 划分到 VLAN3
Myswitch(config-if-range)#no shut                    （激活所定义的端口）
Myswitch(config-if-range)#exit
Myswitch(config)#exit
Myswitch#sh vlan                                     ( 查看 VLAN 设置 )
```

2. 跨交换机实现 VLAN

假设校园网的两个主要部门学生处和财务处的计算机系统分散在两台交换机上，公司要求部门内的计算机能够相互通信，但部门间不能进行互访，现要求跨交换机进行配置实现这一目标。

一种方法是，在两个交换机上按照上面例子中的方式分别建立 2 个 VLAN（VLAN 2 和 VLAN 3）。接下来从交换机 1 的 VLAN2 中选择一个端口与交换机 2 的 VLAN2 的一个端口互连（交叉双绞线），同样在交换机 1 的 VLAN3 中选择一个端口与交换机 2 的 VLAN3 的一个端口互连（交叉双绞线）。这样，两台交换机的 VLAN2 和 VLAN3 内部就能够通信了。

但是这种办法很低效，因此，可以用到前面讲到的 TRUNK 技术，其实现步骤是：

1）配置 VLAN Trunk 端口。分别在两台交换机（Sw01 和 Sw02）上进行中继端口的设置。

```
Sw01(config)#interface fastEthernet 0/24
Sw01(config-if)#switchport mode trunk          （f0/24 端口链路模式设置为 Trunk）
Sw01(config-if)#switchport trunk allowed vlan all    （允许所有 VLAN 信息通过此 Trunk 链路口）
Sw01(config)#end
```

Sw02 的操作同 Sw01。

2）在两台交换机上分别建立 VLAN 2 和 VLAN 3。

3）将接口分别分配给对应的 VLAN。

此时，VLAN 就可以实现跨交换机通信。

5.4.3　STP 生成树协议

在网络中经常存在交换机之间用光纤直连实现企业内部网的情况，为了提高网络的可靠性，网络管理员用两条链路将交换机互连，但是这样将会产生网络环路，应如何解决呢？

此类问题可以通过配置 STP 协议来解决。STP（生成树协议，spanning-tree）的作用是在交换网络中提供冗余备份链路，并且解决交换网络中的环路问题。

生成树协议是由 Sun 微系统公司工程师拉迪亚 • 珀尔曼博士（Radia Perlman）发明的，可以实现冗余和无环路运行。可以简单地把生成树协议理解为一个各网桥设备链路信息存储起来，并利用其自动进行网络优化和容错的树型结构。其思路是网桥能够自动发现一个没有环路的拓扑结构的子网，也就是一个生成树，并建立整个局域网的生成树。当首次连接网桥或者发生拓扑结构变化时，网桥都将进行生成树拓扑的重新计算。当一个网桥收到某种类型的“设置信息”时（一种特殊类型的桥接协议数据单元，BPDU），网桥就开始从头实施生成树算法。这种算法是从根网桥的选择开始的。根网桥（root bridge）是整个拓扑结构的核心，所有的数据实际上都要通过根网桥。

生成树构建的下一步是确定通向根桥的最短路径，这样，各网桥就可以知道如何到达这个“根中心”。根据算法自动选择指定的网桥，该网桥将把数据从局域网发送到根桥。最后一步是每个网桥要选择一个根端口。所谓根端口也即是“用来向根桥发送数据的端口”。

生成树协议将交换网络冗余的备份链路逻辑断开，当主要链路出现故障时，能够自动地切换到备份链路，保证数据的正常转发。

生成树协议的国际标准是IEEE 802.1d。运行生成树算法的网桥/交换机在规定的间隔内通过网桥协议数据单元(BPDU)的组播帧与其他交换机交换配置信息，其工作的过程如下：

1）通过比较网桥/交换机优先级选取根网桥/交换机（给定广播域内只有一个根网桥/交换机）。

2）其余的非根网桥/交换机只有一个通向根网桥/交换机的端口，称为根端口。

3）每个网段只有一个转发端口。

4）根网桥/交换机所有的连接端口均为转发端口。

RSTP（Rapid Spanning Tree Protocol）是STP的扩展，其主要特点是增加了端口状态快速切换的机制，能够实现网络拓扑的快速转换。

5.4.4 STP生成树配置实例

（1）启用生成树

例如：

```
Myswitch(config)#spanning-tree
```

（2）配置交换机优先级

例如：

```
Myswitch(config)#spanning-tree priority <0-61440>
```

说明：数字应为“0”或“4096”的倍数，即取值范围为0、4096、8192……通过配置交换机优先级可以改变网桥ID，进而用于根网桥、指定端口等选举。交换机优先级值越小，优先级越高。

（3）配置交换机端口优先级

例如：

```
Myswitch(config-if)#spanning-tree port-priority <0-240>
```

说明：要求数字为“0”或“16”的倍数，接口默认优先级值为128。通过配置端口优先级可以控制端口ID，进而影响根端口、指定端口等选举。端口优先级值越小，优先级越高。

（4）生成树hello时间的配置（由Root决定）

例如：

```
Myswitch(config)#spanning-tree hello-time <1-10>
```

（5）修改转发延迟计时器　转发延迟计时器（forward delay timer）确定一个端口在转换到

学习状态之前处于侦听状态的时间，以及在学习状态转换到转发状态之前处于学习状态的时间。

例如：

```
Myswitch(config)#spanning-tree forward-time seconds
```

（6）修改最大老化时间

最大老化时间（max-age timer）规定了从一个具有指定端口的邻接交换机上所收到的 BPDU 报文的生存时间。如果非指定端口在最大老化时间内没有收到 BPDU 报文，该端口将进入 listening 状态，并接收交换机产生配置 BPDU 报文。

例如：

```
Myswitch(config-if)#spanning-tree max-age seconds
Myswitch(config-if)#no spanning-tree max-age ( 恢复默认值）
```

（7）生成树的验证

例如：

```
Myswitch#show spanning-tree
```

5.4.5　交换机安全与 ACL 设置

尽管交换机通过设置 VLAN 可以有效防止广播风暴，但是针对 ARP 等病毒攻击，交换机必须能支持一些特殊的安全设置来实现网络安全。锐捷交换机提供类似的设置，允许用户针对某端口（接口）设置安全功能，同时也允许设置 ACL，实现访问控制。

1. 开启端口安全功能

命令格式：switchport port-security

例如，对 fastethernet 0/1 端口开启安全功能。

```
Myswitch(config)# interface fastethernet 0/1   /*  进入一个端口
Myswitch (config-if)# switchport port-security   /*  开启该端口的安全功能
```

2. 对端口设置安全选项

（1）配置最大连接数限制

命令格式：switchport port-secruity maxmum 最大连接数

例如，设置端口最大连接数是 1。

```
Myswitch(config-if)# switchport port-secruity maxmum 1    /* 最大连接数为 1
Myswitch(config-if)# switchport port-secruity violation shutdown    /* 配置安全违例的处理方式为
shutdown，可选为 protect
```

（2）IP 和 MAC 地址绑定

命令格式：switchport port-security mac-address　MAC 地址　ip-address IP 地址

例如，将接口 fastethernet /3 上的端口安全功能开启，绑定地址，主机 MAC 为 00d0.f800.071c，IP 为 172.16.0.1。

```
Myswitch# configure terminal
Myswitch(config)# interface fastethernet 0/3
Myswitch(config-if)# switchport mode access
Myswitch(config-if)# switchport port-security
```

```
Myswitch(config-if)# switchport port-security mac-address 00d0.f800.071c ip-address 172.16.0.1
Myswitch(config-if)# end
```

（3）防止 ARP 欺骗

命令格式：Anti-ARP-Spoofing ip 网关 IP 地址

例如，在锐捷交换机的所有端口上配置防 ARP 欺骗，网关地址是 172.16.0.1：

```
Myswitch#configure terminal
Myswitch(config)#interface range fastEthernet 0/1-24
Myswitch(config-if-range)#Anti-ARP-Spoofing ip 172.16.0.1
Myswitch(config-if-range)#end
Myswitch#
```

3. 访问控制列表 ACL 设置

交换机提供对接口或者地址的访问限制，通过建立 ACL 访问控制列表 [分标准（stand）和扩展（extended）两种] 来实现访问限制。

（1）标准 ACL 设置

命令格式：ip access-list stand 列表名

例如，建立一个访问控制列表，拒绝 172.16.99.0 网段的计算机通信。

```
Myswitch(config)#ip access-list stand myacl01    /* 定义命名标准列表，命名为 myacl01，stand 为标准列表
Myswitch(config-std-nacl)#deny 172.16.99.0 0.0.255.255 /* 拒绝来自 172.16.99.0 网段的 IP 流量通过
Myswitch(config-std-nacl)#permit any    /* 允许其他网段计算机流量通过
Myswitch(config-std-nacl)#end
```

说明：在访问控制列表中，deny 为拒绝通过；permit 为允许通过，其中的 172.16.99.0 0.0.0.255 为源地址及源地址通配符，可使用 any 表示任何 IP。

（2）扩展 ACL 设置

命令格式：ip access-list extended 列表名

例如，建立扩展 ACL，实现拒绝源地址为 192.168.30.0 的网段，IP 访问目的地址为 192.168.10.0 网段的 WWW 服务。

```
Myswitch(config)#ip access-list extended myacl02 /* 定义命名扩展列表，命名为 myacl02
Myswitch(config-ext-nacl)#deny tcp 192.168.30.0 0.0.0.255 192.168.10.0 0.0.0.255 eq www    /* 拒绝源地址为 192.168.30.0 的网段，IP 访问目的地址为 192.168.10.0 网段的 WWW 服务
Myswitch(config-ext-nacl)#permit ip any any    /* 允许其他通过
Myswitch(config-ext-nacl)#end                  /* 返回
Myswitch(config)#interface vlan 10       /* 进入端口配置模式
Myswitch(config-if)# ip access-group listname in    /* 访问控制列表在端口下 in 方向入栈、out 方向出栈
Myswitch(config-if)#end        /* 返回
```

说明：deny（拒绝通过），permit（允许通过），192.168.10.0 0.0.0.255 是源地址及源地址通配符，192.168.30.0 0.0.0.255 是目的地址及目的地址通配符；eq：操作符（lt- 小于，eq- 等于，gt- 大于，neg- 不等于，range- 包含）；WWW：端口号，可使用名称或具体编号，支持的协议除了 WWW 以外还支持 udp、ip、eigrp、gre、icmp、igmp、igrp 等。

技能提示

配置 ACL 时，若只想对其中部分 IP 进行限制访问，则必须配置允许其流量通过，否则设备只会对限制 IP 进行处理，不会对非限制 IP 进行允许通过处理。

任意一条扩展 ACL 的最后都默认隐含了一条 deny ip any any 的 ACE 表项。如果不想让该隐含 ACE 起作用，则必须手工设置一条 permit ip any any 的 ACE 表项，以让不符合其他所有 ACE 匹配条件的报文通过。

5.5 路由器高级配置

校园网对与 Internet 的连接需求是非常强烈的，其实，校园网络与网吧一样都必须通过公众信息网络与 Internet 相连，此外，很多校园网本身还需要向外发布信息并提供给单位职工用户，使其通过拨号或 VPN 方式接入到校园网。对于路由器的配置，第 2 章已经介绍了一些基本配置，本节将介绍一些重要的高级配置，如 NAT、动态路由与静态路由协议配置、访问控制列表设置等。

5.5.1 路由器与 Internet 连接

一般的校园网络本身就是一个局域网，最常见的方式是通过专线或宽带方式连接到 ISP。校园网本身应提供路由器等设备，主要可供选择的接入方式有：

（1）xDSL 宽带接入　包括 ADSL、CDSL、HDSL、IDSL 和 UDSL 等，ADSL 比较适合于小型网络接入。

（2）光缆到校园（FTTx）　通过 ISP 提供的光缆连接到校园网络，速度一般在 10Mbit/s 和 100Mbit/s。适用于大中型网络。

（3）专线接入　常用的专线接入是 DDN（数字数据网）方式。速度范围 64Kbit/s～2Mbit/s。

校园网络采用哪种方式应该根据本网络的节点规模以及信息流量来决定，同时还要注意当地的 ISP 是否提供相应的接入方式。

选择具体 ISP 后，最重要的就是购买和配置路由器，此类工作一般会由 ISP 帮助完成。对于光纤宽带用户，一般包年的长期用户，很多地区的电信 ISP 部门会提供一台路由器。选择路由器主要是根据网络规模、接入方式来决定，并兼顾性能与稳定性和品牌，目前使用比较多的是锐捷、Cisco（思科）和华为的路由器。

配置路由器必须结合网络对访问 Internet 的规则和方式来定，比如如何共享上网、哪些 IP 地址保留、用户访问的权限（访问控制列表）以及路由协议的选择和配置。下面，结合具体实例来介绍如何在锐捷路由器上进行相关的参数设置。

5.5.2 NAT 技术与实现

随着接入 Internet 的计算机数量的不断猛增，IP 地址资源也就愈加显得捉襟见肘。事实上，除了中国教育和科研计算机网（CERNET）外，一般用户几乎申请不到整段的C类IP地址。在其他ISP那里，即使是拥有几百台计算机的大型局域网用户，当他们申请IP地址时，所分配的地址也不过只有几个或十几个IP地址。显然，这样少的IP地址根本无法满足网络用户的需求，于是也就产生了NAT技术。

知识补充

NAT英文全称是“Network Address Translation”，中文意思是“网络地址转换”，属于接入广域网（WAN）技术，是一种将私有（保留）地址转化为合法IP地址的转换技术。它被广泛应用于各种类型Internet接入方式和各种类型的网络中。NAT不仅完美地解决了IP地址不足的问题，而且还能够有效地避免来自网络外部的攻击，隐藏并保护了网络内部的计算机。

NAT的实现方式有3种，即静态转换Static Nat、动态转换Dynamic Nat和端口多路复用Port Address Translation, PAT。其中端口多路复用（Port Address Translation, PAT）是指改变外出数据包的源端口并进行端口转换，即端口地址转换（PAT，Port Address Translation）。采用端口多路复用方式后，内部网络的所有主机均可共享一个合法外部IP地址实现对Internet的访问，从而可以最大限度地节约IP地址资源。同时，又可隐藏网络内部的所有主机，有效避免来自Internet的攻击。因此，目前网络中应用最多的就是端口多路复用方式。

假设，校园网络采用NAT技术共享网络，内部IP地址采用B类IP地址，范围是172.16.0.1～172.16.254.254。子网掩码是255.255.0.0。其中路由器内网的IP地址是172.16.0.1，路由器的外网地址是61.161.8.1。如果可供网络分配的合法公用IP地址范围为202.99.160.0～202.99.160.3，可用于转换的IP地址为202.99.160.2。要求将内部网址10.100.100.1～10.100.100.254转换为合法IP地址202.99.160.2，设置步骤如下：

对接入路由器的各接口参数的配置主要是对接口FastEthernet 0/0以及接口Serial 0/0的IP地址、子网掩码的配置。

1．设置接入路由器的管理IP、默认网关

```
Router01(config)#interface fastethernet 0/0
Router01(config-if)#ip address 172.16.0.1 255.255.0.0；定义内部 IP 地址
Router01(config-if)#no shutdown
Router01(config-if)#interface serial1 0/0
Router01(config-if)#ip address 202.99.160.1    255.255.255.252；定义外网 IP 地址
Router01(config-if)#no shutdown
```

2．静态路由和默认路由的配置

前面章节已经介绍了静态路由的配置命令是“ip route [目标网络地址] [子网掩码] [下一

条路由器接口]。本案例中在接入路由器 InternetRouter 上需要定义两个方向上的路由：到校园网内部的静态路由以及到 Internet 上的默认路由。

到 Internet 上的路由需要定义一条默认路由，指定从本路由器的接口 serial 0/0 送出。

Router01(config)#ip route 0.0.0.0　0.0.0.0　serial 0/0　/* 定义到 Internet 的默认路由

到校园网内部的路由条目可以配置静态路由。

Router01(config)# ip route 172.17.0.0　255.255.0.0　172.16.0.1　/* 定义到校园网内部的路由

3. 端口复用动态地址转换（PAT）

采用复用动态地址转换，需要确定可供转换的公用 IP 地址段（POOL）。

第一步，设置外部端口。

Router01(config)#interface serial 0/0

Router01(config-if)# ip address 202.99.160.1 255.255.255.252

Router01(config-if)# in nat outside

第二步，设置内部端口。

Router01(config)# interface fastethernet 0/0

Router01(config-if)# ip address 172.16.0.1 255.255.0.0

Router01(config-if)# ip nat inside

第三步，定义合法 IP 地址池。

Router01(config)#in nat pool onlyone 202.99.160.2 202.99.160.2 netmask 255.255.255.252　/* 指明地址缓冲池的名称为 onlyone,IP 地址范围为 202.99.160.2, 子网掩码为 255.255.255.252。由于本例只有一个 IP 地址可用，所以，起始 IP 地址与终止 IP 地址均为 202.99.160.2。如果有多个 IP 地址，则应当分别键入起止的 IP 地址

第四步，定义内部访问列。

Router01(config)#access-list 1 permit 172.16.0.0 0.0.255.255

需要注意的是，在这里子网掩码的顺序跟平常所写的顺序相反，即 0.255.255.255。

第五步，设置复用动态地址转换。

在全局设置模式下，设置在内部的本地地址与内部合法 IP 地址间建立复用动态地址转换。命令语法如下：

ip nat inside source list 访问列表号 pool 内部合法地址池名字 overload

例如：

Router01(config)#ip nat inside source list1 pool onlyone overload // 以端口复用方式，将访问列表 1 中的私有 IP 地址转换为 onlyone IP 地址池中定义的合法 IP 地址

注意：overload 是复用动态地址转换的关键词。

Router01(config-if)#ip nat inside source list 1　interface serial 0/0 overload

5.5.3　访问控制列表（ACL）设置

出于网络安全的考虑，有必要在路由器上进行安全设置，一般是通过访问控制列表（ACL）来实现安全设置。

知识补充

ACL 是一种访问控制技术，初期仅在路由器上支持，近些年来已经扩展到交换机。ACL 的基本原理是使用包过滤技术，在路由器上读取第 3 层及第 4 层包头中的信息如源地址、目的地址、源端口、目的端口等，根据预先定义好的规则对包进行过滤，例如可以访问或不可以访问，从而达到访问控制的目的。

这里举一个简单例子说明什么是 ACL。例如，设置不可以访问 IP 地址 202.96.64.68，不能访问 FTP 服务。

1）网内计算机不可以访问 202.96.64.68 设置为：

```
Access-list 101 deny ip 172.16.0 0.0.0.255 202.96.64.68 0.0.0.0
```

2）不能访问 ftp 外网的指令为：

```
Access-list 101 deny tcp 172.16.0.0 0.0.0.15 0.0.0.0 255.255.255.255 eq 21
```

【说明】在上例中，“access-list”是配置 ACL 的关键命令字，所有的 ACL 均使用这个命令进行配置。“access-list”后面的数字是 ACL 号，ACL 号相同的所有 ACL 形成一个组。在判断一个包时，使用同一组中的条目从上到下逐一进行判断，一遇到满足的条目就终止对该包的判断。1-99 为标准的 IP ACL 号，标准 ACL 由于只读取 IP 包头的源地址部分，因此消耗资源少。“permit/deny”代表操作。其中“Permit”是允许通过，“deny”是丢弃包。

5.5.4 Vlan 间路由

Vlan 间路由可以实现不同 Vlan 间通信，可以通过 3 层交换机或路由器来实现。由于 3 层交换的转发能力要远远强于路由器，所以很少用路由器来实现 Vlan 间路由。

1. 3 层交换机的 3 种接口

锐捷 3 层交换机支持 3 种不同类型的接口，分别是 3 层路由接口，2 层交换机接口和 SVI（Switch virtual interface 交换机虚拟接口）。2 层交换机接口就相当于一般 2 层交换机的接口，像配置 IP 地址这样的 3 层操作是不能在这种接口上实现的。3 层路由接口就相当于路由器的以太网接口，可以用于实现与其他设备的点到点通信。比如用来连接广域网或是安全设备等。SVI 也是一种第 3 层接口，若想通过 3 层交换实现 Vlan 间路由就要靠这种接口。前两种接口均为物理接口，而 SVI 则是一种与 VLAN ID 相关联的虚拟 VLAN 接口，要想实现 Vlan 间路由就要靠 SVI 接口。

2. 两种物理接口的相互转换

如图 5-13 所示，3 层交换机的两种物理接口可以通过配置命令相互转换。

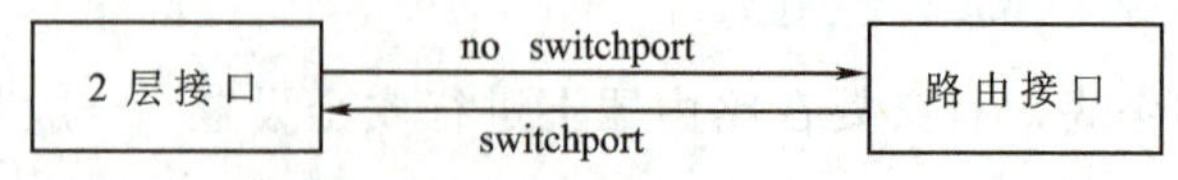

图 5-13 3 层交换机的两种物理接口

下面以 RG-S3760 交换机为例，通过“no switchport”命令将 f0/1 配置为 3 层路由接口。

```
Myswitch(config)#int f0/1
Myswitch(config-if)# no switchport
Myswitch(config-if)#ip address 172.16.0.1 255.255.255.0
Myswitch(config-if)#no shut
```

如果要将 3 层路由接口还原成 2 层交换机，就要使用“switchport”。

```
Myswitch(config-if)# switchport
```

用 3 层交换机实现 VLAN 间路由的时候，一般选择 SVI 来做 VLAN 的网关。正因为它是一个虚拟接口，因此可以灵活地实现 VLAN 间路由。

举个例子来说，如图 5-14 所示，机电专业和计算机专业分别属于不同的 VLAN，如果要实现机电专业和计算机专业之间的通信，就必须在各自的 SVI 接口上配置 IP 地址和子网掩码，用这个地址来充当各自 VLAN 的网关地址，并在交换机上启用路由功能。于是，在交换机内部就会形成一张路由表，生成路由条目。3 层交换机就可以根据这些路由条目，在 VLAN 之间转发数据。

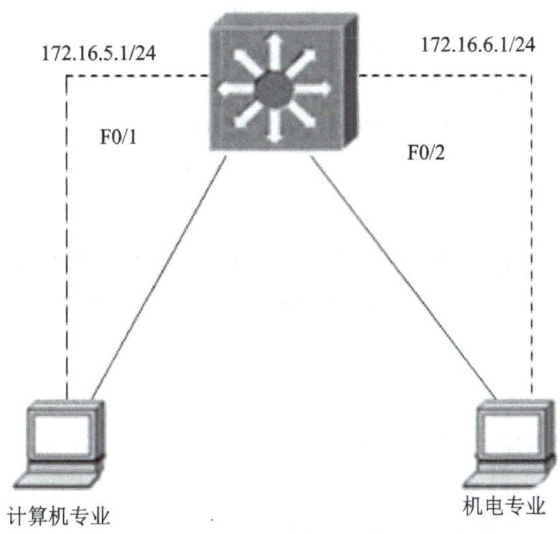

图 5-14　交换机虚拟接口作用（1）

技能提示

为什么不用实际的物理接口（比如 3 层路由接口）来实现 VLAN 间路由呢？如图 5-15 所示，现在计算机专业的 VLAN 被连接在 f0/1 和 f0/3 两个接口上。如果用路由接口做网关，那么网关 IP 应该配置在接口 f0/1 还是 f0/3 呢？两个不同的接口是不能配置相同的 IP 地址的，所以不可能给 f0/1 和 f0/3 同时配置 172.16.5.1/24 作网关，这意味着计算机专业无法正常与其他部门通信。

SVI 不好理解的原因是：一般个人对接口概念的感觉都应是物理存在的，而不像 SVI 是一个虚拟的逻辑接口。其实 SVI 就是为了实现 VLAN 间路由而存在的，可以直接把它等同于 VLAN 的网关。由于 VLAN 本身就不受任何物理、地域等因素的制约，所以 VLAN 的网关就不会用某个固定的物理接口来充当。否则，VLAN 的灵活性将会荡然无存。

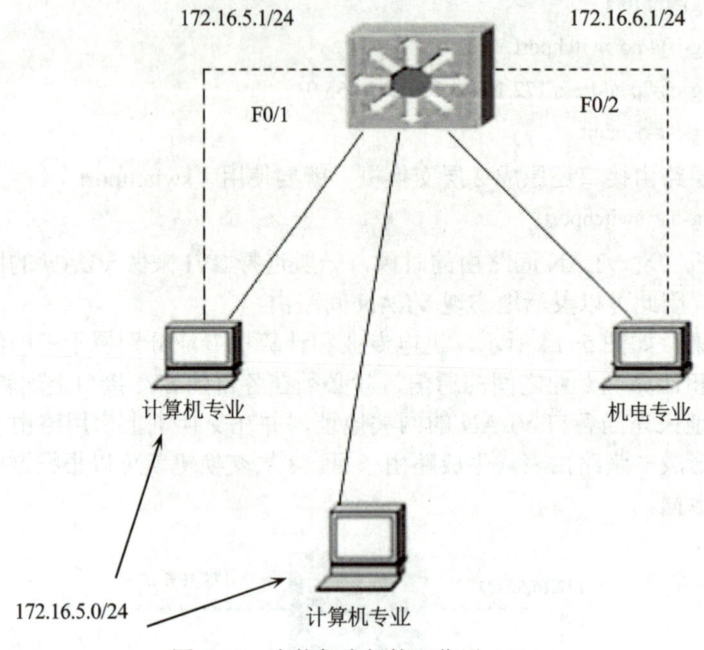

图 5-15 交换机虚拟接口作用（2）

5.5.5 动态路由协议设置

路由器除了支持静态路由以外还支持动态路由，动态路由的有关概念在第 2 章中已经介绍过，这里将以实例介绍如何配置 RIP 和 OSPF 动态路由协议。

（1）RIP 动态路由协议配置

命令格式：router rip

例如，在路由器开启 RIP 路由协议。

ruijie#config t

ruijie(config)#router rip /* 开启 RIP 路由协议进程

ruijie(config-router)#network 192.168.1.0 /* 申请本路由器参与 RIP 协议的直连网段，声明网络，如有不同的网络地址与路由器相连，重复上述命令

ruijie(config-router)#version 2 /* 指定 RIP 协议的版本 2(默认是 version1)

ruijie(config-router)#no auto-summary /* 在 RIPv2 版本中关闭自动汇总

ruijie#show ip protocols /* 验证 RIP 的配置

ruijie#show ip route /* 显示路由表的信息

（2）OSPF 路由协议配置

命令格式：router ospf 进程编号

例如，在路由器配置启用 OSPF 路由协议。

ruijie(config)#interface loopback 10 /* 创建 loopback 接口，定义 ROUTE ID（进程编号）,10 代表进程编号，只具有本地意义

ruijie(config)#ip address 192.168.100.1 255.255.255.0

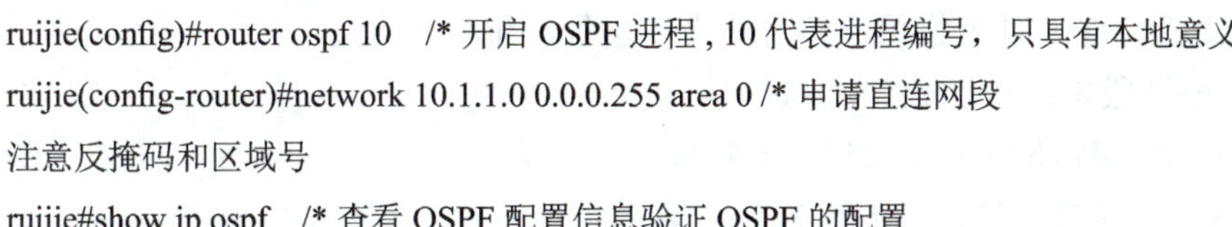

ruijie(config)#router ospf 10 /* 开启 OSPF 进程，10 代表进程编号，只具有本地意义

ruijie(config-router)#network 10.1.1.0 0.0.0.255 area 0 /* 申请直连网段

注意反掩码和区域号

ruijie#show ip ospf /* 查看 OSPF 配置信息验证 OSPF 的配置

ruijie#show ip route /* 显示路由表的信息

5.6 综合应用设置

针对本章所提到的校园网实例，本节做一个综合应用设置，图 5-16 为该校园网的拓扑图简图，为了便于理解，考虑到东西两校区的子网络实际是通过光纤直接连接在一起，因此，在配置的时候，将以东校区的配置为主来说明整个配置过程。经过简化分析后，该校园网的拓扑中，接入层交换机以 SW2A 交换机为例来说明，汇聚和核心层以两台 3 层交换机 SW3A 和 SW3B 为例来说明，分别代表东西校区的主干交换机，网络边缘采用一台路由器 Router01 用于连接到外部网络。

为了实现链路的冗余备份，SW2A 与 SW3A 之间使用两条链路相连。SW2A 上连接东校区的计算机，以 VLAN100 为例。SW3B 上连接西校区的计算机，以 VLAN300 为例，两台服务器处于 VLAN 200 中。SW3A 使用具有 3 层特性的物理端口与 Router01 相连，在 Router01 的外部接口上连接国际互联网。

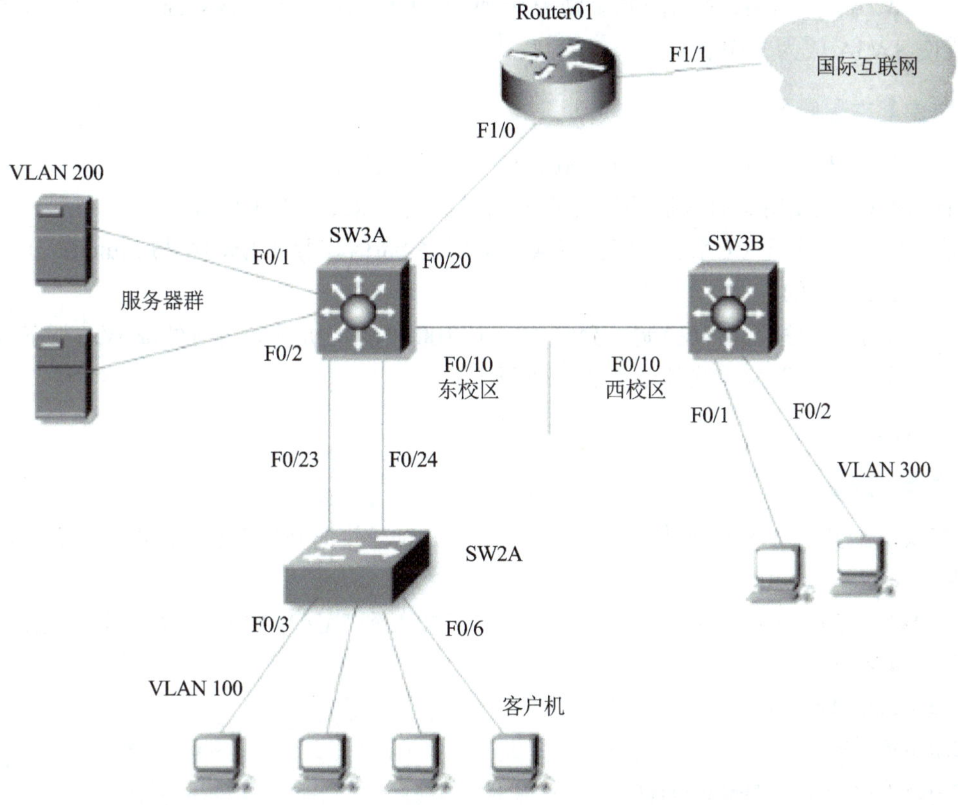

图 5-16 校园网络拓扑简图

为方便参数说明，这里对拓扑图中涉及的设备进行编址：

客户机的 IP 地址段是：172.16.100.100/24

SW3A VLAN 100 接口地址：172.16.100.1/24

SW3A VLAN 200 接口地址：172.16.200.1/24

SW3B VLAN 300 接口地址：172.16.0.1/24

SW3A F0/20 的 IP 地址：10.1.1.2/24

服务器 1：172.16.200.10

服务器 2：172.16.200.20

Router01 F1/0：10.1.1.1/24

Router01 F1/1：61.161.88.1/24

为了实现网络资源的共享，需要 PC 机能够访问内部网络中的 FTP 服务器，以实现文件的上传和下载。并且 PC 机需要连接到打印服务器以进行远程的打印操作。PC 机需要能够通过网络连接到外部的 Web 服务器，并能够进行 Web 网页的浏览。

1. 交换机基本配置要求

1）在 SW2A 与 SW3B 上划分 VLAN，并把 PC 机与服务器加入到相应的 VLAN 中。

2）配置 SW2A 与 SW3A 之间的两条交换机间的链路，以及 SW3A 与 SW3B 之间的交换机间的链路。

3）在 SW2A 与 SW3A 之间的冗余链路中使用 STP 技术防止桥接环路的产生，并通过手工配置使 SW3A 成为 STP 的根。

2. 路由基本配置要求

1）为 SW3A 的 VLAN 接口和 Router01 的接口配置 IP 地址。

2）在 SW3A 上使用具有 3 层特性的物理端口实现与 Router01 的互联。

3）在 SW3A 上实现 VLAN 100 与 VLAN 200 间的通信。并在 SW3A 与 router01 上使用静态路由，实现全网的互通。

4）在 router01 上进行访问控制，允许 VLAN 100 中的主机只能访问外部 Web 服务器的 Web 服务，不允许访问 Web 服务器上的其他服务。

具体实现：

1. 交换机配置

1）交换机配置，在 SW2A 与 SW3B 上划分 VLAN，并把 PC 机与服务器加入到相应的 VLAN 中。

①在 SW2A 上创建 VLAN 100，并将 F0/3 接口加入到 VLAN 100 中，配置过程是：

```
SW2A#configure terminal
SW2A(config)#vlan 100
SW2A(config-vlan)#exit
SW2A(config)#interface fastEthernet 0/3
SW2A(config-if)#switchport access vlan 100
```

②在 SW3A 上创建 VLAN 200，并将 F0/1、F0/2 接口加入到 VLAN 200 中。

```
SW3A#configure
SW3A(config)#vlan
SW3A(config)#vlan 200
SW3A(config-vlan)#exit
SW3A(config)#interface range fastEthernet 0/1-2
SW3A(config-if-range)#switchport access vlan 200
```

③在 SW3B 上创建 VLAN 300，并将 F0/1、F0/2 接口加入到 VLAN 300 中。

```
SW3B#configure
SW3B(config)#vlan
SW3B(config)#vlan 300
SW3B(config-vlan)#exit
SW3B(config)#interface range fastEthernet 0/1-2
SW3B(config-if-range)#switchport access vlan 300
```

2）配置 SW2A 与 SW3A 之间的两条交换机间的链路，以及 SW3A 与 SW3B 之间的交换机间的链路。

①将 SW2A 的 F0/23、F0/24 接口设置为 Trunk 端口。

```
SW2A#configure
SW2A(config)#interface range fastEthernet 0/23-24
SW2A(config-if-range)#switchport mode trunk
```

②将 SW3A 的 F0/23、F0/24 接口设置为 Trunk 端口。

```
SW3A#configure
SW3A (config)#interface range fastEthernet 0/23-24
SW3A (config-if-range)#switchport mode trunk
```

③将 SW3A 的 F0/10 接口和 SW3A 的 F0/10 接口设置为 Trunk 端口。

a．SW3A 的配置。

```
SW3A#configure
SW3A (config)#interface fastEthernet 0/10
SW3A (config-if)#switchport mode trunk
```

b．SW3B 的配置。

```
SW3B#configure
SW3B (config)#interface fastEthernet 0/10
SW3B (config-if)#switchport mode trunk
```

3）在 SW2A 与 SW3A 之间的冗余链路中使用 STP 技术防止桥接环路的产生，并通过手工配置使 SW3A 成为 STP 的根。

①在 SW2A 启用 STP，配置过程：

```
SW2A(config)#spanning-tree mode stp
SW2A(config)#spanning-tree
```

②在 SW3A 启用 STP，配置过程：

```
SW3A(config)#spanning-tree mode stp
```

```
SW3A (config)#spanning-tree
```

③在 SW3A 上配置优先级（小于 32768，并且是 4096 的倍数），使其成为根。

```
SW3A(config)# spanning-tree priority 8192
```

2. 路由与 3 层交换机接口设置

1）为 SW3A 的 VLAN 接口和 Router01 的接口配置 IP 地址。

①在 SW3A 的 VLAN 接口配置 IP 地址，配置过程：

```
SW3A#configure
SW3A(config)#vlan 100
SW3A(config-vlan)#exit
SW3A(config)#vlan 200
SW3A(config-vlan)#exit
SW3A(config)#interface vlan 100
SW3A(config-if)#ip address 172.16.100.1 255.255.255.0
SW3A(config)#interface vlan 200
SW3A(config-if)#ip address 172.16.200.1 255.255.255.0
```

②在 Router01 的接口配置 IP 地址，配置过程：

```
Router01(config)#interface f1/0
Router01(config-if)#ip address 10.1.1.1 255.255.255.0
Router01(config)#interface f1/1
Router01(config-if)#ip address 10.1.2.1 255.255.255.0
```

③在 SW3B 的 VLAN 接口配置 IP 地址，配置过程：

```
SW3B#configure
SW3B(config)#vlan 300
SW3B(config-vlan)#exit
SW3B(config)#interface vlan 300
SW3B(config-if)#ip address 172.16.0.1 255.255.255.0
```

2）在 SW3A 上使用具有 3 层特性的物理端口实现与 Router01 的互联。将 SW3A 的 F0/20 配置为 3 层端口，配置过程：

```
SW3A(config)#interface f0/20
SW3A(config-if)#no switchport
SW3A(config-if)#ip address 10.1.1.2 255.255.255.0
```

3）在 SW3A 上实现 VLAN 100 与 VLAN 200 间的通信。并在 SW3A 与 Router01 上使用静态路由，实现全网的互通。

①在 SW3A 上配置静态路由，配置过程：

```
SW3A(config)#ip route   10.1.2.0 255.255.255.0   10.1.1.1
```

②在 Router01 上配置静态路由，配置过程：

```
Router01(config)#ip route   172.16.100.0 255.255.255.0   10.1.1.2
Router01(config)#ip route   172.16.200.0 255.255.255.0   10.1.1.2
Router01(config)#ip route   172.16.0.0   255.255.255.0   10.1.1.2
```

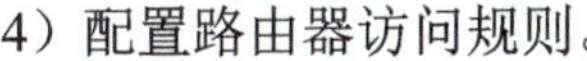

4）配置路由器访问规则。

①在 Router01 上配置 ACL 规则。

例如：允许 VLAN 100 计算机访问

```
Router01(config)#access-list 100 permit tcp 172.16.100.0 0.0.0.255 host 10.1.2.2 eq www
```

②将 ACL 应用到接口，配置过程：

```
Router01(config)#interface f1/1
Router01(config-if)#ip access-group 100 out
```

其他交换机设置和本例相同，通过上述的配置，一个校园网的基本网络连接配置就可以实现了。

5.7 网络验收与交接

前面几节中对如何设计一个较为完整的校园网网络进行了详细的介绍。当校园网初具规模后，还应该对校园网的整体运行情况做一下细致的测试和评估，主要的测试内容应该包括：对管理 IP 地址的测试；对相同 VLAN 内的通信进行测试；对不同 VLAN 内的通信进行测试；对冗余链路的工作状态进行测试。对广域网接入路由器上的 NAT 进行测试。对各种服务器提供的服务进行测试。

5.7.1 系统施工验收及测试标准

校园网络的验收应从系统集成的角度去将网络测试要求及测试所需保留的文档作如下说明，网络应按以下所列的内容进行网络系统测试及验收、测试，来判定网络运行是否符合要求的依据，其必须测试的内容如下：

1. 网络节点测试

（1）加电测试　主要测试各硬件模块能否正常启动，有无系统错误，见表 5-4。

表 5-4　加电测试项目表

测 试 目 的	上电后，检测设备自检状态
场　　地	
设 备 名	
主 机 名	
步　　骤	加电前，根据安装步骤检查各部件是否符合加电要求 将开关置 off，连接电缆开关置 on
标　　准	指示灯显示正常，参见设备安装手册 各模块指示灯是否正常 风扇运转是否正常 电源板开关是否正常
结果：（pass/fail）	

（2）系统配置及版本检测　主要检测硬件设备型号是否符合要求，见表 5-5。

表 5-5　系统配置及版本检测表

测试目的	检测系统版本及配置
场　地	
设备名	
主机名	
步　骤	使用 show ver 命令，确认系统版本 使用 show run 命令，确认系统配置
标　准	系统版本及配置确定 显示设备的基本信息：cpu 型号、memory 信息、flash 信息、所有识别模块信息等
结果（pass/fail）	

（3）路由器连通测试　测试路由器设备的连通性，见表 5-6。

表 5-6　路由器连通测试表

测试目的	测试每台路由器与全网其他路由器的连通性
场　地	
设备名	
主机名	
步　骤	使用 Ping 命令，Ping 全网其他路由器
标　准	Ping 通全网其他路由器，Ping1000 次以上成功率 98% 以上为正常
结果（pass/fail）	结果：

（4）交换机互通测试　测试交换机的网络连通性，见表 5-7。

表 5-7　交换机连通性测试表

测试目的	测试每台交换机与全网其他交换机的连通性
场　地	
主机名	
步　骤	使用 Ping 命令，Ping 全网其他交换机，Ping 1000 次以上成功率 98% 以上为正常
结果（pass/fail）	结果：

（5）交换机迂回路由测试　测试交换机的多路径状态，见表 5-8。

表 5-8　交换机迂回路由测试表

测试目的	断掉一条电路，如果存在多条路径检测交换机能否选择其他路径到达目的交换机
场　地	
设备名	
主机名	
步　骤	断掉一条至目的交换机电路 使用 Ping 命令，Ping 目的交换机
标　准	Ping 通目的交换机
结果（pass/fail）	结果：

2. 网络整体性能测试

网络整体性能测试主要是测试网络数据传输流量。网络性能指标测试是为了获取校园网络运行的基本指标，以评判网络性能指标是否正常和达到设计要求。主要的测试项目有带宽、利用率、吞吐量、精确度、延迟等指标。

（1）带宽测试　采用专用网络测试设备对网络的核心层和接入层进行可用带宽测试，测试方式采取抽样测试。测试结果达到良好、一般为合格。标准见表 5-9。

表 5-9　带宽测试标准表

以太网类型	良　好	一　般	差
1000M 端口间	≥ 800M	500 ～ 800M	≤ 500M
100M 端口间	≥ 80M	50 ～ 80M	≤ 50M

（2）利用率测试　带宽利用率测试：以 24 小时为一个周期，分网段采用专用的网络测试设备进行网络带宽利用率测试抽查，每隔一分钟为一个统计点，并做好记录。要求测试最大利用率 / 流量、最小利用率 / 流量、平均利用率 / 流量。网络带宽利用率＝实际占用带宽 / 总带宽。平均利用率指标达到良好、一般为合格。以太网平均利用率指标：0 ～ 20%，网络状况良好；20% ～ 40%，网络状况一般；超过 40%，网络状况较差。

（3）吞吐量测试　在网络利用率最低和最高的时间段，采用 FTP 工具从网络中心的 FTP Server 下载和上传文件方法进行测试。

（4）数据传输测试　采用专用网络测试设备对网络的核心层和接入层进行数据传输测试。主要测试以太网冲突率、差错率和丢包率。冲突率 = 冲突帧总数 / 正确帧数 ×100%，差错率 = 错误帧数 / 正确帧数 ×100%。以 24 小时为一个周期，分网段采用专用的网络测试设备进行数据传输测试，每隔一分钟为一个统计点，并做好记录。其标准见表 5-10。

表 5-10　数据传输质量标准表

指标名称	良　好	一　般	差
冲突率	≤ 5%	5% ～ 10%	≥ 10%
差错率	≤ 7%	7% ～ 10%	≥ 10%

（5）负载测试　针对每个网络产品，采用专用的网络测试仪对其进行加载，测试其负荷承受能力。指标值达到总带宽的 98% 以上为合格。

（6）延迟测试　主要记录测试数据包往返耗时，这里要做三项测试：第一是跨骨干的交换机之间的 Ping 测试；第二是跨骨干的工作站之间的 Ping 测试；第三是广域网上的工作站间的 Ping 测试。这三项测试，对于 64Byte/1518Byte/5000Byte 大小的数据包，各发送 100 个，测试并记录其平均时间。

3. 网络基本安全性测试

主要从虚拟专用网络、设备配置保护、产品安全等方面进行测试。

（1）设备配置保护　对相应的软硬件平台，进行网络设备的配置保护测试，应测试配置的完整保存和产品的配置恢复，并完整记录结果。如能不能异地保存，保存介质要求，恢复情况如何等。

（2）访问列表控制和过滤　根据说明书，检查网络产品是否支持访问列表。如支持，则测试若干访问列表项，如该产品根据测试要求进行了访问控制，则正常，并测试是否支持基于 TCP 端口、UDP 端口、ICMP 等协议的过滤。

（3）网络产品的安全性　根据网络产品的说明书，准备相应的软硬件平台，检测是否有多层口令系统对产品的配置进行不同层次的保护，并且从其他网络设备中对被测试设备进行登录并试图修改配置。详细记录所发生的情况，并分析该产品本身是否安全。

5.7.2　网络系统培训

网络系统在正式投入运行之前，有必要做相关的培训，主要有两大方面，一方面是要培训网络管理技术人员，以便今后的网络管理与维护；另一方面是要培训信息系统的使用者，使其迅速掌握网络的应用，才能更好地发挥网络的效益。

1．网络配置与管理培训

其实，在安装、调试网络设备的同时，就要由工程师对计算机信息系统的网络维护人员进行现场培训，使网络维护人员对 Cisco 路由器、交换机有一定的认识，能够完成路由器配置、交换机简单配置、服务器安装与调试等日常维护须知等。还要对他们进行网络管理与安全常识及相应知识与技能的培训。

在网络安装和移交过程中，网络管理人员应全程跟踪，掌握全部一手资料。

2．网络应用培训

网络应用培训主要包括校园网基本概念与 TCP/IP 技术知识，对所提供的软件进行使用培训，对于用户技术人员和使用人员提供不同深度的软件培训。对于技术人员按照需求提供修复、开发、修补等软件培训。对于使用人员按照需求提供使用、简单修复等软件培训。

网络验收后，经过一段时间的试运行，就可以完成交接，交接的时候必须把相关文档资料全部移交，包括各种软硬件的基本参数、保修凭证、备件等。

5.8　课后小结与习题

小　结

本章以一个校园网络为例讲述了一个中型网络的组建，通过本章学习，应能将前 4 章内容综合应用，并掌握交换机 VLAN 划分、路由器访问控制列表、NAT 的基础与实际操作。

知识习题

5-1　什么是 VLAN，VLAN 应如何划分？

5-2　什么是 ACL，ACL 能否在交换机上实现？

5-3　什么是 NAT，常见的 NAT 实现方式有几种？

技能习题

现有一所中学，校园环境如下：该学校有教学楼、办公楼和实验楼共 5 座，楼与楼之间最大距离为 30m，最大楼层高度为 3m，均为 7 层楼房。楼层最大长度为 60m。每座楼有教学办公计算机不超过 40 台，在两座实验楼中各有一个 50 台已联网的计算机实验室。电信部门承诺可免费安装一条上行 2M 下行 8M 的 ADSL 专线或 10M/100M 光纤到校内任意地方，并提供 4 个正式的 IP 地址，只收包月月租。有需要的情况下可以改铺光纤。请你完成：

（1）网络拓扑图的绘制。

（2）网络总体方案设计。

（3）写出需要的网络软硬件清单，并通过搜索引擎查询各设备的参数和价格。

（4）规划并分配 IP 地址，写出 IP 地址分配表。

（5）划分 VLAN，写出 VLAN 划分表。

第 6 章 网络系统管理与维护

在计算机网络运行的过程中，需要根据其当前状态进行合理的优化，消除可能存在的系统瓶颈，使之工作得更可靠、稳定。本章介绍了局域网中管理与维护中的两个方面：一是如何对网络设备和服务器进行管理与维护，二是介绍如何通过局域网管理软件对计算机进行管理与维护。同时还介绍了如何检测与排除常见的网络连通性故障、配置文件和选项故障以及网络协议故障。

学习目标	
知识要求	1）了解常见网络管理软件及功能。 2）掌握网络故障分类与故障分析基础知识。 3）了解影响网络性能的一些因素。 4）了解数据备份与恢复基础知识。 5）了解备份策略与数据存储技术。
岗位职业能力目标	1）掌握网络操作系统 Window Server 2008 下管理工具的使用。 2）能用网络管理软件监测网络设备参数与实时状态。 3）掌握常见的网络连通性故障、配置文件和选项故障及网络协议故障的检测与排除方法。 4）识别网络故障，并能使用网络管理软件分析产生故障的原因。 5）能够熟练使用网络管理命令进行网络配置、管理及故障分析。 6）掌握数据备份的基本技能。

6.1 服务器可靠性与性能监视

对于 Window Server 2008 服务器系统来说，可以通过网络操作系统自带的各种管理工具来实现性能监视。如“计算机管理”、“可靠性与性能监视器”等。下面分别介绍这几种系统自带工具的使用。

6.1.1 管理工具

“管理工具”是 Windows Server 2008 系统自带的一套 MMC 管理工具，如图 6-1 所示。它可用来管理本地或远程计算机的软硬件资源以及服务。通过“管理工具”菜单提供的各项子菜单，可以帮助管理员查看系统管理的属性和执行管理任务。“管理工具”主要包括：计算机管理；网络管理；服务管理；活动目录服务管理等。其菜单内容根据系统添加的服务和管理任务会相应发生变化。

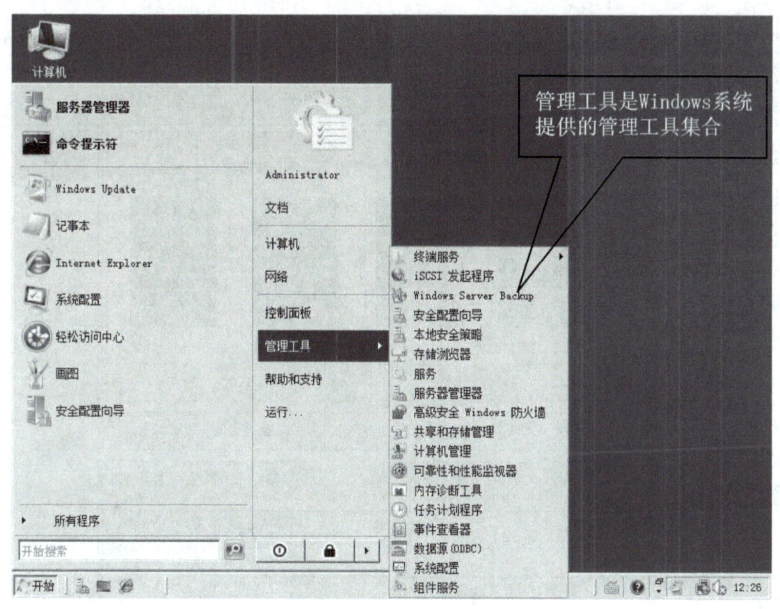

图 6-1　管理工具菜单

技能提示

在 Windows Server 2008 网络操作系统管理中，管理员可以采用多种途径进行系统管理，打开相关管理工具窗口，主要包括：利用初始化配置工具进行管理；利用图形化界面管理工具进行管理；利用命令行模式进行服务器管理。

6.1.2　可靠性与性能监视器

【实例 6-1】

管理员小王在网络中安装了一台 Windows Server 2008 服务器，但是最近发现服务器系统状态并不理想，小王想了解当前系统的性能以及哪里是系统的瓶颈，应如何操作呢？

【分析】在 Windows Server 2008 系统“管理工具”中，“可靠性与性能监视器”可用来监视服务器的实时状态参数，并根据选定的时间间隔进行性能汇总。使用此工具，可在实时图表或报告中显示当前系统软硬件以及服务性能，如处理器、内存、磁盘系统、网络设备等实时数据，并可将收集到的数据保存在文件中，允许在系统发生严重事件时发出警告。管理员可以使用这些数据来分析确定导致系统瓶颈的原因，以便调整系统及应用程序的性能。

在本实例中，管理员利用“可靠性和性能监视器”监视系统状态，其操作步骤如下：

（1）打开“可靠性与性能监视器”

步骤 1：首先，以管理员账号（administrator）登录系统，单击“开始”按钮，从弹出的“开始”菜单中依次选择“程序”→“管理工具”→“计算机管理”，打开计算机管理窗口，其界面如图 6-2 所示（也可通过管理工具中的服务器管理器菜单进入）。

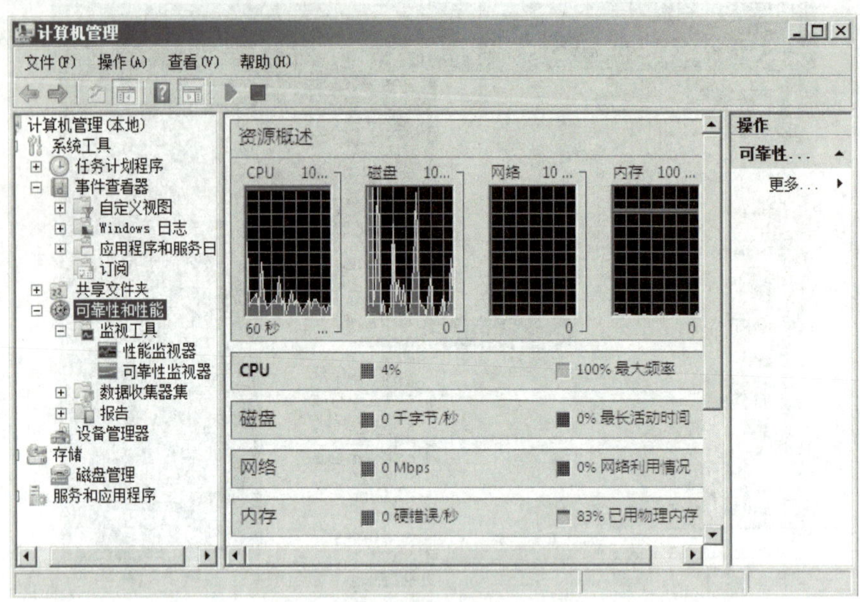

图 6-2　计算机管理窗口

步骤 2：在计算机管理窗口的左侧窗格中，依次展开“系统工具”→“可靠性和性能”→“监视工具”→“性能监视器”分支选项，打开性能监视器窗口。

步骤 3：在计算机管理右侧窗格可以看到系统性能监视器界面，如图 6-3 所示，并能通过该界面观察到系统实时性能参数的变化。

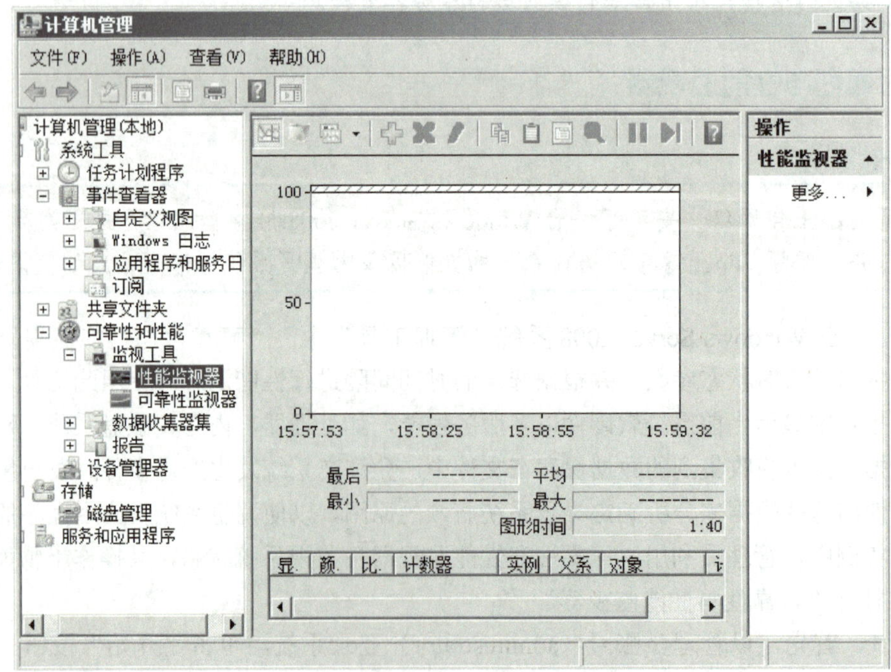

图 6-3　性能监视器界面

技能提示

系统支持使用命令行模式来快速运行 Windows Server 2008 系统的性能监视器程序。首先打开系统的“开始”菜单，从中选择“运行”命令，在其后弹出的系统运行文本框中，输入字符串命令“perfmon”，单击回车键后，就可进入服务器系统的可靠性和性能监视器界面。在该界面的左侧显示区域，依次点选“监视工具”→“性能监视器”选项，就能打开服务器系统性能监视器窗口。此外，也可以在“管理工具”中的“服务器管理”菜单中打开。

（2）添加性能计数器监视系统性能

首次打开“性能监视器”，窗口中并没有显示性能数据，这是因为没有添加性能监视计数器，此时，需要管理员手工添加性能计数器。如果要添加和查看性能监视器中的计数器信息，可按照如下步骤进行操作：

知识补充

“性能计数器”其实是系统状态或活动情况的度量单位，“可靠性和性能监视器”在事先设置好的时间间隔点获得具体计数器的当前状态值。性能监视器总共有超过 60 个基本性能对象，每个对象又包含多个计数器。重要的一些性能监视衡量标准包括：处理器利用情况；硬盘 I/O 传输率；内存利用率；分页文件的活动。

步骤 1： 在添加性能计数器时，可以单击图 6-3 界面工具栏中的绿色“+”按钮，从弹出的“添加计数器”对话框中（见图 6-4），选择“本地计算机”选项。

步骤 2： 根据管理需要，选择添加计数器，从可用计数器列表框中会看到许多计数器，同时根据类别进行了整理，管理员可以根据实际需要添加一个或多个计数器进行监控。

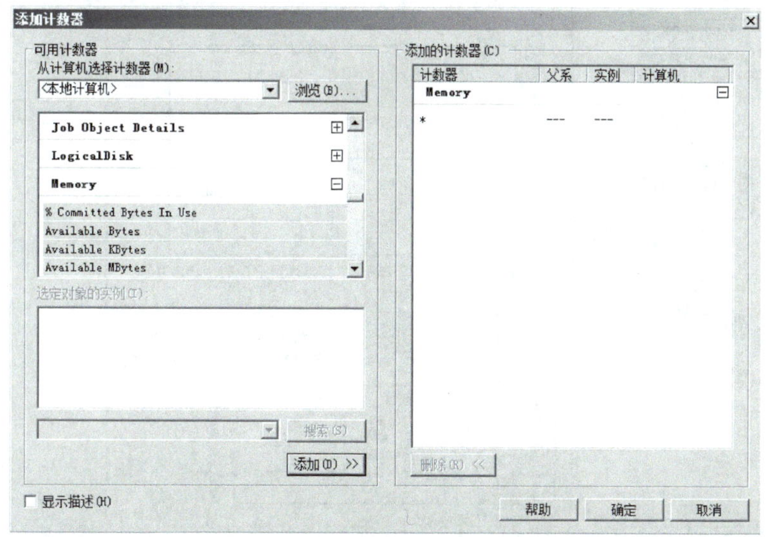

图 6-4 “添加计数器”对话框

其中，在性能监视器中可使用的计数器有：

1）磁盘资源计数器。主要获取当前磁盘读、写参数，主要有：

①PhysicalDisk % Disk Time 和 % Idle Time。

②PhysicalDisk Disk Reads/sec 和 Disk Writes/sec。

③PhysicalDisk Avg.Disk Queue Length。

④LogicalDisk % Free Space。

2）处理器资源计数器。处理器是服务器的重要瓶颈资源之一，主要有：

①Processor Interrupts/sec。

②Processor % Processor Time。

③Process(process) % Processor Time。

④System Processor Queue Length。

3）网络资源计数器。用来反映当前网络数据传输的基本参数，主要有：

①Network Interface Bytes Total/sec、Bytes Sent/sec 和 Bytes Received/sec。

②Protocol_layer_object Segments Received/sec、Segments Sent/sec、Frames Sent/sec 和 Frames Received/sec。

③Server Bytes Total/sec、Bytes Received/sec 和 Bytes Sent/sec。

④Network Segment % Network Utilization。

（3）监控服务器运行性能

完成性能计数器的添加任务后，返回到性能监视器主界面，会看到此时服务器系统的性能监视工作已经自动开始了，性能监视器在监视窗口中以不同色彩的折线标示不同性能计数器的统计结果，如图 6-5 所示。

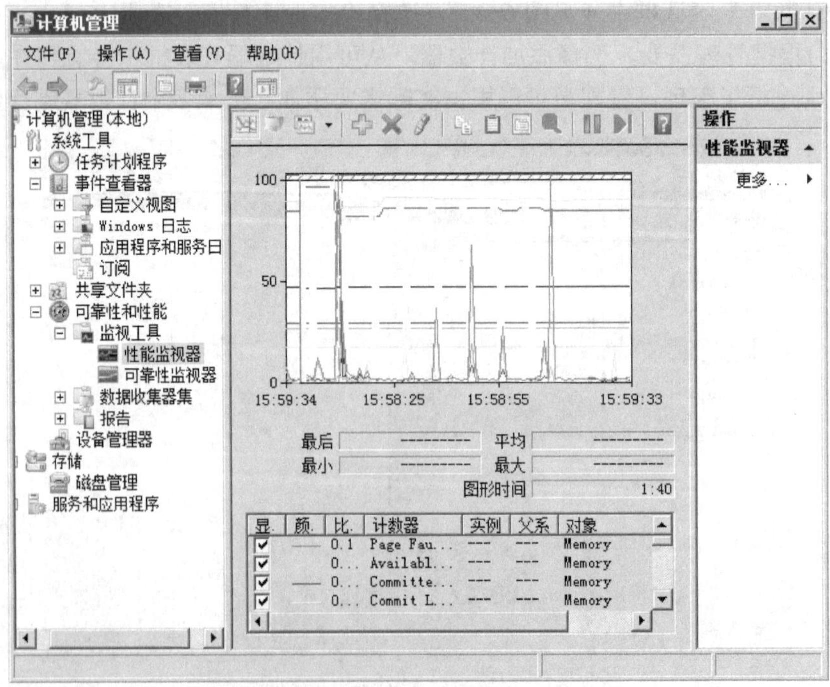

图 6-5　通过性能监视器监视系统状态

技能提示

如果对性能监视器窗口显示效果不满意，可以自行修改性能监视器的显示属性。在修改性能监视器的显示属性时，用鼠标右键单击性能监视器的空白窗口，从弹出的快捷菜单中选择“属性”命令，打开显示属性窗口，在该窗口中可以对显示元素、报告和直方图数据、显示外观、显示数据、显示图表等内容进行设置，设置完毕后只要单击“应用”按钮就能使设置生效了，如图 6-6 所示。

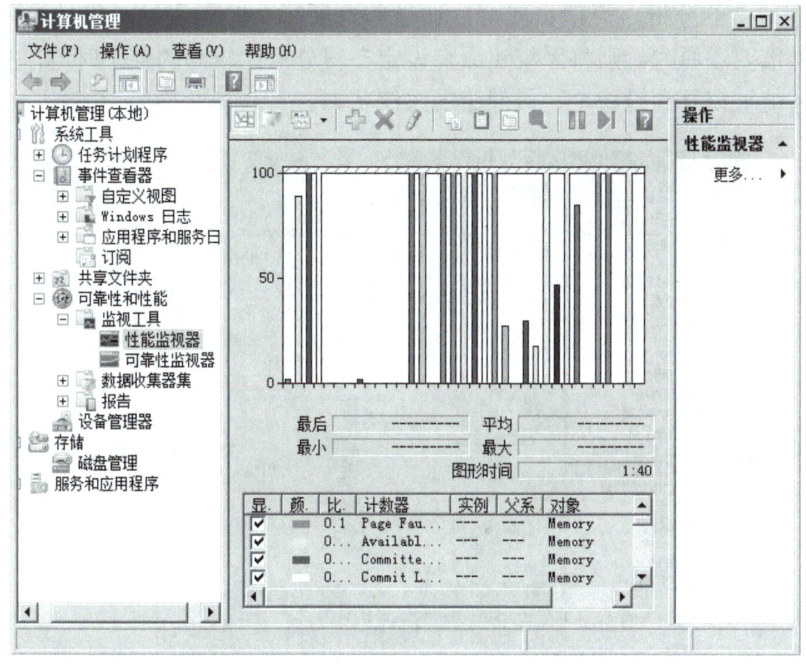

图 6-6　采用直方图显示系统性能状态

【实例 6-2】

管理员小王希望系统在运行一段时间后，根据网络系统状态，在必要的时候还原系统到比较理想的状态，那么小王应该如何确定系统最佳还原时间呢？

【分析】当系统在长时间运行之后发生意外而出错时，最简单、最快速修复系统工作状态的方法就是利用系统还原功能，将系统恢复到以前的正常稳定状态。管理员可以通过系统的可靠性监视器功能快速准确地找到系统以前最稳定的工作时刻。监测系统可靠性并确定系统最佳还原时间可以按照如下步骤进行：

步骤 1：进入“计算机管理”窗口，进入“可靠性监视器”子项，在可靠性监视器子窗口中，管理员可以非常清楚地看到系统指定一段时间每时每刻运行的性能变化以及可靠性，如图 6-7 所示。

步骤 2：管理员分析系统可靠性信息，确定系统最佳可靠性时间段。

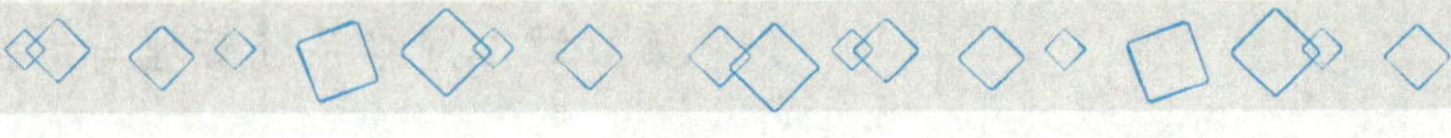

技能提示

在可靠性监视器窗口中，红色叉号所在的位置表示系统在哪一刻有错误操作存在，黄色感叹号所在的位置表示系统在哪一刻有安全隐患操作存在，绿色字母 i 符号所在的位置表示系统在哪一刻有操作成功的提示信息存在。系统会自动对每一个事件采集点收集来的 5 个方面信息进行综合评估，并对系统的运行稳定性进行量化评分，其中最稳定的系统状态，其可靠性的评估分为 10 分。

通过对图 6-7 的分析，管理员就可以通过其判断哪个时间段的可靠性是最好的，一旦系统遇到意外需要还原时，则将系统还原点设定在得分点比较高的某个时刻，那样一来系统的工作状态才能被恢复到最稳定、最健康的系统状态。

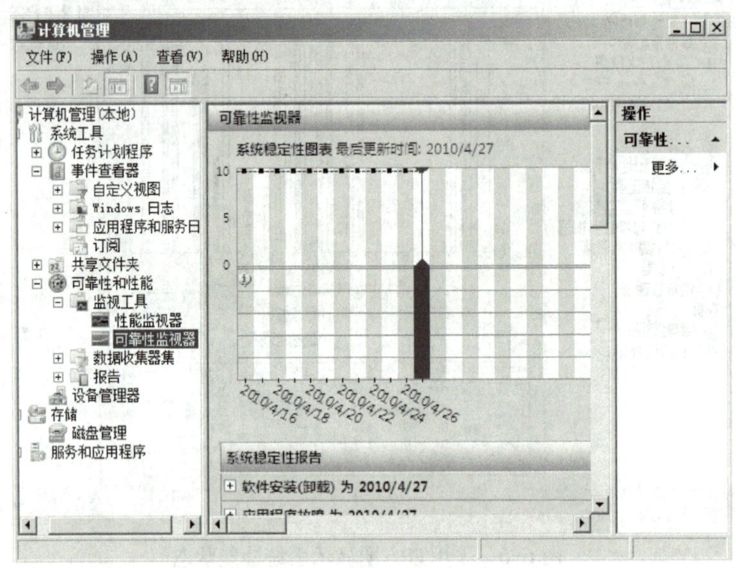

图 6-7 可靠性监视器窗口

技能提示

性能监视器检查性能计数器的输出，而性能计数器用来监视特定性能对象（即控制服务器资源的特定服务或机制）的活动。如何添加计数器不是管理中的难点，关键是应该添加哪些计数器，此外就是计数器的值的观察范围和报警数值是什么。

【实例 6-3】

管理员小王在管理工作中，需要设置 Windows 系统的页面文件的大小，系统页面文件的大小应该依照系统硬件配置的不同而有所变化，其具体的数值大小完全可以由系统管理员自己做主。那么小王该依据什么来设置页面文件大小呢？

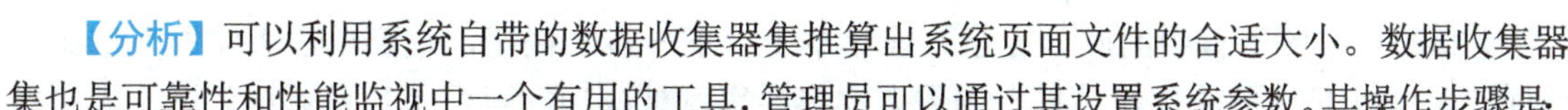

【分析】可以利用系统自带的数据收集器集推算出系统页面文件的合适大小。数据收集器集也是可靠性和性能监视中一个有用的工具，管理员可以通过其设置系统参数。其操作步骤是：

步骤 1：首先，进入“计算机管理”窗口，在左侧窗格中单击“系统工具”节点选项，并依次展开“可靠性和性能”→“数据收集器集”。

步骤 2：右击“数据收集器集”，单击“用户定义”菜单，从弹出的快捷菜单中依次点选“新建”→“数据收集器集”命令，打开“创建新的数据收集器集”向导对话框。

步骤 3：在该对话框中设置好新的数据收集器集名称。假设此处的名称取为“页面文件设置”，如图 6-8 所示，然后选中“手动创建”选项。

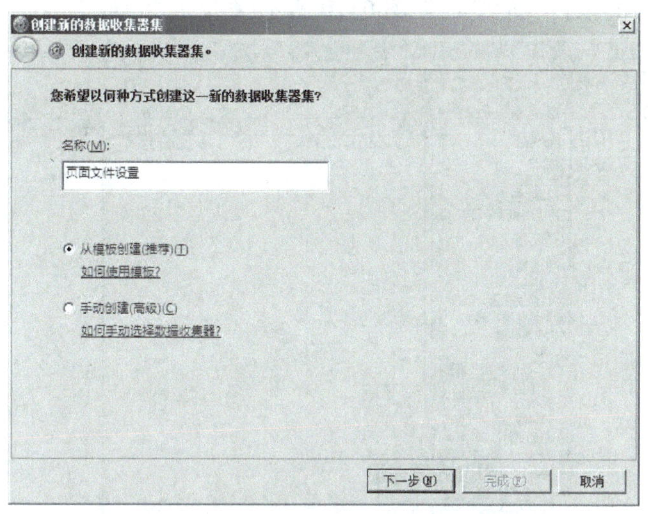

图 6-8 “创建新的数据收集器集”对话框

步骤 4：单击“下一步”按钮，选择其中的“创建数据日志”选项，再选中对应选项下面的“性能计数器”子项。

步骤 5：单击“下一步”按钮，在向导设置窗口中单击“添加”按钮，打开如图 6-9 所示的设置对话框，从中将“PagingFile”计数器选项下面的“Usage”项目选中，同时将“选定对象的实例”设置为“total”，再单击“确定”按钮返回到图 6-8 所示的向导设置对话框。

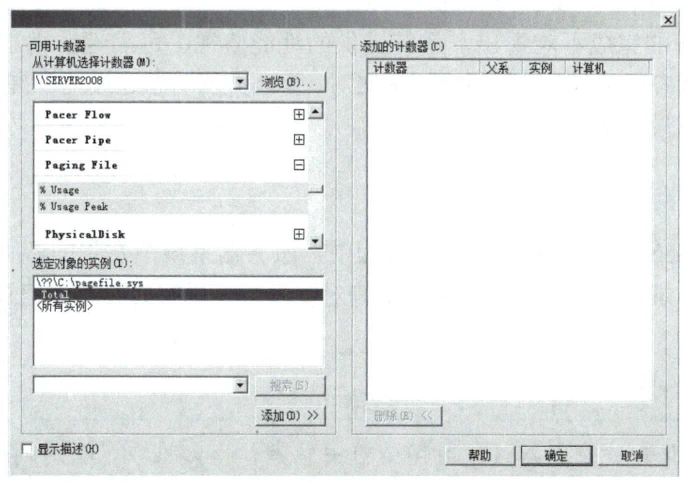

图 6-9 “计数器设置”对话框

步骤 6：依照屏幕中的向导提示，连续单击“下一步”按钮，直到单击“完成”按钮，这样，一个针对“页面文件设置”的数据收集器集就被成功创建好了。设置结束后，需要保持系统运行一段时间来搜集数据。

步骤 7：再次打开服务器管理器界面，在左侧列表中的“诊断”节点选项，依次展开“可靠性和性能”→“数据收集器集”→“用户定义”→“页面文件设置”子项，右键单击“页面文件设置”子项，从弹出的快捷菜单中执行“停止”命令，让“页面文件设置”的性能计数器立即停止工作。

步骤 8：在对应的“页面文件设置”子项的右侧空白区域，单击鼠标右键，从弹出的快捷菜单中点选“最新的报告”命令，如图 6-10 所示。

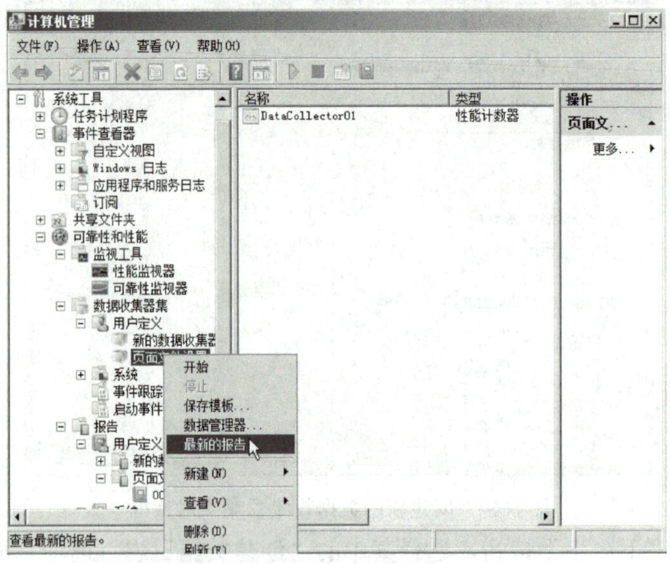

图 6-10 选择“最新的报告”选项

在其后弹出的界面中就能非常直观地看到系统实际使用的系统页面文件大小与管理员人为指定的系统页面文件大小的百分比例。现在只要将系统页面文件大小修改成让该数值略高于常用比例，就能保证系统既能高速稳定运行，同时系统硬盘空间资源又不会出现过渡浪费的现象了。

通过上述任务的完成不难看出，系统提供的性能监视、可靠性监视工具可以有效地提供各种系统实时状态信息，通过与历史信息比对，管理员能动态连续地掌握系统的运行状况，保证系统能运行在最佳状态。

6.1.3 事件查看器

在 Windows Server 2008 服务器运行过程中，服务器系统中发生的各种重要事件，例如网络访问、系统登录、程序运行、资源调用等对管理员来说有必要进行记录和查看，以便获取有价值的信息。

【实例 6-4】

管理员小王想查看服务器这段时间的有关信息，比如谁在什么时间登录了服务器、系统软硬件有无问题、磁盘空间是否够用等信息，该如何查看呢？

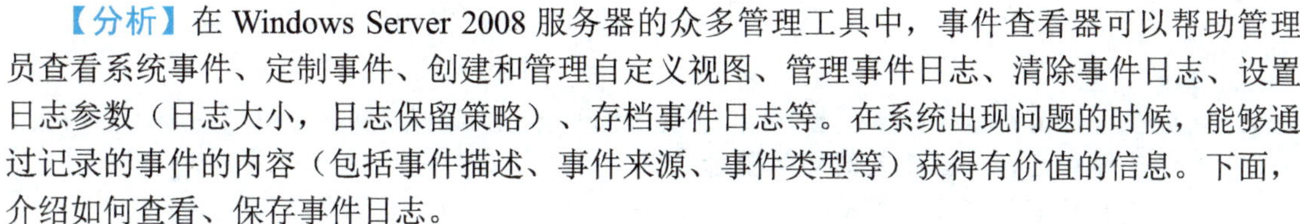

【分析】在 Windows Server 2008 服务器的众多管理工具中，事件查看器可以帮助管理员查看系统事件、定制事件、创建和管理自定义视图、管理事件日志、清除事件日志、设置日志参数（日志大小，日志保留策略）、存档事件日志等。在系统出现问题的时候，能够通过记录的事件的内容（包括事件描述、事件来源、事件类型等）获得有价值的信息。下面，介绍如何查看、保存事件日志。

1．查看事件日志

步骤 1：单击“开始”菜单，依次打开“程序”→“管理工具”菜单，在弹出的管理工具列表窗口中单击“事件查看器”图标，打开事件查看器控制台窗口，如图 6-11 所示，也可以直接在“服务器管理器”窗口中打开。

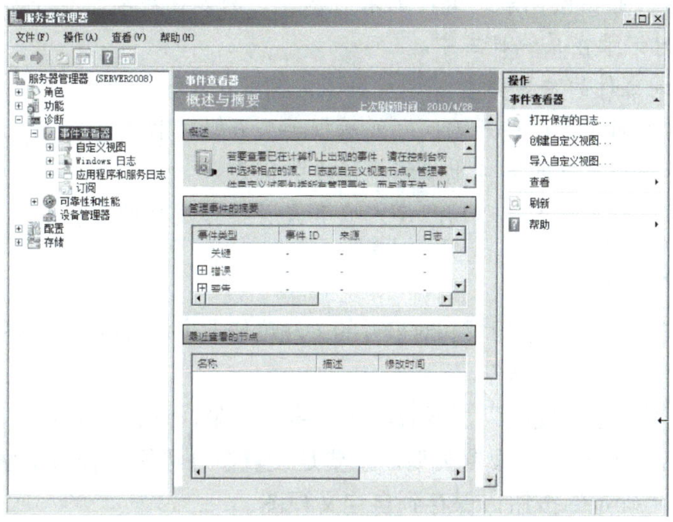

图 6-11 事件查看器窗口

步骤 2：在该窗口的左侧显示区域展开“Windows 日志”节点选项，从该选项下面会看到“系统”、“安全”、“应用程序”、“转发事件”、“安装程序”等不同类别的事件内容，用鼠标双击具体事件就可以看到相关事件信息，如图 6-12 所示。

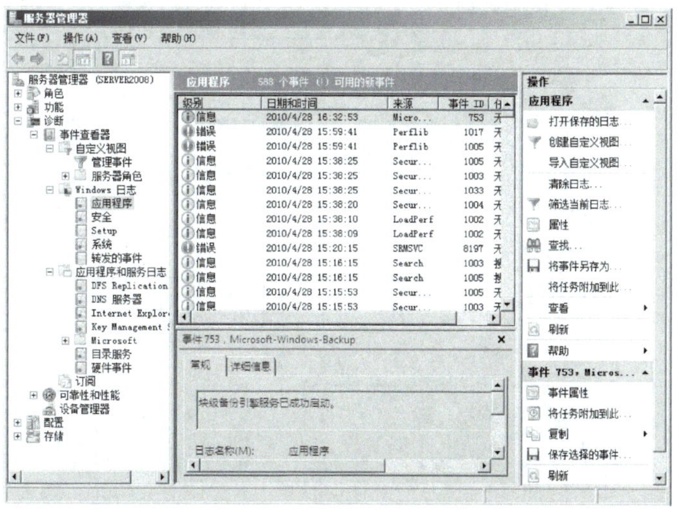

图 6-12 Windows 日志信息

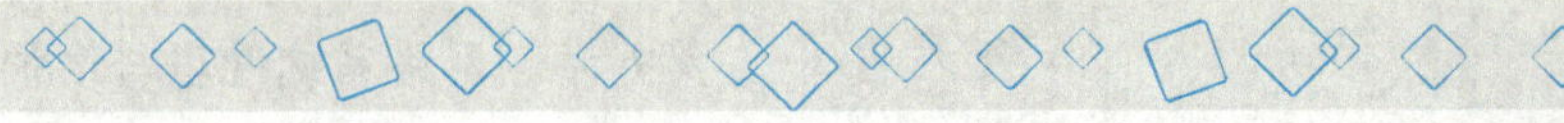

知识补充

关于事件日志，一些相关的知识概念是：

（1）几种重要的日志分类

1）应用程序日志。包含由应用程序或系统程序记录的事件，主要记录程序运行方面的事件。

2）安全性日志。记录了诸如有效和无效的登录尝试等事件，以及与资源使用相关的事件。例如创建、打开或删除文件或其它对象。管理员可以使用组策略来启动安全性日志。

3）系统日志。主要包含系统组件记录的事件，例如在启动过程中加载驱动程序或其它系统组件失败时记录在系统日志中。

（2）日志记录事件的主要类型

1）错误：重大问题，出现严重问题或数据丢失及功能损失。

2）警告：不一定重要的事件也能指出潜在的问题。

3）信息：描述应用程序、驱动程序或服务是否操作成功的事件。

2. 创建自定义视图

管理员可以根据自己的管理习惯和对事件的关注度修改事件查看的显示视图，具体步骤是：

步骤 1：打开“事件查看器”。

步骤 2：选中“自定义视图”，或者右击某事件类型，选择“创建自定义视图”选项，出现如图 6-13 所示的对话框，设置类型。主要是设置事件级别、任务类别等。

步骤 3：单击“确定”按钮，保存到自定义视图。

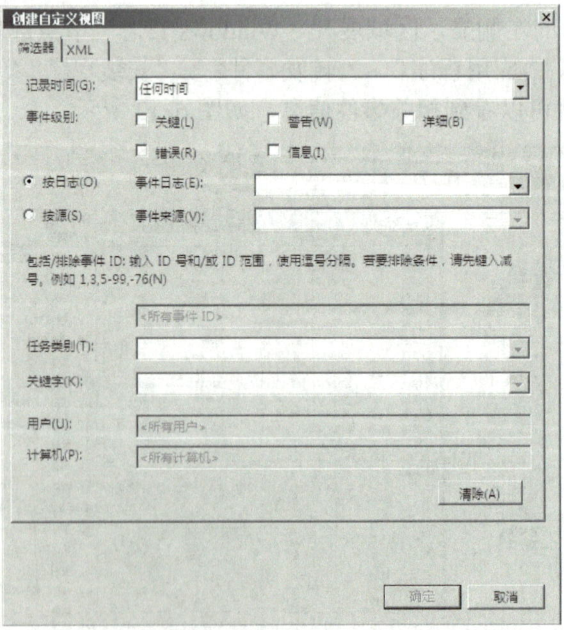

图 6-13　创建自定义视图

3. 事件日志的保存与打开

启动 Windows 时，事件日志服务会自动启动。所有用户都可以查看应用程序日志和系统日志，但是只有管理员才能访问安全日志。默认情况下系统会关闭安全日志。可以使用“组策略”启用安全日志记录。管理员也可以在注册表中设置审核策略，使系统在安全日志装满时停止运行。

（1）保存日志　对于事件日志，管理员应定期将日志文件保存，并在需要查阅时调看事件日志。保存日志并不复杂，在事件查看器窗口中按照下列步骤进行操作。

步骤 1：在控制台树中，右键单击要保存的日志类型，然后单击“将事件另存为”选项，如图 6-14 所示。

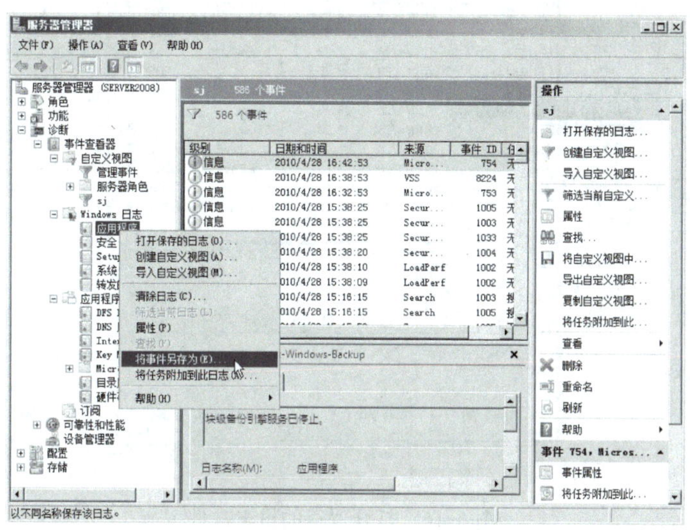

图 6-14　事件日志保存

步骤 2：在“保存类型”框中，单击所需的格式，指定日志文件名和保存的位置，然后单击“保存”按钮，如图 6-15 所示，则此类文件可以在日后管理过程中被管理员调用查看。

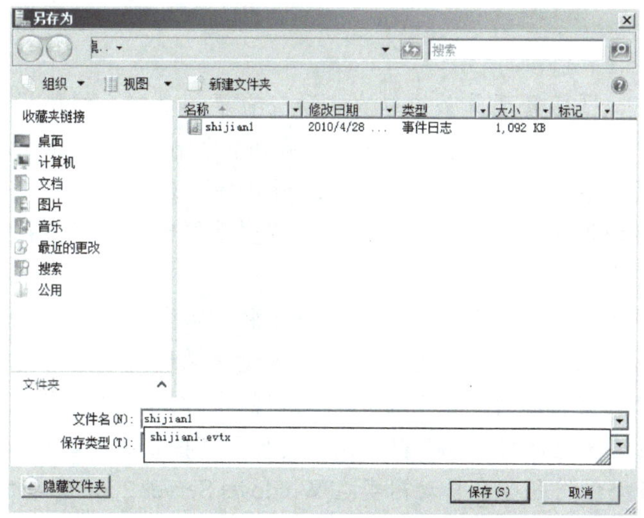

图 6-15　确定日志保存位置和类型

（2）打开事件日志　如果要打开某天的日志文件，则按照如下步骤进行操作：

步骤 1：在事件查看器控制台窗格中，右击某事件类型，选择“打开保存的日志”，如图 6-16 所示。

步骤 2：选择要打开的日志文件，单击“打开”按钮。

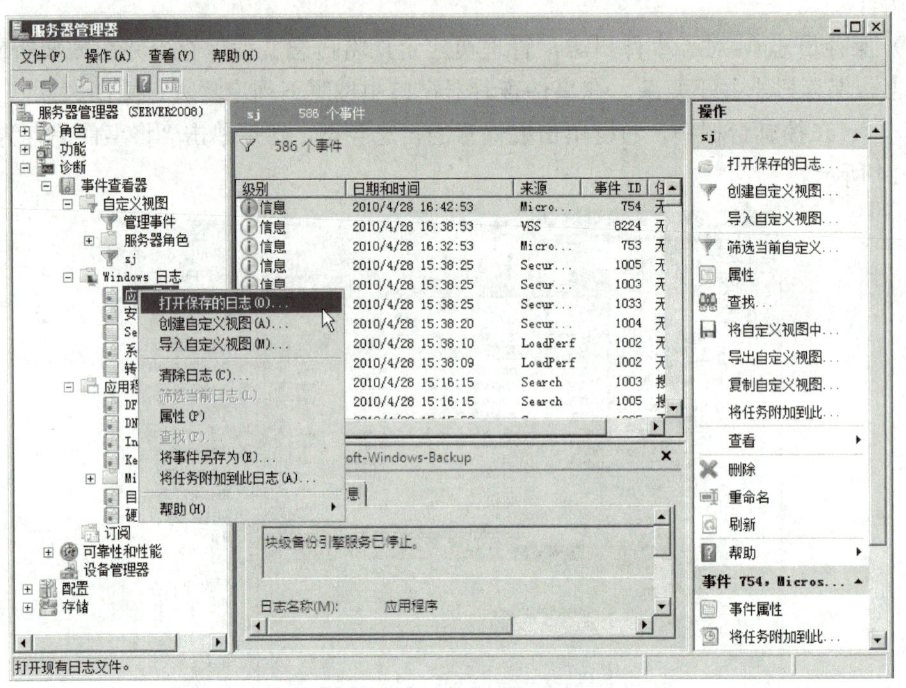

图 6-16　打开保存的日志文件

步骤 3：根据系统提示，打开需要查看的日志文件。

技能提示

在日常管理中，网络管理员必须每次主动查看事件日志，才能了解到服务器系统中发生了什么事情；如果服务器系统中发生了重要事情，能否让 Windows Server 2008 系统自动弹出提示提醒网络管理员呢？实际上可以利用 Windows Server 2008 系统的触发器功能，来让服务器自动地提醒网络管理员发生了哪些重要事件，而不需要每次采用手工方式查看系统日志文件。

Windows Server 2008 系统的触发任务是基于特定事件创建的，首先需要让系统能对某个故障现象进行记录并生成一个事件，然后通过该系统新增加的附加任务功能，将指定的触发任务附加到目标事件中，日后一旦相同的事件发生时，指定的触发任务就能自动运行，来通知网络管理员当前服务器系统中发生了哪些重要的事情。

创建成功的各个触发任务会自动出现在 Windows Server 2008 系统的任务计划列表中，进入任务计划列表窗口后，就可以对已有触发任务进行管理、设置了。

6.2　局域网管理软件应用

管理好一个网络与网络的建设同等重要，网络运行后，除了要依靠网络设备本身和网络架构的可靠性之外，网络管理也是一个关键环节，结构越来越复杂和规模越来越大的网络系统需要网络管理软件来帮助管理员监控系统的正常运行，网络管理的水平会直接影响网络的运行质量。

6.2.1　网络管理软件及功能

管理员通过合适的网管系统软件来监控管理网络，可实时查看全网的状态，检测网络性能可能出现的瓶颈，并进行自动处理或告警显示，以保证网络高效、可靠地运转。网管系统开发商针对不同的管理内容开发相应的管理软件，形成了多个网络管理软件系统发展方向。目前主要的几个分类有：网管系统（NMS）、应用性能管理（APM）、桌面管理（DMI）、员工行为管理（EAM）、安全管理。

1．网管系统（NMS）

网管系统 NMS 主要是针对网络设备进行监测、配置和故障诊断。主要功能有自动拓扑发现、远程配置、性能参数监测、故障诊断。网管系统主要有两类：一类是由通用软件供应商开发的 NMS 系统，目前比较流行的有 OpenView、Micromuse、Concord 等网管系统；另一类是各个设备厂商为自己产品设计的专用 NMS 系统，用来对自己的产品监测、配置。目前比较流行的设备厂商网管软件有 CiscoWorks、NetSight，国内的有 Linkmanage、iManager。

2．应用性能管理（APM）

应用性能管理主要指对企业的关键业务应用进行监测、优化，提高企业应用的可靠性和质量，保证用户得到良好的服务，降低 IT 总成本（TCO）。目前市场上比较流行的应用性能管理产品有 BMC、Tivoli Application Performance Management、VERITAS（precise）的系列产品，国内主要是 SiteView 产品。

3．桌面管理系统（DMI）

桌面管理是对网络中的客户计算机及其组件管理，内容比较多，目前主要关注在资产管理、软件派送和远程控制。桌面管理系统通过以上功能，一方面减少了网管员的劳动强度，另一方面增加系统维护的准确性、及时性。这类系统通常分为两部分：管理端和客户端。目前市场上比较流行的国外桌面管理系统有 CA Unicenter、Landesk，国内的有 NetInhandLANDesk Management Suite 等。

4．员工行为管理（EAM）

员工行为管理包括两部分：一部分是员工网上行为管理（EIM），另一部分是员工桌面行为监测。目前国际上 WebSense 软件市场占有率较高，国内也推出了类似产品 NetManage。

5. 安全管理

网络安全管理指保障合法用户对资源安全访问，防止并杜绝黑客蓄意攻击和破坏。它包括授权设施、访问控制、加密及密钥管理、认证和安全日志记录等功能。目前市场上的防火墙产品和 IDS 产品很多，防火墙有 Check Point、NetScreem、Cisco PIX 等。IDS 有 ISS 公司的 RealSecure、Axent 的 ITA、ESM，以及 NAI 的 CyberCopMonitor 等。

针对一些小规模网络以及特殊要求，市场上还提供了一些相关网络管理软件，如：AnyView（网络警）网络监控、MAC 扫描器、Red Eagle 网络监管专家等。但这些软件功能都相对单一，不能有效地进行系统的网络管理，中型以上的网络还需要购买更加专业的网络管理系统软件。

6.2.2 SiteView 网络管理软件应用

SiteView 网络管理软件是游龙科技公司自主研发的网管系统，专注对局域网、广域网和互联网上的网络基础架构，用系统、数据库、中间件的故障监测和性能管理，全面解决在日常 IT 管理中遇到的问题。该系统基于 .net 技术开发，采用分布式架构，内置千种监测器，可以对信息平台的异构基础架构及系统应用进行 7X24 的自动化、智能化深度监测和管理。SiteView 监测信息丰富、界面灵活，可为用户提供直观的网络拓扑视图。可广泛应用于对 Internet、Intranet、LAN 和 WAN 的服务器、网络设备、中间件、数据库、电子邮件、Web 系统、DNS 系统、FTP 系统、商务应用等全面深入的监测管理，从而减少 IT 系统出现故障的可能性，降低系统的运维成本。其主要产品包括：ITSM（IT 服务管理）、ECC（综合系统管理）、NNM（网络设备管理）、EIM（上网行为管理）、DM（桌面管理系统）、VLAN（虚拟局域网）等。

【实例 6-5】

管理员小王最近忙于网络系统管理，但是却无法及时获得有效的整体网络信息，管理上有些力不从心。小王考虑是否安装一套综合网络系统管理软件来帮助其完成这些烦琐的网络管理工作，那么该如何实施呢？

【分析】针对上述问题，可以考虑购买并安装 SiteView ECC 综合网络系统管理软件的 Web 版（当然也可以选择非 Web 版），SiteView WebECC 可以管理网络中的服务器、网络设备（如防火墙、交换机等）和网络应用（如数据库、WWW 服务、VOD 服务、邮件服务等）。该系统提供了开放式的 API 接口，方便用户根据需要定制特殊的监测器，满足用户个性化监测的需求。能帮助系统管理人员有效地预防或发现故障，一旦系统有异常，警报将通过声音、Email、手机短信息、Post 和脚本等方式及时通知相关人员，或自动运行相应的程序进行故障处理，减少系统的运维成本。该网络管理系统的应用步骤如下。

1. SiteView WebECC 系统安装及设置

首先要获取 SiteView WebECC 软件，可以通过商业渠道正常购买，用户还可以下载 SiteView 的免费试用版本（网址 :http://www.siteview.com）。下载后打开压缩包，里边分别是 SiteView WebECC 服务器端软件以及安装说明文件（如果安装非 Web 版本应该是服务器端和客户端两个软件）。

服务端安装过程很简单，双击服务器端安装文件开始安装，如首次安装，安装程序会检测操作系统并自动安装软件所需的环境 .NET Framework 2.0。用户只需按照系统给出的提示一步一步安装即可。安装过程中，会询问组件选项，如图 6-17 所示，可以选择一个或多个组件进行安装。接下来配置 WebECC 访问的端口号和服务器 IP，用户可以根据需要进行设置，也可以采用默认设置。假如 80 端口没有被占用，建议使用 8080 端口，默认为 8181 端口，IP 地址用 127.0.0.1 即可，通常不需要改变。

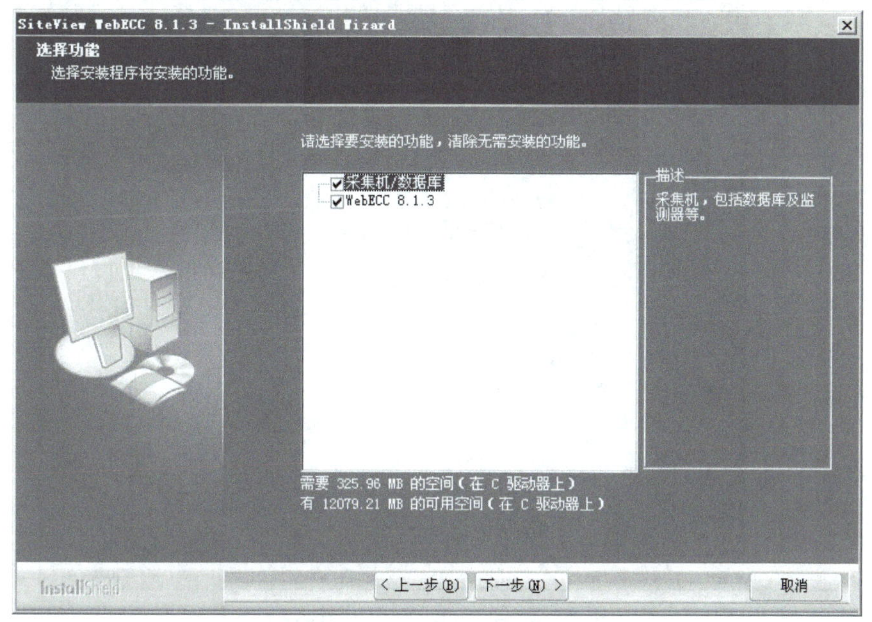

图 6-17　SiteView WebECC 服务器端安装组件设置

系统安装完成后，在经过几秒的等待之后，安装程序弹出窗口，提示安装结束。在计算机中安装了 SiteView WebECC 的服务端后，系统将自动启动相关服务，重新启动系统。

知识补充

SiteView WebECC 的相关服务和对应进程是：SiteView DB，进程是 svdb.exe；SiteView Monitor Control，进程是 MonitorControl.exe 和 MonitorSchedule.exe；SiteView Receive Service，进程是 SiteViewReceive.exe；SiteView Web Server，进程是 tomcat.exe；TomcatMonitorService，进程是 TomcatMonitorService.exe。

完成上述操作后，桌面会生成 SiteViewEcc 快捷方式图标，管理员可以双击打开。也可以在浏览器地址栏输入“http://ip 地址：端口号 /ecc”，例如“http://localhost:8181/ecc”或者“http://127.0.0.1：8181/ecc”。如图 6-18 所示，输入登录名和密码（默认的管理员账户为 admin，默认密码为 system），单击登录，即可进入 WebECC8.1.3 的主界面。从别的服务器访问 WebECC，只需要把配置的“http://ip 地址 : 端口号 /ecc”中的 IP 地址，换成服务器的 IP 地址即可。

打开 SiteView ECC 窗口后，如图 6-19 所示，不难看出该网络管理软件界面左侧是服务器和设备的树形目录，顶端是视图切换与设备定位，中间是整个监测服务器。主要包括：整体视图、监测器浏览、监测器设置、拓扑视图、报警、报表、设置七大模块。管理员可以分别在左侧窗格中选择要检测的模块，右击该模块，添加具体监测对象的信息，之后将在中间窗口显示有关设备状态信息，如定义错误、无监测数据、正常、危险、错误、禁止等。管理员可以选择通过列表视图、图标视图与树状视图来显示相关信息。

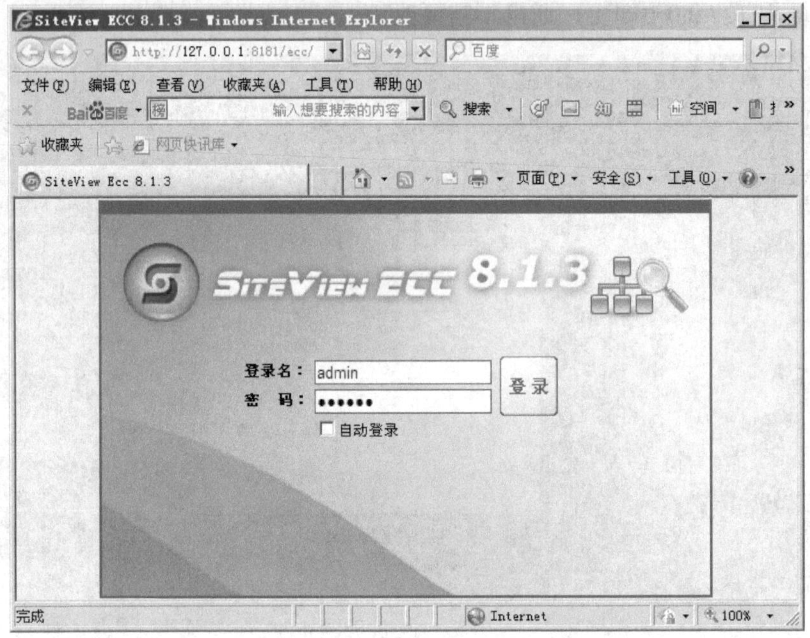

图 6-18　SiteView ECC 登录窗口

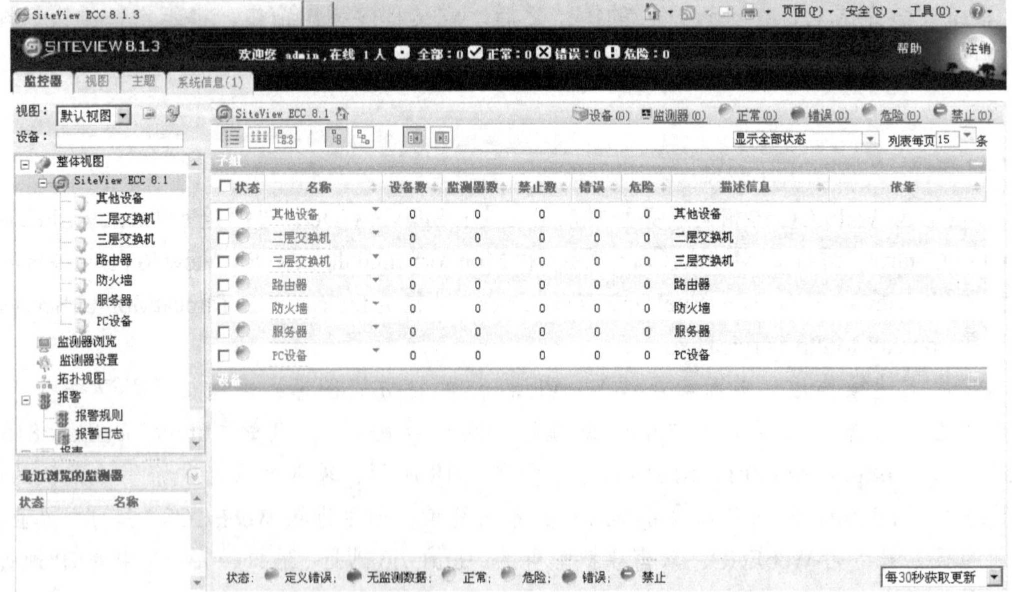

图 6-19　SiteView ECC 主界面

SiteView ECC 软件的常用术语

（1）监测主机　安装 SiteView ECC 网管软件的服务器。

（2）监测对象　被 SiteView ECC 监测主机监测的应用系统、服务器、网络设备及其相关性能指标的总称。

（3）监测器　每个监测器都是 SiteView ECC 的一个应用程序，它用于监测网络系统的某项指标。每一个监测器都有三种状态：正常、危险、错误。

（4）整体视图　用来显示网络系统的整体性能状态。

（5）组　组是一个或多个监测器的集合，组名和组中监测的状态图标被显示在 SiteView ECC 主界面上，如果组中任何一个监测器的状态为危险或者错误，组中相对应的状态图标将被显示成危险或者错误图标。

（6）点数　SiteView ECC 下监测器的个数。

（7）网络设备数　SiteView ECC 下网络设备的个数，每一类网络设备占一个数，在此设备下添加的监测器不占用点数。

2. 添加设备

SiteView ECC 监测设备指在监测网络内，被纳入 SiteView ECC 系统监测范围内的设备。它包括服务器、路由器、交换机、防火墙等。在监测各项设备之前，必须在设备列表页面选择相应类型下要添加的设备，设备信息输入完毕后保存，这样设备就添加成功了，可以批量添加监测器，实现对该设备的监测。表 6-1 显示了该系统支持的可监测设备与服务类型。例如，如果对一台 Windows Server 2008 服务器进行监测，其步骤如下：

步骤 1：在 SiteView ECC 左侧功能导航，单击“整体视图”，然后选择“服务器”，单击鼠标右键并在显示的菜单中单击“添加设备”，设备列表如图 6-20 所示。从该图不难看出，服务器的类型被分成了 7 类，包括 Windows 服务器。

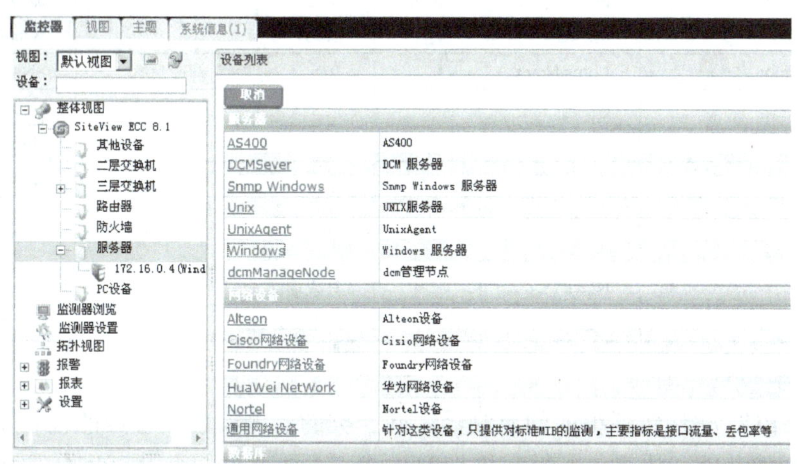

图 6-20　添加服务器类监控设备

步骤 2： 在弹出的设备列表页面中，单击“服务器”里的“Windows”选项，在 Windows 服务器页面中输入服务器信息（服务器名称、用户名、口令等信息），输入完成后单击“保存”按钮，就完成了对 Windows 设备的添加，如图 6-21 所示。

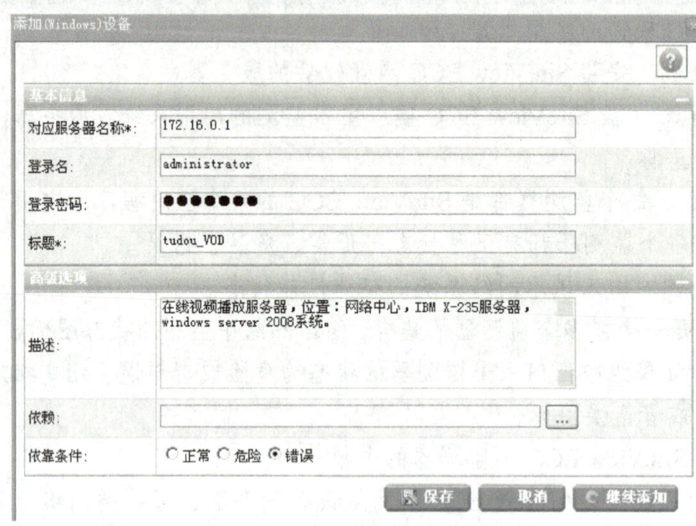

图 6-21　添加服务器设备信息

步骤 3： 在出现的页面中选择要检测的服务器状态信息类型，单击“保存”按钮并退出。这样，一个 Windows 服务器设备的监测添加过程就完成了。其他设备的添加步骤也与此类似。

表 6-1　SiteView 支持的监测设备表

Web 服务器	网 络 设 备	防　火　墙	数　据　库
Apache	Cisco 网络设备	Check Point 设备	Infomix
IIS	HuaWei NetWork	Netsreen 防火墙设备	MY SQL
Netscape Server	Foundry 网络设备	Pix 防火墙	ORACLE
Tamcat	Nortel 设备	天融信防火墙	SYBASE
FTP	Alteon 设备		SQL SERVER
URL			DB2
中间件	邮件服务	DNS	服务器
MQ Series	Exchang	DNS	Windows
DynamoApplication	Lotus Notes		SNMP Windows
WebSphere6.x			Unix
WebSphere5.x			UnixAgent
Weblogic			AS400
Tuxedo			
Domino			
系统应用	News	负载均衡	
Ping	News	F5 Big IP	

3．添加监测器

SiteView ECC 软件包括很多的监测器，同一类的监测器放在相应的设备里面，不仅提供了单个添加的功能，还提供了批量添加的功能，下面就以一个 Windows 服务器添加监测器为例介绍相关操作：

步骤 1：在窗口左侧控制台树中单击需要添加监测器的具体设备名称，并单击鼠标右键，在弹出的菜单中单击“添加监测器”，可在右侧窗口看到该设备支持的监测器的列表，如图 6-22 所示。

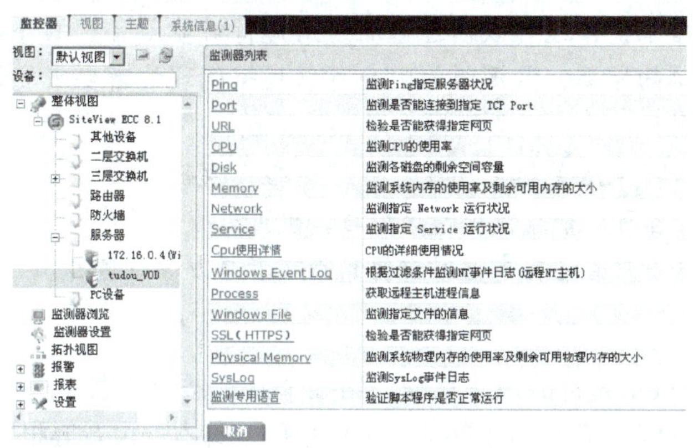

图 6-22　添加监测器

步骤 2：在图 6-22 中可以看到，Windows 设备提供了十余个监测器，分别是 Ping、Port、URL、Cpu、Disk、Memory、Service、Cpu 使用详情、Windows Event Log、Process、Windows file、SSL（https）、physical memory、SysLog、监测语言等。单击要添加的监测器菜单，进入添加监测器窗口。例如，以类型 Ping 的监测器为例，在选择监测器类型页面中选择 Ping 选项后，进入添加 Ping 监测器页面，如图 6-23 所示。

图 6-23　监测器添加信息

步骤 3：填写相应的监测器信息，并设置监测器处于错误、危险、正常状态的阈值（可以使用默认提供的阈值）。

步骤 4：填写完所有信息后单击“保存”按钮，则新监测器添加成功。也可以单击“继续添加”按钮，返回选择监测器类型页面，继续在该设备中添加监测器，添加成功的监测器会在监测器列中显示出来。

技能提示

对于多个监测器来说，还可以通过监测组来进行对监测目标的分类，监测组用来实现对各种设备和主机的监测，监测组的划分可以根据管理的需要来安排，每一个管理组内可以包括各种监测目标（或叫监测器，即 Monitor）。可以给监测组起一个好记且有意义的名字，比如“WWW 服务器监测组”或“网络交换机监测组”等。完成命名后保存即可，高级选型的内容可以根据使用情况填写，也可以省略不填。

监测器可以根据用户管理需求随时进行删除或者修改参数操作。

4. 报警的设置

SiteView ECC 提供了完善的报警功能，当某个监测器的状态超过事先设定的阀值时，系统将自动做出相应响应，包括电子邮件、手机短信、脚本、声音等报警提示。当某一个监测器状态为错误或危险时，如满足设定的条件，SiteView ECC 就发出一个报警。报警界面可以设置和查看 SiteView ECC 报警方面的详细信息，如报警名称，报警状态，报警日志等。SiteView ECC 的报警模块包括两大功能：报警规则和报警日志。其中，报警规则包括：添加、删除、禁止、允许、刷新、编辑报警等功能。例如，若管理员希望当某 Windows 服务器发生问题时，能以电子邮件形式通知管理员，其步骤如下：

步骤 1：在主界面窗口左侧窗格中，单击“报警规则”，并在右侧窗口中，单击“添加”按钮。

步骤 2：选择“报警方式”，一共有 4 种方式：E-mail、手机短信、声音、脚本，这里选择“E-mail”报警方式。

步骤 3：弹出“添加 E-mail 报警”设置窗口，如图 6-24 所示，根据要求分别设置报警名称和邮件接收地址以及发送条件等信息。

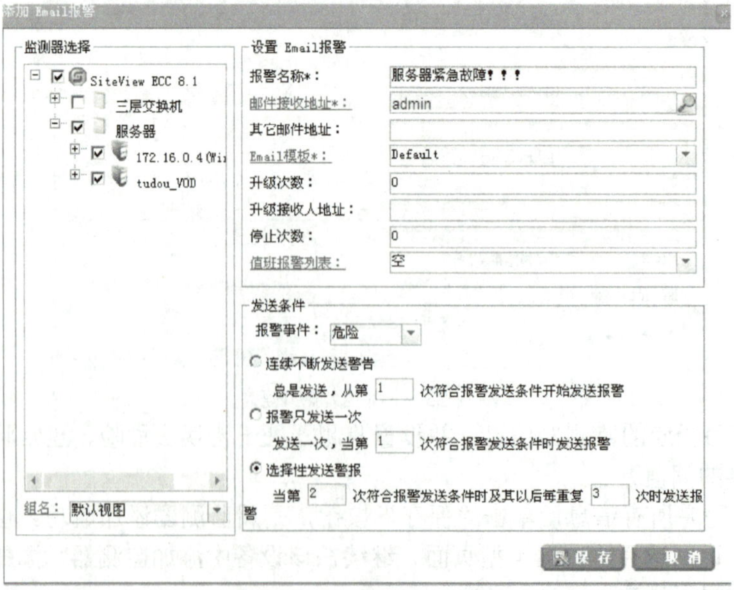

图 6-24 设置 E-mail 报警

步骤 4：设置结束后，单击“保存”按钮，此时在窗口中出现了一个新的报警信息条目。

以上介绍了 SiteView ECC 软件的应用，其实该软件功能比较强大，需要管理员慢慢熟悉。该系统提供了比较直观的帮助，针对网络管理中的一些问题有详细的资料介绍，管理员应学会利用电子帮助文档完成该系统的配置。

6.3 局域网常见故障分析与排除

6.3.1 局域网故障分类

在网络运行过程中，不可避免发生各种局域网故障现象，有些故障只会对部分主机产生影响，有些却可以影响局部，由于网络协议和网络设备的复杂性，许多故障解决起来绝非像解决单机故障那么简单。网络故障的定位和排除，既需要长期的知识和经验积累，也需要一系列的软件和硬件工具。作为网络管理员必须清楚地知道故障的分类与排除方法，掌握根据故障现象分析故障原因的本领。网络故障根据故障原因主要分为以下几种：

1. 网络连通性故障

网络的连通性故障是最容易发生的故障现象。网卡、信息插座、网线、交换机、路由器等设备和介质的损坏，都会导致网络连接的中断。

网络连通性故障的故障现象通常表现为：无法登录到服务器、无法接入互连网、“网上邻居”中不能访问其它计算机上的共享资源和共享打印机以及网络中的部分计算机运行速度缓慢或中断等。

连通性故障产生的原因有：网卡未安装正确、网卡设备硬件故障、网络协议未安装或设置不正确、接口故障、交换机硬件故障等。

2. 网络协议故障

此处的网络协议的含义非常广泛，既包含交换机和路由器的网络协议，也包括计算机的网络协议，其中任何一个协议配置不当，都有可能导致网络故障。

协议故障通常表现为：计算机无法登录到服务器、在“网上邻居”中既看不到自己，也无法在网络中访问其它计算机、在“网上邻居”中能看到自己和其它成员，但无法访问其它计算机、计算机无法通过局域网接入 Internet。

网络协议故障产生的原因是：协议未安装、协议参数配置不正确等。

3. 配置文件和选项故障

配置错误也是导致故障发生的重要原因之一。网络管理员对服务器、路由器等的不当设置自然会导致网络故障，服务器的配置故障会导致服务不能被访问等。

配置故障通常表现为：只能与某些计算机而不是全部计算机进行通信、计算机无法访问任何其它设备。

配置故障产生的原因主要有：管理员设置不当、网络环境发生变化以及攻击行为产生的安全故障等。

除了这些故障现象与原因，网络管理以及制度方面产生的安全问题以及网络病毒也会直接或间接地影响网络的稳定性直至产生故障。

6.3.2 故障处理流程与方法

网络的故障虽然种类多种多样，但并非无规律可循。下面介绍一些故障处理的基本流程和排除办法。针对各种网络故障，其排除故障的流程是：

1. 识别故障现象

网络故障现象其实并不是很多，网络管理员在进行故障排除之前，必须明确网络上到底出现哪些故障，与正常运行状态相比，是不能共享资源还是不能浏览 Web 页面等。识别网络故障所在是成功排除故障的最重要步骤，快速定位故障是及时找到并处理问题的出发点。

2. 认真核对故障现象

在检查故障点时，应对故障现象作认真记录，记录所有相关的故障现象。

3. 分析可能导致故障的原因

虽然故障原因多种多样，但总的来讲不外乎就是硬件问题和软件问题，说得再确切一些，这些问题就是网络连接性问题、配置文件选项问题及网络协议问题。网络的故障问题应系统分析，不要被故障的表面现象所欺骗。网络管理员则应当考虑导致故障的原因有哪些，如网卡硬件故障、网络连接故障、网络设备故障、TCP/IP 协议设置不当等。在这个阶段不要试图以某一个原因定性为问题的全部所在。

4. 分隔故障点

网络管理员可借助网络管理与故障排除工具剔除非故障因素。对列出的所有可能导致错误的原因逐一进行测试，而且不要根据一次测试，就断定某一区域的网络是运行正常或是不正常，因为可能存在的故障不只一个，所以，尽量使用所有可能的方法来测试所有的可能性。

5. 确定最佳应对故障措施

当问题解决后，网络管理员必须搞清楚故障是如何发生的，是什么原因导致了故障的发生，以后如何避免类似故障的发生，从而拟定相应的对策，采取必要的措施，制定严格的规章制度。

网络故障多种多样，不同的故障有不同的表现形式。故障分析时要通过各种现象灵活运用排除方法（如排除法、对比法、替换法），找出故障所在，并及时排除。主要方法有：

（1）排除法　这种方法是指依据所观察到的故障现象，尽可能全面地列举出所有可能发生的故障，然后逐个分析、排除。在排除时要遵循有简到繁的原则，提高效率。使用这种方法可以应付各种各样的故障。

（2）对比法　就是利用现有的、相同型号的且能够正常运行的设备作为参照物，和故障设备进行对比，从而找出故障点。这种方法简单有效，尤其是系统配置上的故障，只要简单地对比一下就能找出配置的不同点。

（3）替换法　替换法是指使用正常的部件来替换可能有故障的部件，从而找出故障点的方法。它主要用于硬件故障的诊断，但需要注意的是，替换的部件必须是相同品牌、相同型号的同类设备才行。

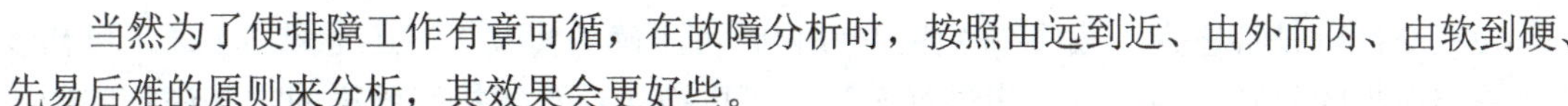

当然为了使排障工作有章可循，在故障分析时，按照由远到近、由外而内、由软到硬、先易后难的原则来分析，其效果会更好些。

6.3.3　故障排除方法

网络故障的排除，重点是客户机故障排除、服务器故障排除、互连设备故障排除、传输介质故障排除、协议故障排除，其中服务器、交换机和路由器这样的设备故障现象非常明显，如交换机设备发生故障，往往是整个一片区域的计算机不能访问。排除方法一般就是硬件设备进行更换，软件和服务故障可以通过重新安装或通过系统备份进行灾难恢复，平时做好系统维护和管理工作，这些故障问题就可以及时得到解决。针对前面介绍的故障现象，其对应的故障排除办法分别是：

1．连通性故障的排除方法

首先应确认连通性故障，例如，当网络用户无法接入Internet，首先尝试使用其它网络应用，如是否能够在“网上邻居”中找到其他计算机，或可通过Ping命令连接到其它计算机，假设可以连接到其它计算机，可排除连通性故障原因。如果确定是连通性故障，那么继续如下操作：

（1）观察信号指示灯　首先要查看网卡的指示灯以及对应的交换机端口的指示灯是否正常。正常情况下，在不传送数据时，网卡的指示灯闪烁较慢；传送数据时，闪烁较快。无论是不亮，还是长亮不灭，都表明有故障存在。

（2）用Ping命令排除网卡故障　使用Ping命令，Ping本地的IP地址或计算机名（见图6-25），检查网卡和IP网络协议是否安装完好。如果能Ping通，说明该计算机的网卡和网络协议设置都没有问题。问题出在计算机与网络的连接上。如果无法Ping通，只能说明TCP/IP协议有问题。这时可以在计算机的“控制面板”的“系统”中，查看网卡是否已经安装或是否出错。可以重新安装网卡并正确配置网络协议，然后进行应用测试。

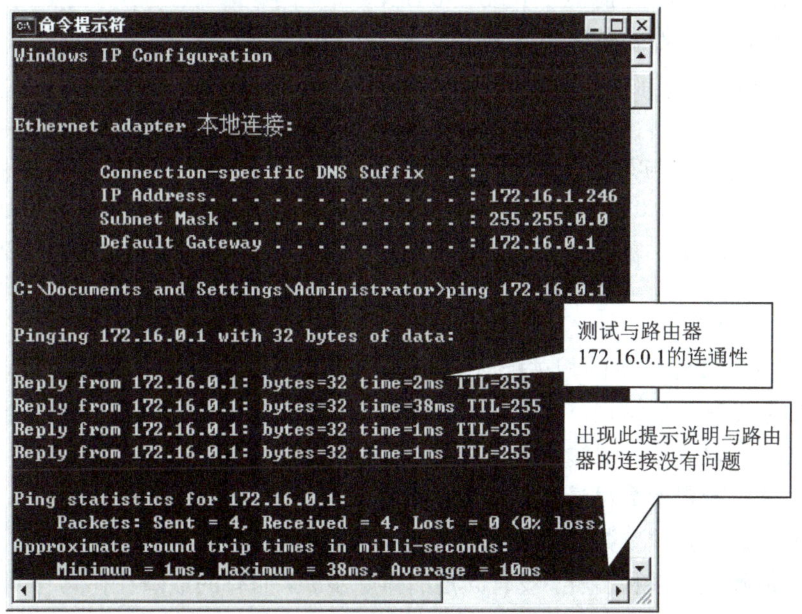

图 6-25　用 Ping 命令测试连通性

（3）交换机设备检查　如果确定网卡和协议都正确的情况下，还是网络不通，可初步断定是交换机的问题。为了进一步进行确认，可再换一台计算机用同样的方法进行判断。如果其它计算机与本机连接正常，则故障一定出现在先前的那台计算机和交换机的接口上。如果确定交换机有故障，应首先检查交换机的指示灯是否正常，如图 6-26 所示。

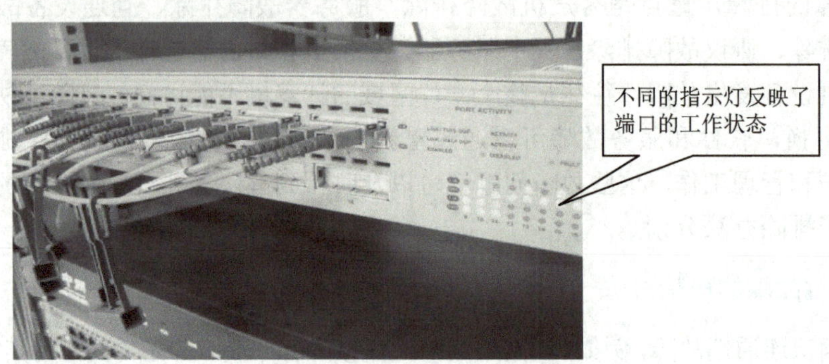

图 6-26　通过交换机指示灯观察连通性

（4）传输介质检查　如果交换机没有问题，则检查计算机到交换机的那一段介质和所安装的网卡是否有故障。判断双绞线是否有问题可以通过“双绞线测试仪”测试双绞线的 1、2 和 3、6 四条线（其中 1、2 线用于发送，3、6 线用于接收），如果发现有一根不通就要重新制作。

2. 协议故障排除方法

当网络出现协议故障现象时，应当按照以下步骤进行故障的定位：

1）检查计算机是否安装 TCP/IP 和 NetBEUI 协议，如果没有，建议安装这两个协议，并把 TCP/IP 参数配置好，然后重新启动计算机，如图 6-27 所示。

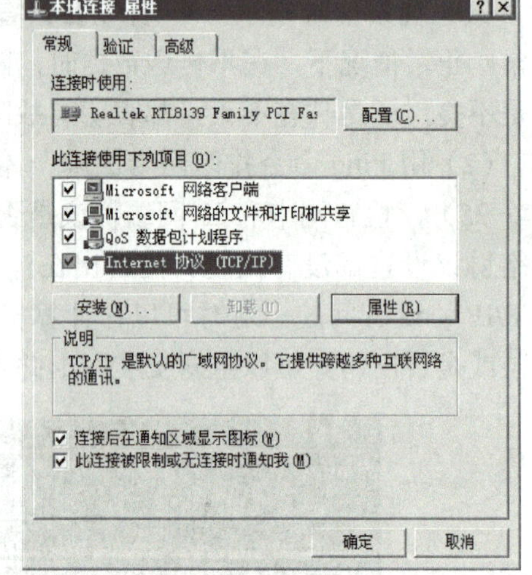

图 6-27　查看计算机网络属性

2）用 Ping 命令测试与其它计算机的连接情况。

3）通过“网上邻居”检查是否能显示网络中的其它计算机和共享资源。如果仍看不到其它计算机，在“网络”属性的“标识”中重新为计算机命名，使其在网络中具有唯一性。

3. 配置故障排除方法

首先检查发生故障设备的相关配置。如果发现错误，修改后，再测试相应的网络服务能否实现。如果没有发现错误，或相应的网络服务不能实现，则重点检查服务器配置、路由器配置、交换机配置等。一般情况下，如果不是病毒以及黑客攻击，在网络环境不发生大的变化情况下，这些配置参数尽量不要经常更改，即使更改，也要先备份再更改，以便及时恢复到正常状态。每次更改参数必须先备份当前的参数和数据。

由于网络故障现象多种多样，没有固定的排除步骤，而有的故障往往具有明确的方向性，是几类故障交织在一起。所以只能根据具体情况具体分析了。作为网络管理员，不管是什么样的故障都需要仔细分析和观察，而是应建立完善的技术档案，并在日常工作中积累经验，回顾问题根源以及解决方法，再加上严格的网络管理和有效的测试和监视工具，随着理论知识和经验技术的积累，故障排除将变得越来越快、越来越简单。

6.3.4　故障分析与排除实例

交换机在公司网络中的应用范围非常广泛，从低端到中端，从中端到高端，几乎涉及每个级别的产品，所以交换机发生故障的机率比路由器、防火墙等要高很多，这也是为什么要首先讨论交换机故障的分类与排除故障步骤的原因。交换机从硬件角度来说，原理并不复杂，其内部组成如图 6-28 所示。

图 6-28　交换机内部示意图

交换机故障一般可以分为硬件故障和软件故障两大类。硬件故障主要指交换机电源、背板、模块、端口等部件的故障。一般硬件故障不难判断，出现问题较多的实际是软件故障，特别是配置方面出现的故障。

【实例 6-6】

管理员小王接到报告，某台主机无法通信，小王在交换机上对局域网中的故障主机 IP 地址进行 Ping 命令测试，发现主机 IP 地址无法被 Ping 通的故障现象，该如何来排除呢？

【分析】在确认目标故障主机已经开通电源，并且该系统自身工作状态一切正常的情况下，应该怀疑交换机是否出现问题，可以在交换机中进行如下排查操作：

步骤 1：检测交换机与故障主机之间的线路连接状况。利用测试仪测试发现线缆是正常的。

步骤 2：通过 Telnet 命令登录进目标交换机后台管理界面，在该界面的命令行中执行字符串命令，显示该端口的信息。主要检查目标主机与本地交换机所连端口的 IP 地址是否处于同一个网段，或者检查本地交换机指定连接端口的工作模式是否为“Trunk”类型，如果这些参数设置不正确的话，必须及时将它们修改过来。

步骤 3：其次执行字符串命令显示 ARP 地址表信息，从弹出的结果界面中仔细检查本地交换机管理维护的 ARP 表内容是否设置正确，因为以太网最终通信是靠 MAC 地址，如果 MAC 地址与端口号和 IP 地址的关联发生错误，则不能通信，必须及时将它们修改过来。

步骤 4：接着检查本地交换机连接目标主机的通信端口处于哪一个虚拟子网（VLAN）中，找到对应的虚拟子网后，查看该虚拟子网是否正确配置 VLAN 通信接口，要是已经配置，则再检查该 VLAN 通信接口的 IP 地址是否和目标主机的 IP 地址位于相同的工作子网中，如果发现配置不正确的话，则必须及时修改过来。

通过上述 4 个步骤检查发现，由于管理员在设置虚拟局域网时，划分 VLAN 是以端口模式划分，出现配置错误，则不属于硬件故障，修改 VLAN 参数后，通信将会正常。

6.4　数据备份和数据容灾

网络中最宝贵的资源就是数据，而网络关键数据丢失会中断网络正常运行，造成巨大的经济损失。服务器里面重要的数据、档案或历史纪录，不论是对企业用户还是对个人用户，都是至关重要的，一旦不慎丢失将会造成不可估量的损失，轻则辛苦积累起来的心血付之东流，严重的会影响企业的正常运作，给科研、生产造成巨大的损失。造成数据丢失和毁坏的原因主要有以下几个方面：

1）数据处理和访问软件平台故障，如数据出现管理混乱。

2）操作系统的设计漏洞或人为设置的后门。

3）系统的硬件故障与损坏，如硬盘损坏。

4）人为的操作失误，如误删除。

5）来自网络内非法访问者的恶意攻击破坏。

6）网络系统供电系统故障等。

要保护数据，网络需要备份容灾系统。但是很多企业在搭建了备份系统之后就认为高枕无忧了，其实还需要搭建容灾系统。

6.4.1 数据备份与还原

数据备份是容灾的基础，是指为防止系统出现操作失误或系统故障导致数据丢失，而将全部或部分数据集合从主机的硬盘或阵列复制到其他的存储介质的过程。传统的数据备份主要是采用内置或外置的磁带机进行备份。但是这种方式只能防止操作失误等人为故障，而且其恢复时间也很长。随着技术的不断发展，数据的海量增加，不少企业开始采用网络备份。网络备份一般通过专业的数据存储管理软件结合相应的硬件和存储设备来实现。

数据备份必须要考虑到数据恢复的问题，包括采用双机热备、磁盘镜像或容错、备份磁带异地存放、关键部件冗余等多种灾难预防措施。这些措施能够在系统发生故障后进行系统恢复。但是这些措施一般只能处理计算机单点故障，对区域性、毁灭性灾难则束手无策，也不具备灾难恢复能力。

通常情况下，可采用“备份”工具软件帮助用户保护数据免受意外的损失。通过使用“备份”软件在存储体上创建数据的副本，然后再在其他存储设备（例如硬盘或磁带）上存档该数据。如果硬盘上的原始数据被意外删除或覆盖，或因为硬盘故障而不能访问该数据，那么用户可以十分方便地从存档副本中还原该数据。磁带库自动备份系统的拓扑图如图 6-29 所示。

在 Windows Server 2008 系统中，不能采用传统的网络克隆方式进行数据备份，这是因为网络服务器不是单机，其参数设置信息是动态变化的。正常的管理模式下，管理员可以利用 Windows Server 2008 中自带的备份还原工具来实施管理。

相对于早期版本自带的 NTBACKUP，Windows Server 2008 中提供的 Windows ServerBackup 更为先进，更快、更灵活。早期的 NTBACKUP 是以文件为主的备份和还原工具，而 Windows ServerBackup 则是以磁盘区和区块为主。Windows ServerBackup 会将它的备份来源当作一组磁盘区来处理，并把每个磁盘区视为磁盘区块的集合。这远比透过文件系统备份文件更有效率。按照区块来处理备份允许 Windows ServerBackup 利用磁盘区阴影复制服务快照集来执行区块层级的增量备份，并允许在目标磁盘区上建立快照集以简化多个备份的使用（并减少多个备份使用的空间）。

但是其功能过于简单，在中型以上网络一般可选择专业的备份软件来实现，目前在数据存储领域可以完成本机和网络数据备份管理的软件产品主要有 Legato 公司的 NetWorker、

IBM 公司的 Tivoli、Verities 公司的 NetBackup 等。另外有些操作系统，诸如 UNIX 的 tar/cpio、Netware 的 Sbackup 也可以作为 NAS 的备份软件。

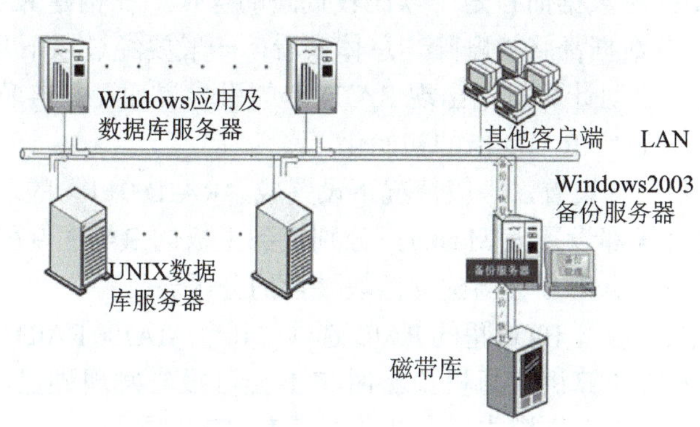

图 6-29　磁带库自动备份系统拓扑图

6.4.2　RAID 技术应用

RAID 的全称是廉价磁盘冗余阵列（Redundant Array of Inexpensive Disks），于 1987 年由美国 Berkeley 大学的两名工程师提出，RAID 出现的最初目的是将多个容量较小的廉价硬盘合并成为一个大容量的“逻辑盘”或磁盘阵列，实现提高硬盘容量和性能的功能，从而提供比单个硬盘更高的存储性能和提供数据冗余的技术。组成磁盘阵列的不同方式称为 RAID 级别（RAID Levels）。

磁盘阵列在用户看起来，组成的磁盘组就像是一个硬盘，用户可以对它进行分区、格式化等。总之，对磁盘阵列的操作与单个硬盘一模一样。不同的是，磁盘阵列的存储性能要比单个硬盘高很多，而且可以提供数据冗余。数据冗余的功能是在用户数据一旦发生损坏后，利用冗余信息使损坏数据得以恢复，从而保障了用户数据的安全性。

RAID 技术经过不断的发展，现在已拥有了从 RAID 0 ～ RAID 6 七种基本的 RAID 级别。另外，还有一些基本 RAID 级别的组合形式，如 RAID 0+1（RAID 0 与 RAID 1 的组合），RAID 0+5（RAID 0 与 RAID 5 的组合）等。不同 RAID 级别代表着不同的存储性能、数据安全性和存储成本。

RAID 可以通过软件或硬件实现。软件实现 RAID 需要操作系统的支持。硬件实现就是使用专用的 RAID 卡来实现。硬件 RAID 的实现要涉及更高要求的服务器硬件系统、额外的 RAID 卡支持、多硬盘支持；而软 RAID 的实现只需要较低的服务器硬件配置、同等数量的多硬盘支持，并且由于是通过操作系统自带的软件进行管理，所以无需再有额外的 RAID 卡支出。

要实现硬件 RAID 主要有两种方式：第一种就是 RAID 适配卡（见图 6-30），通过 RAID 适配卡插入 PCI 插槽再接上硬盘实现硬盘的 RAID 功能；第二种方式就是直接在主板上集成 RAID 控制芯片，让主板能直接实现磁盘 RAID。这种方式的成本比专用的 RAID 适配卡低很多。软件 RAID 是利用诸如 Windows Server 2008 系统自带的软件实现 RAID。

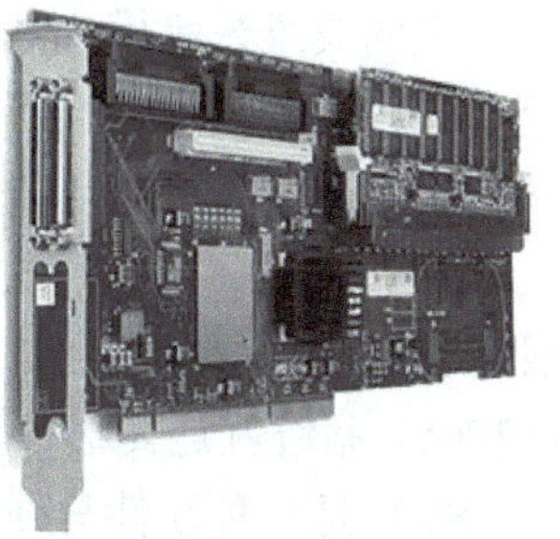

图 6-30　SCSI 接口硬盘的 RAID 卡

由于服务器的硬盘一般采用 SCSI 接口，而不同的服务器随机所安装的 RAID 卡不同，因此，设置方法也不尽相同（可参照产品说明书进行具体操作）。在设置前要备份好硬盘中的数据。因为构建 RAID 对数据而言是一项比较危险的操作，在构建 RAID 0 时，包括硬盘分区表在内的磁盘上所有数据都将被删除。总体来看，一般要经过以下几个过程：

1）正确安装硬盘。启动计算机，出现 RAID 卡的引导界面，按屏幕的提示操作就可以进入 RAID 的控制界面，进行 RAID 卡的初始化。

2）根据界面的提示进行设置，一般情况下设置成“RAID 0+1”的形式。

3）将两块硬盘的跳线都设置为 Master，分别接到主板的 RAID 专用的 IDE 口。无需考虑硬盘连接的顺序，因为 RAID 0 会新建立两块硬盘的分区表。

4）对 BIOS 进行设置，打开 BIOS 里的 RAID 选项。开启 ATA100 RAID IDE CONTROLLER。接下来设置完成以后重启计算机，开机检测时将不会再报告发现硬盘。接下来进入 RAID BIOS 进行设置。选择 RAID 工作模式，在此选择了 RAID 0 项。

5）选择“Start Create（开始创建）”选项，在按下“Y”之前，请再次检查是否有重要的数据留在硬盘上，一旦开始创建 RAID，硬盘上的所有数据都会被清除。

再次重启计算机以后，就可以看到 RAID 0 的提示了。接下来的工作是把两块硬盘当成一块硬盘分区、格式化、安装软件。此处不再详细介绍。

在 Windows Server 2008 的操作系统中，由于提供了内嵌的软件 RAID 功能，这时只需要有两块硬盘就可以实现 RAID 0 和 RAID 1 功能，由于 Windows Server 2008 的软 RAID 都是基于系统的动态磁盘机制建立的，因此要实现软 RAID 0 必须至少有两个硬盘做成动态磁盘。另外，一旦将硬盘转换为动态磁盘就不能再转换为原来的状态了，除非删除原来的分区。

6.4.3 服务器的灾难恢复

服务器的灾难恢复主要围绕系统数据和参数的恢复。尽管 Windows Server 2008 提供了一些紧急修复的功能，但是过于简单。灾难恢复是指系统崩溃后，无需重新安装操作系统，直接通过备份的磁带，将系统恢复出来。恢复时不用重装操作系统、应用软件、备份软件。灾难恢复必须能够对系统进行包括系统分区、操作系统、应用系统及数据在内的完整恢复。一般情况下，如果能定期进行数据与参数备份，那么，通过灾难恢复措施就可以迅速恢复。因此，灾难恢复措施在整个备份制度中占有相当重要的地位。灾难恢复操作通常可以分为两类。第一类是全盘恢复，第二类是个别文件恢复，还有一种是复位向恢复。中小型网络倾向选用由服务器和磁带机、磁带库等组成的成本低廉的数据备份系统。

传统的灾难恢复模式与步骤是：由 CD-ROM 或软盘重新安装操作系统（OS），从灾难恢复（DR）软盘重新引导启动，然后装载恢复磁带并恢复系统，由 CD-ROM 或软盘重新安装备份软件，重新引导后装载恢复磁带并恢复系统。很显然这种方式对管理人员的水平要求很高，同时费时、费力、灾难恢复时间过长。实际操作中，灾难恢复系统应操作简便，对网管人员要求不要很专业。这样的系统目前市场已经有很多种技术，惠普的单键灾难恢复（OBDR）系统就是其中一个典型的例子。

OBDR 是一种软件与硬件相结合的系统技术，为惠普所专有的一项先进存储技术。其技术与其他数据备份方案的对比见表 6-2。通常，由于服务器系统已经发生损坏，则灾难恢复时所必需的最小系统引导块不能从磁带机上直接装入，更不用说直接从磁带上恢复数据。而 OBDR 则是在 EPROM 中内置了一个程序，将磁带机虚拟成一个光盘驱动器，这样只需一盘磁带、一个按键便可快速恢复全部系统。它能将磁带机转换为一种特定模式，自动模拟成为一个可引导的 CD-ROM，在这种模式下，系统能够自动识别到磁带机，并能由磁带机来引导系统。当进行系统灾难恢复时，软件就自动地把磁带机转换为“正常”模式。大大简化了系统恢复的程序，缩短了恢复时间。同时，OBDR 是在一种自动的状态下进行数据恢复的，因此排除了人为错误造成的影响。OBDR 的好处是快速、简单，而且更为可靠。整个恢复过程只需一盘全备份磁带，无需其它软件和介质。该功能可使过去需要专业人员通常几天才能完成的工作（如安装操作系统、数据库软件及应用软件等），现在只需按一个键并打开系统电源便可顺利完成，全部过程往往只需数分钟。OBDR 可以备份系统数据和应用程序，还可以备份操作系统，甚至分区信息。

不管怎样，为了防备数据丢失，网络管理员需要做好详细的服务器灾难恢复计划，同时还要定期进行灾难演练。每过一段时间，应进行一次灾难演习。可以利用淘汰的机器或多余的硬盘进行灾难模拟，以熟练灾难恢复的操作过程，并检验所生成的灾难恢复软盘和灾难恢复备份是否可靠。

表 6-2 几种常见的数据备份方案的对比

常规备份方案	常规灾难性恢复方案	HP 单键灾难性恢复方案
更换硬件	更换硬件	更换硬件
集中所有需用的软件介质	集中所有需用的软件介质	以 DR 方式启动，自动恢复整个系统
从软盘或 CDROM 中重装操作系统	从软盘启动机器	重新启动机器
重新启动机器	装入磁带开始恢复系统	
从软盘或 CDROM 中重装备份软件	重新启动机器	
重新启动机器		
装入磁带开始恢复系统		
重新启动机器		

6.4.4 网络存储技术

不管网络发展到何种阶段，用户最终需要的是如何安全、可靠、方便快捷地存储和管理数据。随着网络规模的不断扩充，对存储系统的容量和速度提出了更高的要求。

网络数据存储技术是指在分布式网络环境下，通过专业的数据存储管理软件，结合相应的硬件和存储设备，来对全网络的数据备份进行集中管理，从而实现自动化的备份、文件归档、数据分级存储以及灾难恢复等。常见的网络存储技术包括：直接连接存储（DAS）；网络存储设备（NAS）；区域存储网络（SAN）以及 IP SAN 等。

传统的以服务器为中心的直接连接存储 DAS（Direct Attached Storage）方式（这种方式是将 RAID 硬盘阵列直接安装到网络系统的服务器上），已不能满足用户的需要，越来越多的用户已经从原来的“服务器中心”模式转换为以“数据为中心”的 NAS 和 SAN 上。下面介绍这两种技术。

1. 网络存储设备（NAS）

NAS 的全称是 Network Attached Storage，中文翻译为网络存储设备。该模式独立于网络中的主服务器，通过专用的文件服务器来实现异构平台之间的数据级共享。允许客户机与存储设备之间进行直接的数据访问。由于这些设备都分配有 IP 地址，所以客户机通过充当数据网关的服务器可以对其进行存取访问，甚至在某些情况下，不需要任何中间介质客户机也可以直接访问这些设备。NAS 基础架构如图 6-31 所示。

NAS 包括处理器、文件服务管理模块和硬盘驱动器，它们用于数据的存储。NAS 允许存取任意网络存储格式的文件，包括 SMB 格式、NFS 格式和 CIFS 格式等。相对于 DAS，NAS 具有更好的扩展性、灵活性，存储设备不会受无地理位置的拘束，并可以直接通过交换机连到网络上，是一种即插即用的网络设备。如图 6-32 所示，为某型号的 NAS 网络硬盘箱。

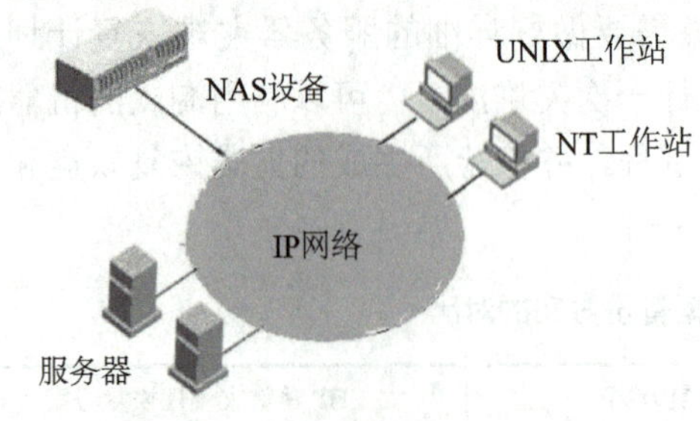

图 6-31　NAS 基础架构

图 6-32　千兆 NAS 网络硬盘箱

2. 区域存储网络（SAN）

SAN 的全称是 Storage Area Network，中文翻译为区域存储网络，是一种通过互连光纤通道交换机高速连接所有的服务器和存储设备的网络，网络之间通过交换机形成了 SAN 的核心——光纤通道（Fibre Channel，FC 技术），多个主机访问存储设备跟各主机间互相访问一样方便，如图 6-33 所示。SAN 同时可以支持 IPI、SCSI、IP、ATM 等多种高级协议。

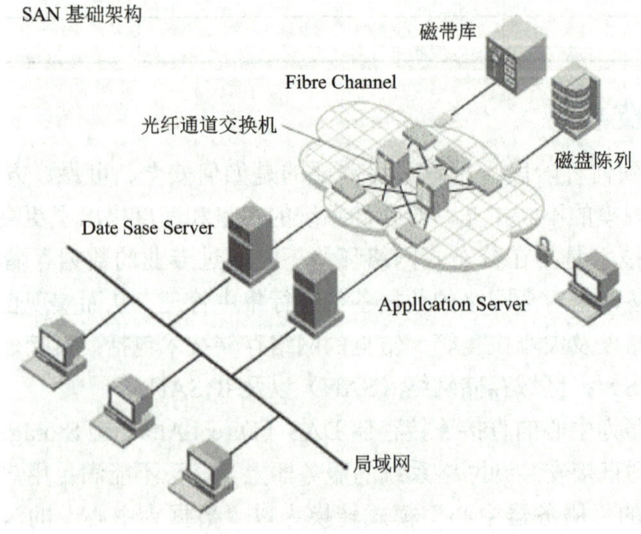

图 6-33　SAN 基础架构

SAN 的最大特性是将网络和设备的通信协议与传输物理介质隔离开。并通过多台交换机连接构建可提供数百个端口的 SAN 来适应网络信息存储容量不断增长的需要。

SAN 采用可伸缩的网络拓扑结构。通过具有较高传输速度的光纤信道连接方式，提供 SAN 内部任意节点之间的多路可选择的数据交换，这样将数据存储管理集中在相对独立的存储区域网内。SAN 的管理是集中而且高效的。用户可以在线添加 / 删除设备、动态调整存储网络以及将异构设备统一成存储池等。

3. IP 存储技术（IP SAN）

在网络存储技术中，SAN 无疑是理想的选择，但 SAN 基于 FC 技术，其成本以及管理难度过高。因此，一种既降低成本又简化管理的 IP SAN 技术应运而生。IP SAN 由 IBM 与 Cisco 公司联手开发。目前主流的 IP 存储方案包括：互联网小型计算机系统接口（Internet Small Computer Systems Interface，iSCSI）、互联网光纤通道协议（Internet Fibre Channel Protocol，iFCP）和基于 IP 的光纤通道（FCIP）方案。

IP SAN 通过结合 iSICI 和千兆以太网的优势，兼具了 FC SAN 的高性能和 NAS 的文件共享优势，为新的数据存储方式提供了更加先进的结构平台。在提供稳定性和功能的同时，还降低了成本，简化了设计、管理与维护，从而成为中小型网络的选择。如图 6-34 所示为某型号 IP 网络存储系统的示意图。

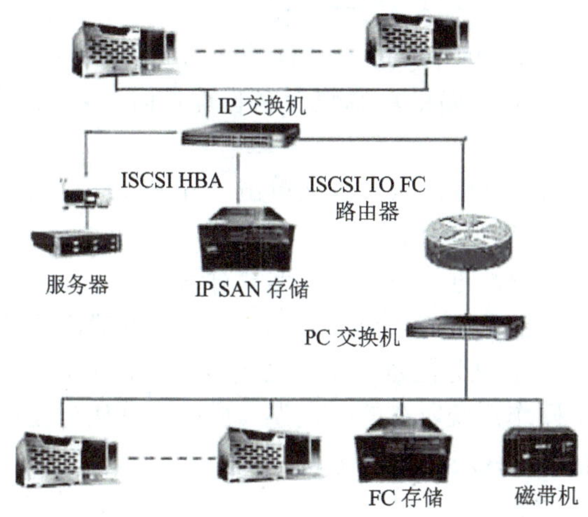

图 6-34 IP 网络存储原理示意图

目前，NAS 模式在增添了光纤信道和 iSCSI 功能后，看起来就比较接近 SAN 技术。而 SAN 也由于本身的局限，也基于 iSCSI 技术标准开发了 IP SAN。所以采用 IP、光纤通道或者 iSCSI 技术的网络存储技术就成为了市场的主流。

6.4.5 Windows ServerBackup 数据备份与恢复

Windows ServerBackup 是 Windows Server 2008 唯一内建的备份解决方案，但它并非取代NTBackup功能。两者最大的差别是，Windows ServerBackup 是磁盘对磁盘的备份解决方案，它并不支持备份到磁带。用户可以在直接连接的磁盘区、网络共享，甚至是外部 USB 硬盘机和多磁盘驱动器可刻录 DVD 上建立备份，但无法备份到磁带。

Windows ServerBackup 组件程序在默认状态下并没有被安装运行，为此管理员需要先将该组件程序安装好，才能通过它进行全新的数据备份操作。其步骤是：

步骤 1：单击“开始”菜单，从中依次点选“程序”→“管理工具”→“服务器管理器”菜单项，进入对应系统的服务器管理器界面。

步骤 2：展开该界面左侧显示区域中的“功能”分支，再单击该分支下面的“添加功能”按钮，打开如图 6-35 所示的功能添加向导窗口。

步骤 3：检查该向导窗口中的“Windows Server Backup”选项有没有被选中，如果看到该选项还没有处于选中状态时，则选中它，并单击“下一步”按钮，紧接着依照提示就能安装好 Windows ServerBackup 组件程序了。

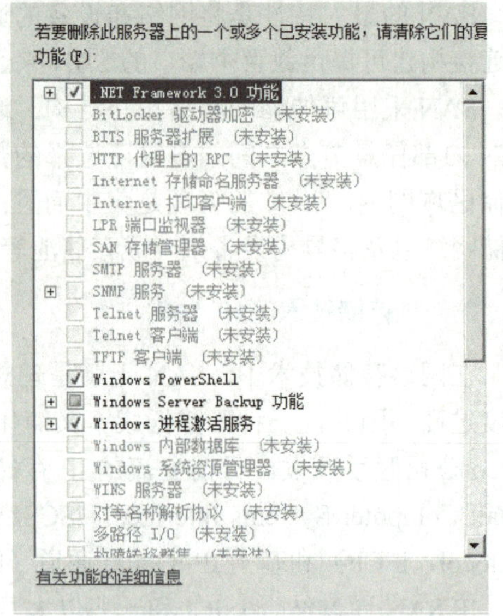

图 6-35 安装 Windows ServerBackup 备份功能

安装结束后，将在“管理工具”菜单中自动出现“Windows ServerBackup”的菜单项。

1. 利用 Windows ServerBackup 进行系统备份

下面介绍通过 Windows ServerBackup 组件程序来对 Windows Server 2008 系统中的重要数据信息进行备份操作。例如，如果 C 盘进行备份操作时，可以按照下面的操作步骤来进行：

步骤 1：首先打开“开始”菜单，从中依次单击“程序”→“管理工具”→“Windows ServerBackup”菜单命令，打开对应的操作窗口，单击该窗口右侧显示区域中的“备份计划”选项，之后单击“下一步”按钮，进入备份向导配置对话框。

步骤 2：设置自定义备份选项，Windows Server 2008 系统默认备份整个服务器系统，由于现在只要对操作系统所在的磁盘分区进行数据备份操作，因此需要选中图 6-36 界面中的“自定义”选项，之后选中操作系统所在的磁盘卷（该选项默认会被自动选中）。

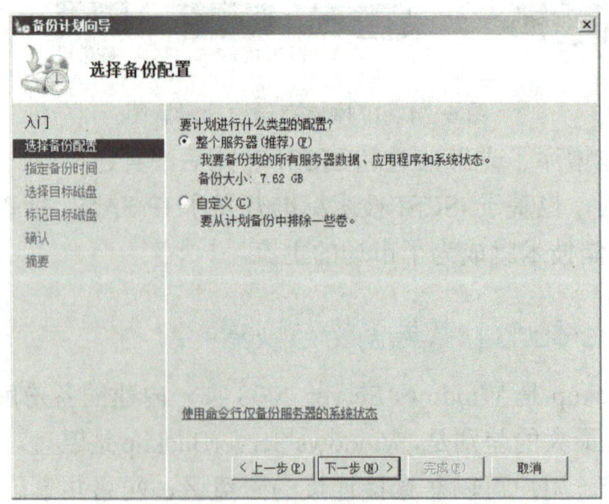

图 6-36 选择自定义备份配置

步骤 3： 设置备份参数，根据向导提示设置好备份时间参数，Windows Server 2008 系统在默认状态下会对目标数据内容进行“每日一次”的备份操作，由于这里仅仅需要备份操作系统，因此可以将备份时间调整得稍微长一些，如图 6-37 所示。

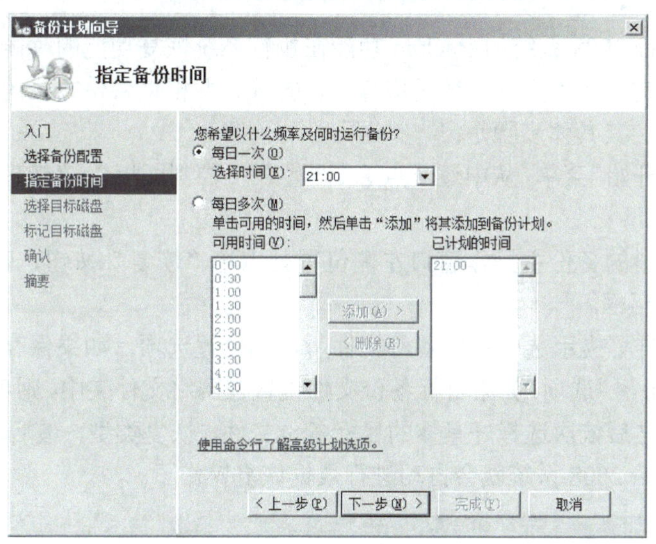

图 6-37　指定备份时间

技能提示

避免频繁执行数据备份操作会影响服务器系统的工作状态。如果要对重要数据信息所在的磁盘分区进行备份操作时，那就要根据数据的重要程度来选用“每天多次”备份选项了，每次备份的具体时间都可以根据实际情况进行合适的指定，然后将每次的备份时间点逐一加入到“已计划的时间”列表中。

步骤 4： 设置备份目标磁盘位置。当备份向导要求指定目标磁盘页面时，可以将连接到本地服务器主机的外部磁盘对应的分区选中，同时依照屏幕向导完成分区的格式化操作，最后单击向导界面中的“关闭”按钮退出数据备份向导对话框，如图 6-38 所示。

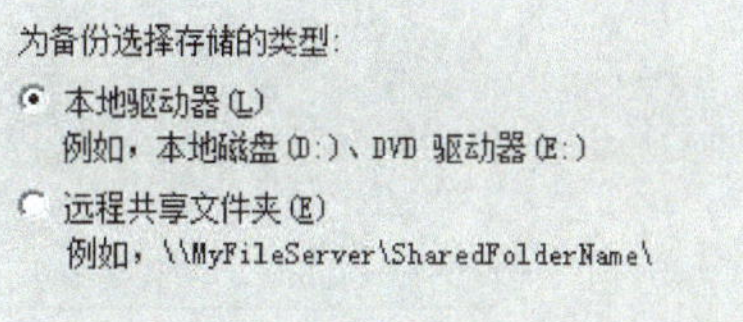

图 6-38　设置存储类型

技能提示

如果考虑到保管和携带的问题，也可将存储目标设置为 DVD 光盘，具体操作是将 DVD 空白光盘放入到对应光驱中，然后选中“本地驱动器”选项，再单击“下一步”按钮，从其后出现的设置窗口中选中 DVD 刻录光驱对应的盘符，同时选中“写入后验证”选项，最后单击“备份”按钮，就可以执行备份操作。如果光盘的容量不够，Backup 功能会自动地将待备份的数据内容分割存储在多张不同的 DVD 光盘中。

当到了事先约定的备份时间时，Windows ServerBackup 组件程序就会自动根据设定参数进行数据备份操作了，并且会自动将重要数据内容备份保存到指定的外部磁盘分区中。

2. 利用 Windows ServerBackup 进行系统还原恢复

Windows Server 2008 系统的 Backup 功能在执行系统恢复功能的时候，能自动识别出目标备份文件使用了完全备份方式，还是增量备份方式，并根据备份方式的不同而进行不同方式的数据还原操作。其具体步骤是：

步骤 1：单击"开始"菜单，从中逐一点选"设置"→"控制面板"→"管理工具"→"Windows ServerBackup"选项。

步骤 2：在弹出的备份主操作窗口左侧位置处点选"恢复"按钮，弹出如图 6-39 所示的数据恢复向导对话框。

步骤 3：按照屏幕提示选中目标备份文件所在的位置选项，如果保存在本地的话，可以选中这里的"此服务器"选项，如果目标备份文件位置在网络文件夹中，则可以选中这里的"另一个文件"选项，之后依次选择好具体的目标备份文件、恢复类型，最后单击"确认"按钮，这样 Windows Server 2008 系统就会自动进行数据恢复操作了。

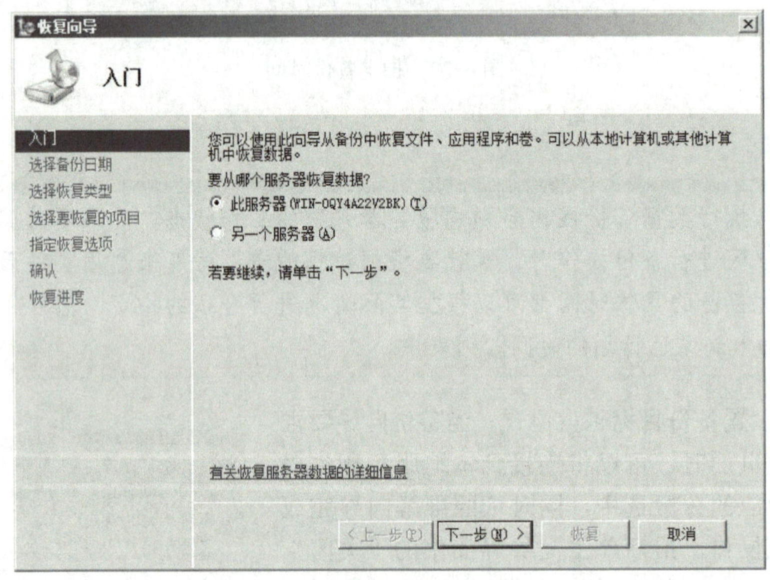

图 6-39 "恢复向导"对话框

技能提示

使用普通的数据备份功能备份好数据信息后，日后还原数据时往往比较麻烦，特别是执行增量备份操作的数据内容，更需要管理员逐步地进行手工还原，显然这样的数据还原操作效率是十分低下的。不过，新的数据备份功能可以在进行数据还原操作时，自动判断出数据备份内容中的增量备份部分，之后对增量备份的内容一次性进行快速还原，而不需要管理员进行人工参与，这样一来管理员就能轻松享受到简洁的数据还原服务了。

6.5 课后小结与习题

小　　结

本章主要介绍了局域网管理与维护知识，重点介绍了网络管理中各类工具的使用，并介绍了局域网常见故障的分析与排除办法。同时介绍了一些网络存储与数据备份的知识。在实际的网络维护中，除了必要的知识与技能外，经验也绝对不可以忽略。从教材的角度来看，不能真正地全面把握所有故障的检测与排除，但是可以帮助读者掌握必要的手段和排除策略，养成分析问题、解决问题的能力。

知 识 习 题

6-1　Windows 中主要的局域网性能监视与系统优化工具有哪些?

6-2　请列举出常见局域网管理软件及主要功能。

6-3　局域网常见故障有哪些，如何检测排除故障。

6-4　什么是数据备份和数据容灾，数据备份与文件复制有什么区别?

6-5　什么是 RAID 技术?

6-6　常见的网络存储技术有哪些?

技 能 习 题

6-1　下载安装网络管理软件，如超级网管，熟悉其界面和功能。

6-2　练习用 Windows 自带的网络备份与还原软件进行文件备份和还原操作。

6-3　通过搜索引擎查询“RAID”、“ISCSI”、“服务器故障分类”等关键字。

第7章 局域网系统安全防范

局域网的安全是网络管理与维护中的重要环节，网络的安全威胁可能来自网络内部，也可能来自网络外部，其直接原因有可能是系统漏洞、安全攻击，也有可能是由于管理上的疏忽造成。本章将介绍网络安全威胁的主要原因，并介绍入侵检测系统、防火墙、网络病毒防范的有关知识和技能。

学习目标	
知识要求	1）掌握网络存在的安全威胁以及防范手段。 2）掌握网络防毒的基本知识。 3）了解入侵检测系统的基础知识。 4）掌握防火墙的基本原理与典型的应用技术。 5）了解漏洞扫描原理与常见的漏洞扫描软件。
岗位职业能力目标	1）能利用漏洞扫描工具检测系统漏洞，分析漏洞扫描结果，并制定相应的修补措施。 2）能完成防火墙（硬件）以及网络防病毒软件的部署设计。 3）能对服务器进行安全设置。

7.1 局域网安全分析与入侵检测

7.1.1 网络安全管理与安全威胁

简单地说，网络安全是指网络系统的硬件、软件及其系统中的数据受到保护，不被偶然的或者恶意的攻击而遭到破坏、更改和泄露，而且网络系统可以连续可靠地正常运行。网络管理员在此方面的职责是：对本地网络信息的访问、读写等操作受到保护和控制，避免出现病毒、非法存取、拒绝服务和网络资源非法占用和非法控制等威胁，制止和防御网络黑客的攻击，同时要防止机密信息泄露以及不良信息进入。

针对 ISO / OSI 网络七层体系结构而言，其所提供的安全服务及对应的系统单元之间的关系实际是一个三维的安全体系框架，如图 7-1 所示。

从安全主体的角度来分，网络安全包括两个方面的内容：

（1）设备安全　指人为的或自然的因素导致网络设备被破坏，进而导致网络系统瘫痪和数据流失。如服务器和交换机以及路由器的安全。

（2）信息安全　指网络信息的机密性、完整性、可用性及真实性、身份认证和访问控制。

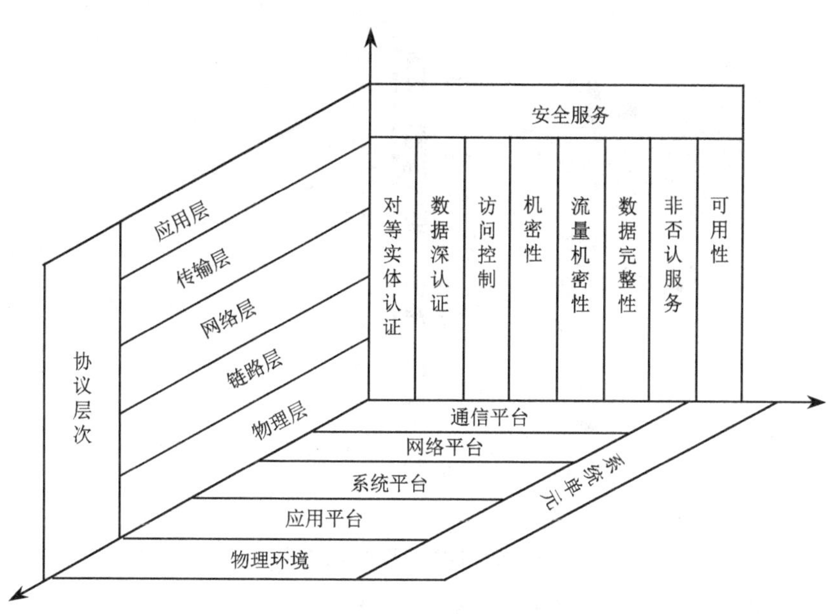

图 7-1 安全防范体系框架模型

影响计算机网络安全的因素很多（见图 7-2），有些因素可能是有意的，也可能是无意的，可能是人为的，也可能是自然的。综合起来，主要包括 4 个方面：

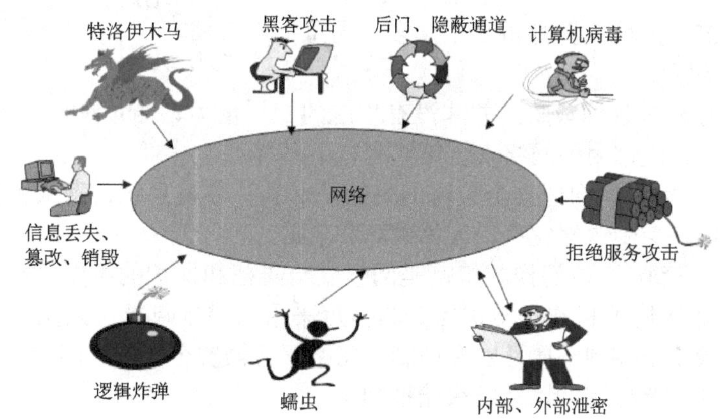

图 7-2 网络中存在的安全威胁

（1）人为的失误　主要是由管理员安全配置不当造成的安全漏洞，包括用户安全意识不强，口令安全强度过弱，用户随意公开账号信息等都会对网络安全带来威胁。

（2）人为的恶意攻击　主要是黑客手段和计算机犯罪造成的攻击。而最典型的是阻断服务（Denial of Service，DoS）及分布式阻断服务（Distributed Denial of Service，DDoS）的网络攻击。通常造成阻断服务的危害有：系统死机、网络无法连接、系统反应变慢、资源使用耗光等。图 7-3 表明了 DDoS 攻击的过程。

（3）网络软件的漏洞和“后门”　网络操作系统和其他网络管理软件往往存在一些缺陷和漏洞，而黑客就将这些漏洞和缺陷作为网络攻击的首选目标，如图 7-4 所示。在网络黑客攻击中，站点被“黑”是比较常见的，其主要原理就是利用操作系统或 WWW 服务存在的安全漏洞，获得或提升系统控制权，从而非法修改网页内容。

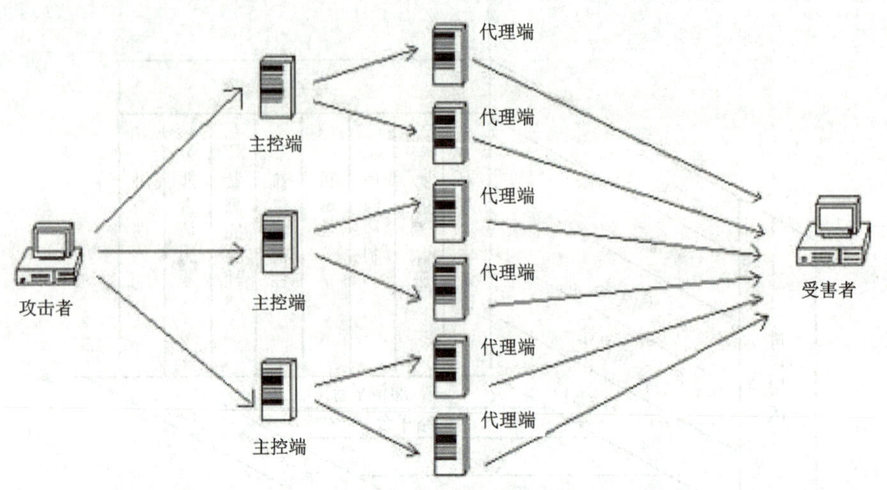

图 7-3　DDoS 攻击示意图

（4）自然灾害与突发事件　这类网络威胁主要是指那些不可预测的自然灾害和人为恶性事件。例如，台风、地震、火山喷发、洪水，以及人为纵火、恶意破坏、恶意偷盗、爆炸和撞机等，这些灾害往往是毁灭性的，不可疏于防范。例如“美国 9·11”事件以及“汶川大地震”都带来了众多公司重要数据的丢失或损毁。

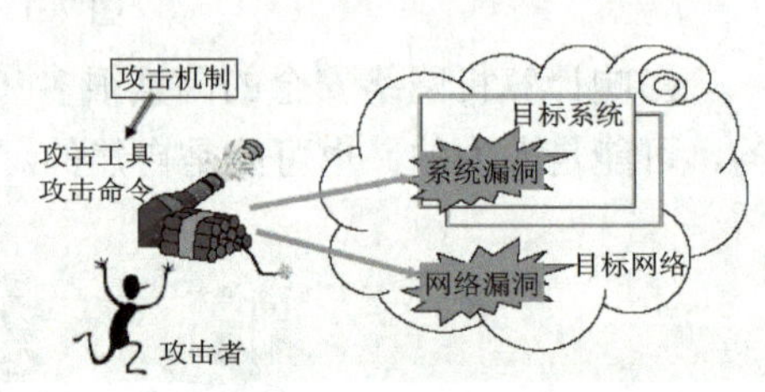

图 7-4　利用网络漏洞或系统漏洞攻击

针对网络中存在的各种威胁，并非没有相应的防范与解决措施，比较常用的网络安全策略有以下几种：

（1）物理安全策略　物理安全策略的目的是保护计算机系统、网络服务器和打印机等硬件实体和通信链路免受自然灾害、人为破坏和攻击。

（2）访问控制策略　访问控制策略是网络安全防范和保护的主要策略，主要任务是保证网络资源不被非法使用和非正常访问。具体可采用的措施包括：入网访问控制、网络的权限控制、目录级安全控制、属性安全控制、网络服务器安全控制、网络监测和锁定控制、网络端口和节点的安全控制，以及防火墙控制等。

（3）信息加密策略　该策略采用密码技术将信息隐蔽起来，使信息在传输过程中即使被窃取或截获，窃取者也不能了解信息的内容，从而保证信息传输的安全。

（4）网络安全管理策略　该策略包括确定安全管理等级和安全管理范围、制订有关网络操作使用规程和人员出入机房管理制度等，加强内网安全管理以及内外网络隔离。

（5）数据备份与恢复及容灾策略　该策略主要包括系统核心数据的备份、异地备份以及恢复技术，在服务器等关键设备崩溃时能利用容灾技术恢复。

总之，在网络安全的防范上，不能光靠安全技术，还应将安全管理及访问控制有机地结合起来形成多层防御体系，建立安全防御监控中心，才能达到应有的安全效果。

7.1.2　系统安全扫描系统

网络系统安全的很大部分原因来自于系统漏洞，系统漏洞大体上分为软件编写错误造成的漏洞和配置不当造成的漏洞。在网络环境中，系统安全漏洞主要包括网络操作系统漏洞、服务漏洞、协议漏洞等，其中操作系统漏洞是由于系统设计过程中的缺陷造成的，一般可以通过安装补丁文件来解决；服务漏洞则主要是指在开放的服务中，访问策略设置不当产生的安全问题；协议漏洞则是由网络协议的缺陷造成的安全问题。

网络上的非法入侵者（HACKER）经常通过各种非法工具和软件寻找网络漏洞，利用网络自身缺陷、软件漏洞以及网络管理员知识所限或管理疏忽等，企图潜入各种服务器及内部网络，窃取关键数据，恶意修改、删除数据，甚至借此以攻击第三方网络设备等，造成了重大甚至难以挽回的损失。如能够在恶意者入侵之前提前将系统配置得尽可能安全，则会大大减少系统被入侵的可能性，进一步提高系统的网络安全性。

系统安全扫描系统是一类安全产品，此类产品不仅具备扫描各种遵循 TCP / IP 通信协议的网络产品的公开的安全漏洞的能力，同时还可以针对具体应用，挂接一些高端网络安全扫描插件，通过一些未公开的网络安全漏洞，有重点的对某个或某些问题进行网络安全检测。更进一步，针对一些特殊的需要，当发现网络安全漏洞的时候，可以通过一些内部脚本的支持，将事先准备好的攻击程序远程注入漏洞机中，达到控制和操作漏洞机的目的。

常见的系统安全扫描系统包括：蓝盾安全扫描系统、中茂维信网络安全扫描系统。其中，蓝盾安全扫描系统是集网络扫描、主机扫描和数据库扫描 3 大扫描技术为一体的集成扫描工具。适用于对不同规模的 Internet / Intranet 环境下的各种网络设备、主机系统、数据库系统和应用程序等进行安全扫描、安全评估，并提出相应的安全防护解决方案。其主要功能见表 7-1。

表 7-1 蓝盾安全扫描系统功能描述

功 能	功 能 描 述
漏洞检测	系统支持共计 24 大类 2500 多种漏洞检测，并不断跟踪最新的漏洞，将其加入到漏洞库中，大大减少用户系统中的隐患
扫描多种平台	支持 Sun Solaris；HP-UX；IBM Aix；Digital UNIX；SGI IRIX；Linux；Windows 9X / 2000 / NT / XP 等系统。各种路由器、交换机等网络设备以及各种防火墙、入侵检测等安全产品
扫描多台主机	系统可同时支持多台主机，支持 3 个连续的 C 段 IP 扫描范围
广泛的检测范围	检测范围包括：WEB-CGI、FTP、SMTP、RPC、NIS、FINGER 等服务攻击检测，SNMP 协议漏洞检测，数据库攻击检测，组文件检测，口令文件检测，用户网络配置文件检测，文件修改检测，操作系统补丁版本检测，Web 服务，FTP 服务，电子邮件服务，其他网络服务，强力攻击检测，缓冲区溢出检测，路由器配置检测，拒绝服务攻击检测，端口扫描等
提供解决方案和专家建议安全策略	系统不仅能发现系统中存在的弱点和漏洞，还能提供相关的技术站点和给用户提出修补这些弱点和漏洞的解决办法，给用户建议保证系统安全的安全策略，最大限度地保护用户的利益
自动生成分析报告	在扫描分析目标网络后，给用户提供一份完整的安全性分析报告(如：HTML、TXT、Word 等)。报告将系统地对目标网络系统的安全性进行详细描述
自定义安全策略	蓝盾安全扫描系统对扫描强度和系统风险级别实行分级制。扫描强度可选定内置的三种标准模板，也可定制自己的安全扫描策略，配置不同的扫描参数，从而满足不同用户对不同网络的安全要求，实现不同内容、不同级别、不同程度和不同层次的漏洞扫描
渗透检测能力	能模仿黑客对被检测网络进行强力攻击和渗透，弥补一般漏洞库检测模式的不足
支持弱口令探测	系统支持对 FTP、POP、IPC 共享和 MSSQL 等弱口令探测，可以自定义弱口令内容，并配有强大的弱口令库
提供对防火墙的穿透能力	系统能穿透大多数防火墙设备进行主机存活和端口扫描，完全与高级黑客采用的测试手段类似
策略管理	系统针对不同用户的需求，对扫描项目进行合理的组合，更快、更有效地帮助不同用户构建自己专用的安全策略。蓝盾安全扫描系统中预装了多种常见的策略，您可以根据不同的安全需求，选取或自定义不同的扫描策略，对相应的网络设施进行扫描分析

7.1.3 网络安全防御技术

对于网络中存在着自然和人为等诸多因素的脆弱性和潜在威胁，网络的防御措施应是能全方位地针对各种不同的威胁和脆弱性，这样才能确保网络信息的保密性、完整性和可用性。主要的安全防御技术包括：

1. 硬件设备的安全防护

硬件的安全问题大致分为两种：物理安全和设置安全。物理安全是指防止意外事件或人为破坏具体的物理设备，如网络中的服务器、交换机、路由器等。要严禁无关人员进入机房，特别是网络中心机房。设置安全是指在设备上进行必要的设置（如服务器、交换机的密码等），防止黑客取得硬件设备的远程控制权。例如，如果网络管理员没有在服务器或可网管的交换机上设置必要的密码口令或保持默认的出厂参数设置，那么就会使懂得网络设备管理技术的人可以通过网络来窃取到服务器或交换机的相关控制权。

2. 软件系统的安全防护

任何系统都有漏洞，网络系统管理员应该及时地装上系统“补丁”。目前大部分服务器多数应用的是 Windows Server 2008 操作系统，由于微软的操作系统漏洞特别多，应不定期从微软公司网站上下载补丁程序并安装。同时，还应该有全局观念，对网络中其他客户机的安全补丁的修补也不能放松，建议在网络内建立补丁服务器，定期向网络客户机提供最新的系统补丁。网络病毒也同样不可小看，有必要在网络服务器上安装网络版的杀毒软件来扼杀病毒的传播。

3. 局域网传输与访问安全

目前的局域网基本上都是以太网。以太网的技术原理使得其容易产生网络风暴，引起网络阻塞，另外一个就是容易发生信息泄露。可以通过 VLAN 技术来实现网络分段，从而控制网络广播风暴，并可将非法用户与敏感的网络资源相互隔离，防止其非法侦听。在网络中采用数据加密技术和应用层网络安全协议和传输层安全协议也可以有效解决这些问题，如采用 SSH 和 SSL 安全协议等。

4. 外网连接安全防范

外网安全通常指与 Internet 的互联及与外部企业用户的互联两种。对外部网安全的威胁主要表现在：非授权访问、冒充合法用户、破坏数据完整性、干扰系统正常运行、利用网络传播病毒、线路窃听等。外网安全的解决办法主要依靠防火墙技术、入侵检测技术和网络防病毒技术，并可以对网络数据进行加密，对于从外部拨号访问内部网的用户可采用 VPN（虚拟专用网）技术和身份认证技术。在实际安全设计中，往往采取上述几种技术相结合的方式。

目前，网络安全防御主要采取的技术有：数据加密、安全协议、访问控制、防火墙技术、入侵检测技术、网络防病毒技术等。

作为网络管理人员不能单靠其中的某个技术来实现安全。在实际操作中，没有防御重点和弱点之分，任何一点的疏漏都会带来灾难性后果，防御技术的选择也应该是复合而不是单一的。

7.1.4 入侵检测系统 IDS

对于网络安全管理人员而言，能及时发现网络中出现的入侵行为是非常有必要的，管理人员虽然可以通过日志查询和协议分析软件发现网络安全行为，但是比较麻烦，较理想的办法是采用入侵检测系统。

入侵检测（Intrusion Detection，ID），顾名思义，是对入侵行为的监测。它通过对计算机网络或计算机系统中的若干关键点收集信息并对其进行分析，从中发现网络或系统中是否有违反安全策略的行为和被攻击的迹象。进行入侵检测的软件与硬件的组合便是入侵检测系统（Intrusion Detection System，IDS）。

入侵检测系统集入侵检测、网络管理和网络监视功能于一身，能实时捕获内外网之间传输的所有数据，利用内置的攻击特征库，使用模式匹配和智能分析的方法，检测网络上发生的入侵行为和异常现象，并在数据库中记录有关事件，作为网络管理员事后分析的依据；如果情况严重，系统可以发出实时报警，使得管理员能够及时采取应对措施。入侵检测系统可以显著提高网络安全管理的质量，其在网络中的部署位置如图 7-5 所示。

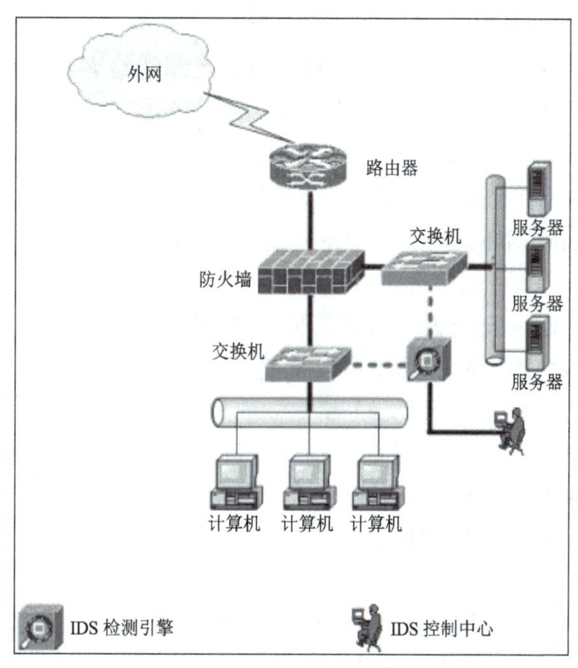

图 7-5　IDS 在网络中的部署

1. 入侵检测系统的分类

根据用于进行入侵分析的数据来源的不同，可以将入侵检测系统分为基于网络的入侵检测系统（Network-Based Intrusion Detection System）和基于主机的入侵检测系统（Host-Based Intrusion Detection System）。基于网络的入侵检测系统（NIDS）的数据来源为网络中传输的数据报文及相关网络会话，通过这些数据并根据相关安全策略进行入侵判断。基于主机的入侵检测系统（HIDS）的数据来源主要为系统内部的审计数据，通过这些数据分析、判断各种异常的用户行为及入侵事件。

入侵检测系统可以在网络的多个位置进行部署。用户需要根据自己的网络环境以及安全需求进行网络部署，以达到预定的网络安全需求。总体来说，入侵检测的部署点可以划分为 4 个位置：DMZ 区、外网入口、内网主干、关键子网，如图 7-6 所示。

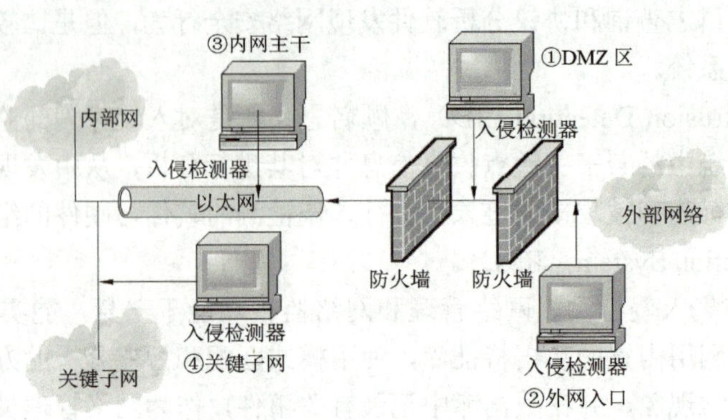

图 7-6 入侵检测系统部署位置图

2. 入侵检测系统产品简介——绿盟网络入侵检测系统

入侵检测系统产品目前还是比较丰富的，基本上都能给客户网络安全保障提供一个高效且功能完整的系统。市面上比较常见的入侵检测系统品牌有：启明星辰、绿盟、联想网御、Juniper、H3C、华赛、天融信等。

其中，绿盟网络入侵检测系统（NSFOCUS Network Intrusion Detection System，NSFOCUS NIDS）是一款比较优秀的 IDS 产品，该产品可以实现实时检测网络流量，监控各种网络行为，对违反安全策略的流量及时报警和防护，实现从事前警告、事中防护到事后取证的一体化解决方案，其产品外观如图 7-7 所示。

图 7-7 绿盟网络入侵检测系统硬件设备

绿盟网络入侵检测系统拥有高性能、高安全性、高可靠性和易操作性等特性，具备全面入侵检测、可靠的 Web 威胁检测、细粒度流量分析以及全面用户上网行为监测 4 大功能，其参数见表 7-2。该系统主要功能包括：

1）入侵检测

NSFOCUS NIDS 对缓冲区溢出、SQL 注入、暴力猜测、DoS 攻击、扫描探测、蠕虫病毒、木马后门等各类黑客攻击和恶意流量进行实时检测及报警，并通过与防火墙联动、TCP Killer、发送邮件、安全中心显示、运行用户自定义命令等方式进行动态防御。

2）Web 威胁检测

基于互联网 Web 站点的挂马检测结果，结合 URL 信誉评价技术，在用户访问被植入木马等恶意代码的网站时，给予实时警告，并录入安全日志。

3）流量分析

能够统计出当前网络中的各种报文流量，协助管理员了解实时的网络流量性质和分布，以便及时做出调整，确保关键业务能够持续运转。

4）用户上网行为监测

NSFOCUS NIDS 系统对网络流量进行监测，对 P2P 下载、IM 即时通信、网络游戏、网络流媒体等严重滥用网络资源的事件提供告警和记录入侵检测系统作为网络安全防护的重要手段。

表 7-2　绿盟 ICEYE（冰之眼）入侵检测系统详细参数

	防御类别	入侵检测系统 IDS
基本参数	系统构架	检测设备＋软件
	硬件检测功能	对黑客攻击（缓冲区溢出、SQL 注入、暴力猜测、拒绝服务、扫描探测、非授权访问等）、蠕虫病毒、木马后门、间谍软件、僵尸网络等进行实时检测及报警，并通过与防火墙联动、TCP Killer、发送邮件、控制台显示、日志数据库记录、打印机输出、运行用户自定义命令等方式进行动态防护
	软件语言版本	中文
	软件版本类型	无类型区分
	软件版本号	无
	软件功能描述	冰之眼入侵检测系统由网络探测器、SSL 加密传输通道、中央控制台、日志分析系统、SQL 日志数据库系统及绿盟科技中央升级站点几部分组成
	操作系统	Windows
	接口类型	1 个百兆以太网监听口，1 个管理口
系统要求	适用硬件环境	以太网
	适用软件环境	Windows 操作系统

目前的 IDS 还存在很多问题，首先，IDS 产品大都具有高误警（误报）率，将良性流量误认为恶性的；其次，产品适应能力低，网络技术在发展，网络设备变得复杂化、多样化，这就需要入侵检测产品能动态调整，以适应不同环境的需求；再次，缺少防御功能。另外 IDS 还存在处理速度上的瓶颈等。针对 IDS 目前存在的问题，有待于进一步完善。

7.1.5　VPN 技术

虚拟专用网络 VPN（Virtual Private Network）是一种通过公用网络安全地对企业内部专用网络进行远程访问的连接方式（VPN 连接示意图如图 7-8 所示），可以解决局域网通过互联网进行数据传输的信息安全问题。

传统的企业专网是通过租用点到点的长途 DDN 链路组建而成的。不仅建设周期长，投资大，费用高，而且一旦长途链路发生故障，维护起来也很困难，可能会影响整个网络的正常通信。所以，企业网络必须考虑如何通过公众网络来实现远程访问。

虚拟专网 VPN 可以很好地解决上述问题。之所以称为虚拟网主要是因为整个 VPN 网络的任意两个结点之间的连接并没有传统专网建设所需的点到点的物理链路，而是架构在公用网络服务商 ISP 所提供的网络平台之上的逻辑网络。用户的数据是通过 ISP 在公共网络（Internet）中建立的逻辑隧道（Tunnel），即点到点的虚拟专线进行传输的。通过相应的加密和认证技术来保证用户内部网络数据在公网上安全传输，从而真正实现网络数据的专有性。

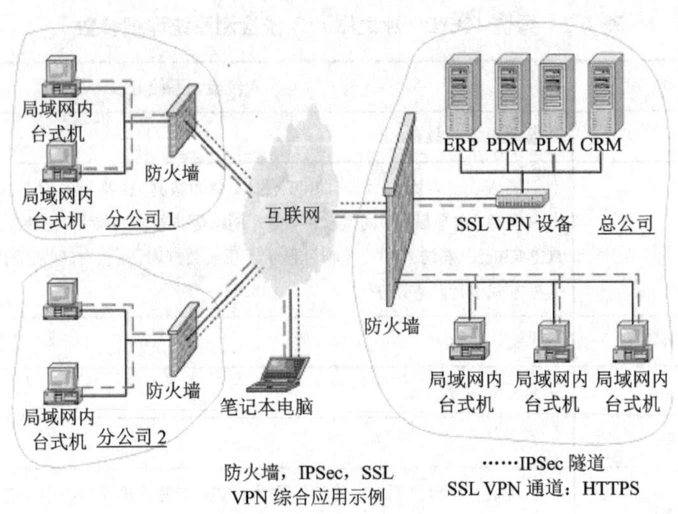

图 7-8 VPN 连接示意图

VPN 兼备了公众网和专用网的许多特点，能够充分利用现有网路资源，提供经济、灵活的连网方式，为客户节省设备、人员和管理所需的投资，降低用户的电信费用，在近几年得到了迅速的应用。

一个网络连接通常由 3 个部分组成：客户机、传输介质和服务器。VPN 同样也由这 3 部分组成，不同的是 VPN 连接使用隧道作为传输通道，这个隧道是建立在公共网络或专用网络基础之上的，如 Internet 或 Intranet。在身份验证过程中产生的客户机和服务器公有密钥将用来对数据进行加密。VPN 工作原理如图 7-9 所示。

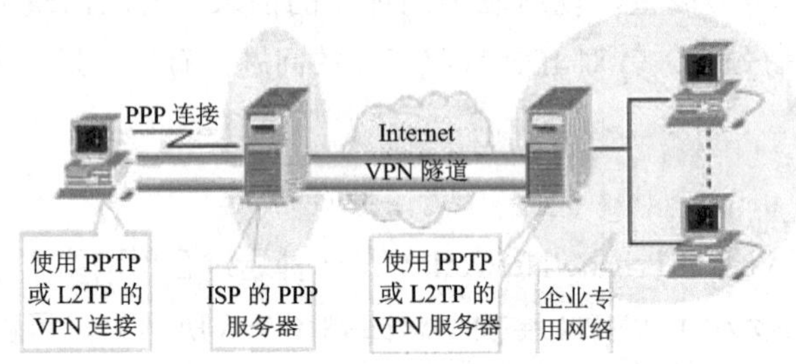

图 7-9 VPN 工作原理示意图

图 7-10 VPN 安全网关产品外观

要实现 VPN 连接，企业内部网络中需要配置有单独的 VPN 硬件服务器（见图 7-10）或者一台基于 Windows Server 2008 的 VPN 服务器，VPN 服务器一方面连接企业内部专用网络，另一方面要连接到 Internet，也就是说 VPN 服务器必须拥有一个公用的 IP 地址。当客户机通过 VPN 连接与专用网络中的计算机进行通信时，先由 ISP（Internet 服务提供商）将所有的数据传送到 VPN 服务器，然后再由 VPN 服务器负责将所有的数据传送到目标计算机。VPN 服务器将检查该用户是否具有远程访问权限，如果该用户拥有远程访问的权限，那么 VPN 服务器接受此连接。

7.2　局域网安全策略与实施

7.2.1　服务器安全设置

网络服务器是作为网络的核心节点，存储、处理网络上 80% 的数据、信息，因此也被称为网络的灵魂。对于一个网络而言，可能拥有不同类型的服务器，如 DNS 服务器、Web 服务器、邮件服务器等。因此，服务器的安全设置是非常重要的，主要内容包括：用户安全设置、密码安全设置、系统安全设置、服务安全设置等。下面介绍如何对 Windows Server 2008 服务器进行安全配置。

1. 用户安全策略设置

用户安全是网络资源安全访问的关键，在 Windows Server 2008 中，可以运用的安全策略有：

（1）禁用 Guest 账号　为了保险起见，禁用 Guest 账号时，最好给 Guest 加一个复杂的密码。

（2）限制非常用用户　禁用测试用户、共享用户等。用户组策略设置相应权限，并且经常检查系统的用户，删除已经不再使用的用户。

（3）创建两个管理员账号　创建一个一般权限用户用来收信以及处理一些日常事物，另一个拥有 Administrators 权限的用户只在需要的时候使用。

（4）把系统 Administrator 账号改名　尽管 Administrator 用户是不能被停用的，但是可以将其改名，把它伪装成普通用户，如图 7-11 所示。

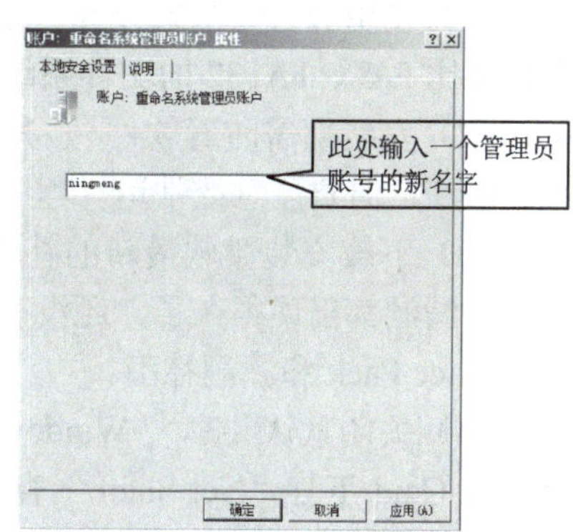

图 7-11　重命名系统管理员账号

（5）把共享文件的权限从 Everyone 组改成授权用户　任何时候都不要把共享文件的用户设置成“Everyone”组，包括打印共享，默认的属性就是“Everyone”组，一定不要忘了改。

（6）开启用户策略　使用用户策略，分别设置复位用户锁定计数器时间为 30 min，用户锁定时间为 30 min，用户锁定阈值为 3 次。

2. 密码安全策略设置

Windows Server 2008 中，无论是哪类用户都可以设置其密码口令信息，一般来说，越长越复杂的口令越能有效地实现用户访问安全。具体策略包括：

（1）将密码设置得更加复杂　在设置密码时必须要注意密码的复杂性，还要记住经常定期更改密码。

（2）开启密码策略　注意应用密码策略，如启用密码复杂性要求，设置密码长度最小值为 6 位，设置强制密码历史为 5 次，时间为 42 天，如图 7-12 所示。

（3）采用智能卡或生物技术来代替密码　对于密码，总是使安全管理员进退两难，密码设置简单容易受到黑客的攻击，密码设置复杂又容易忘记。如果条件允许，用智能卡来代替复杂的密码是一个很好的解决方法。

密码策略也可以在指定的计算机上用“安全策略”来设定，同时也可在网络中特定的组织单元中通过组策略进行设定。

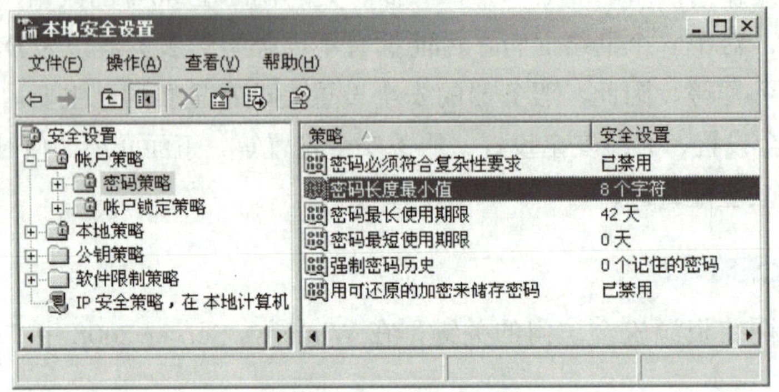

图 7-12 设置密码策略

3. 系统安全设置

（1）使用 NTFS 格式分区　服务器的所有分区都应是 NTFS 文件系统格式，NTFS 文件系统要比 FAT、FAT32 的文件系统安全得多。

（2）安装部署防毒软件　杀毒软件不仅能杀掉一些著名的病毒，还能查杀大量木马和后门程序，但要注意经常运行程序并升级病毒库，有条件的话应部署网络版本的防毒软件。

（3）下载安装微软最新的补丁程序　很多网络管理员没有访问安全站点的习惯，以至于一些漏洞都出现很久了，还没有及时升级补丁。经常访问微软和一些安全站点，下载最新的 Service Pack 和漏洞补丁。

（4）关闭默认共享　Windows Server 2008 安装好以后，系统会创建一些隐藏的共享，可以在 Cmd 下打“Net Share”查看。要禁止这些共享，可以打开“管理工具”→“计算机管理”→“共享文件夹”→“共享”在相应的共享文件夹上按右键，点“停止共享”即可。

（5）禁止修改注册表　在 Windows Server 2008 中，只有 Administrators 和 Backup Operators 才能有从网络上访问注册表的权限。

（6）利用 Windows Server 2008 的安全配置工具来配置安全策略　微软提供了一套基于 MMC（管理控制台）安全配置和分析工具，利用它们管理员可以很方便地配置服务器以满足管理需求。

4. 服务安全设置

网络中，服务开放越多，安全隐患就越多，因此，关闭不必要的服务和端口是很重要的。

（1）关闭不必要的端口　关闭端口意味着减少功能，先用端口扫描器扫描系统已开放的端口，确定系统开放的哪些服务可能引起黑客入侵。

基于 Windows Server 2008 的计算机支持几种控制入站访问。一种最简单且最强大的入站访问控制方法是采用内置的防火墙进行控制。其步骤是在本地组策略窗口，将鼠标定位于“计算机配置”→“管理模板”→“网络”→“网络连接”→“Windows 防火墙”→“标准配置文件”，如图 7-13 所示。

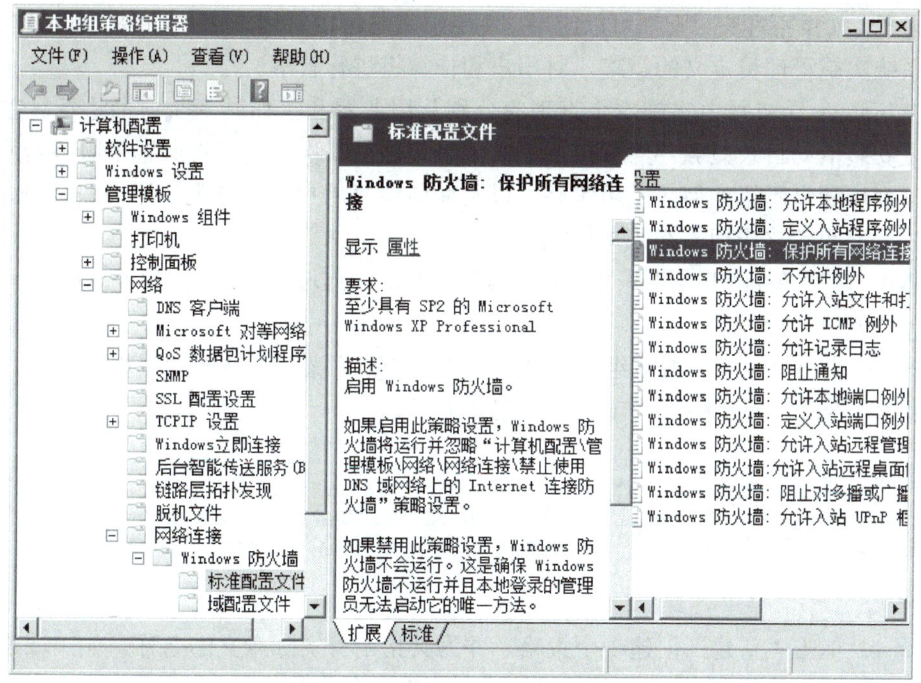

图 7-13　启用防火墙保护网络连接

（2）设置好安全记录的访问权限　安全记录在默认情况下是没有保护的，把它设置成只有 Administrators 和系统账户才有权访问。

（3）异地保护敏感文件　虽然现在服务器的硬盘容量都很大，但还是应该考虑是否有必要把一些重要的用户数据（文件、数据表、项目文件等）存放在另外一个安全的服务器中，并且经常备份它们。

以上几种安全设置并非是解决服务器安全问题的全部，但若能以制度的形式规范管理、严格操作，安全风险可以降到最低。

7.2.2　组策略实施

组策略用于从一个单独的点对多个 Microsoft Active Directory 目录服务用户和计算机对象进行配置。在默认情况下，策略不仅影响应用该策略的容器中的对象，还影响子容器中的对象。

在 Windows 操作系统中，管理员可以使用“组策略”为用户和计算机组定义用户和计算机的配置。通过使用“组策略”，Microsoft 管理控制台（MMC）可以为特定用户和计算机组创建个性化的配置。“组策略”配置包含在一个“组策略对象”（GPO）中，该对象又与选定的 Active Directory 服务容器如站点、域或组织单位（OU）等相关联。组策略对象包括两种对象——非本地和本地的组策略对象。

存储在域控制器中的非本地组策略对象只能在 Active Directory 环境下使用。它们适用于组策略对象所关联的站点、域或组织单位中的用户和计算机。本地组策略对象存储在各个本地计算机上。一台计算机上只存储一个本地组策略对象，而且它有一个在非本地组策略对象中可用的设置子集。如果两者的设置发生冲突，非本地组策略对象的设置能覆盖本地组策略对象的设置。如果不冲突，则都可以应用。使用组策略可以对用户工作环境状态只定义一次，然后靠系统实施管理员定义的策略，对用户和计算机进行管理。

在 Windows 局域网中实施安全管理应分别从服务器和工作站两个方面进行。首先应在服务器上安装活动目录服务，然后在域上实施组策略；其次应将工作站置于服务器所管理的域中。下列步骤显示了如何应用组策略，以及如何向“用户权限分配”添加安全组。

首先，将组策略应用于组织单位或域。

步骤 1：依次单击“开始”→“管理工具”→“Active Directory 用户和计算机”→“Active Directory 用户和计算机”。

步骤 2：突出显示相关域或组织单位，单击“操作”菜单，选择“属性”选项。

步骤 3：选择“组策略”选项卡，如图 7-14 所示。

知识补充

每个容器可应用多个策略。这些策略的处理顺序是从列表的底部依次向上，如果出现冲突，最后应用的策略优先。

步骤 4：单击“新建”创建一个策略，并为其指定有实际意义的名称，如“域策略”。

组策略可自动更新，但为了立即启动更新过程，可在命令提示符下使用下面的 GPUpdate 命令：GPUpdate / force。

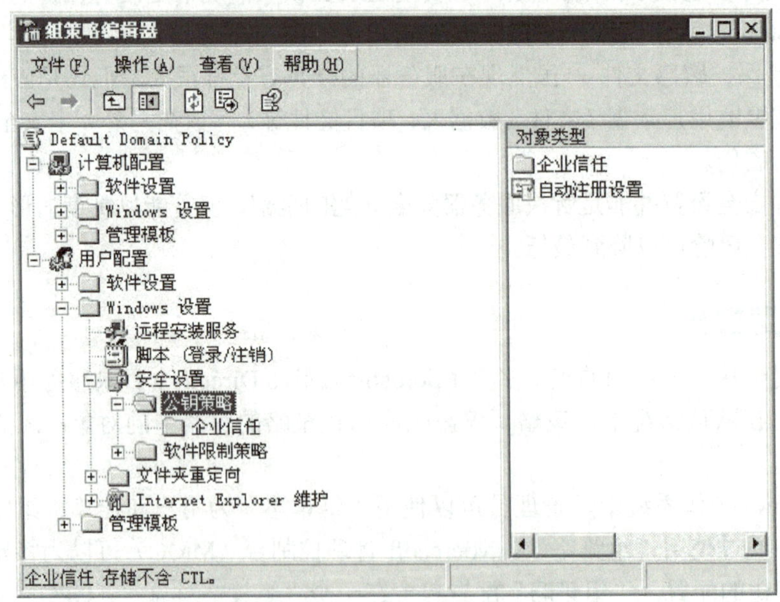

图 7-14　组策略编辑器

接着，向“用户权限分配”添加安全组。

步骤 1：依次单击“开始”→“管理工具”→“Active Directory 用户和计算机”→“Active Directory 用户和计算机”。

步骤 2：突出显示相关 OU（如“成员服务器”），单击“操作”菜单，选择“属性”。

步骤 3：单击“组策略”选项卡，选择相关策略（如“成员服务器基准策略”），然后单击“编辑”。

步骤 4：在“组策略对象编辑器”中，依次展开“计算机配置”→“Windows 设置”→“安全设置”→“本地策略”，然后突出显示“用户权限分配”。

步骤 5：在右侧窗格中，右键单击相关用户权限。

步骤 6：选中“定义这些策略设置”复选框，单击“添加用户和组”修改该列表。

步骤 7：单击“确定”，将安全模板导入组策略。

Windows 组策略有 100 多个与安全有关的设置和 450 多个基于注册表的设置，为管理用户计算机环境提供了众多的选项，某一选项一旦被设置将会作用于登录到域上的所有用户和工作站。

7.2.3　内网安全策略

目前，许多统计分析资料显示，网络受到的攻击和损失更多来自网络内部。为了有效地实现对内部网络的保护，仅仅利用防火墙、入侵检测、防病毒软件、身份认证的工具是不够的，必须要在基于分布式管理的基础上，为内部网络提供全方位的安全解决方案。

在保护内网时要注意内网安全与网络边界安全的不同，网络边界安全技术防范来自 Internet 上的攻击，内网安全威胁主要源于网络内部。恶性的黑客攻击事件一般都会先控制局域网络内部的一台 Server，然后以此为基础，对 Internet 上其他主机发起恶性攻击。因此，应在边界展开黑客防护措施，同时建立并加强内网防范策略。

在内网安全防范中，应注意以下几点：

1）限制对 VPN 的访问，可以利用登录控制权限列表来限制 VPN 用户的登录权限的级别；为限制合作企业网访问内部资源可以将他们所需要访问的资源放置在相应的 DMZ 中，不允许他们对内网其他资源的访问。

2）关掉无用的网络服务器，封闭不用的端口。

3）加强无线网络的管理。在无线网络中排除无意义的无线访问点，确保无线网络访问的强制性和可利用性，并提供安全的无线访问接口，建立可靠的无线访问。

4）在边界防火墙之外建立临时用户访问网络模块，限制临时用户访问内网的权限，创建虚拟边界防护，使攻击者无法通过受攻击的主机来攻击内网。

5）建立网络安全自动响应策略。因为大部分用户对网络安全知识非常欠缺可靠的安全决策，网络管理者要引导用户自动的响应网络安全策略，消除网络用户中存在的安全隐患。

另外，在技术上采用安全交换机、重要数据的备份、使用代理网关、确保操作系统的安全、使用主机防护系统和入侵检测系统等措施是必不可少的。

主要的内网安全软件有：内网安全管理系统、补丁分发管理系统、移动存储管理系统、网络接入控制管理系统、安全 U 盘、拨号上网监控系统等。主要品牌有：北信源、启明星辰、IP-guard 等。

以上这些方面仅是多种保障内网安全措施中的一部分，为了更好地解决内网的安全问题，需要有更为开阔的思路看待内网的安全问题。在安全的方式上，为了应付比以往更严峻的“安全”挑战，应该以动态的方式积极主动应用来自安全的挑战，因而健全的内网安全管理制度及措施是保障内网安全必不可少的措施。

7.3 防火墙技术

7.3.1 防火墙技术

防火墙（Firewall）是指设置在不同网络（如可信任的企业内部网和不可信的公共网）或网络安全域之间的一系列部件的组合。它是不同网络或网络安全域之间信息的唯一出入口，能根据企业的安全政策控制（允许、拒绝、监测）出入网络的信息流，且本身具有较强的抗攻击能力。它是提供信息安全服务，实现网络和信息安全的基础设施。

在逻辑上，防火墙是一个分离器，一个限制器，也是一个分析器，有效地监控了内部网和Internet之间的任何活动，保证了内部网络的安全，如图7-15所示。

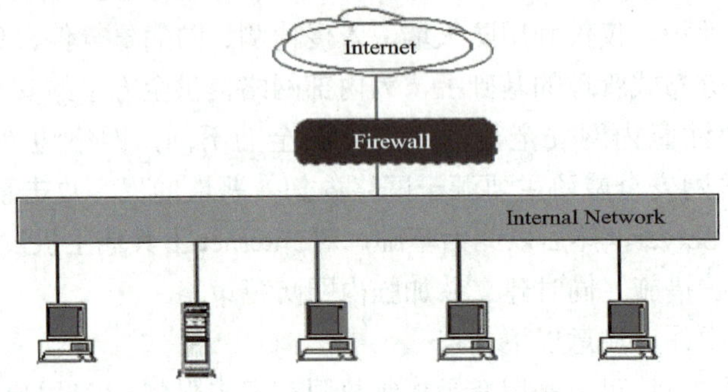

图7-15 防火墙逻辑结构

1. 防火墙的作用

（1）防火墙是网络安全的屏障　一个防火墙（作为阻塞点、控制点）能极大地提高一个内部网络的安全性，并通过过滤不安全的服务而降低风险。防火墙同时可以保护网络免受基于路由的攻击，如IP选项中的源路由攻击和ICMP重定向中的重定向路径。防火墙应该可以拒绝所有以上类型攻击的报文并通知防火墙管理员。

（2）防火墙可以强化网络安全策略　通过以防火墙为中心的安全方案配置，能将所有安全软件（如口令、加密、身份认证、审计等）配置在防火墙上。

（3）对网络存取和访问进行监控审计　如果所有的访问都经过防火墙，那么，防火墙就能记录下这些访问并做出日志记录，同时也能提供网络使用情况的统计数据。当发生可疑动作时，防火墙能进行适当的报警，并提供网络是否受到监测和攻击的详细信息。

（4）防止内部信息的外泄　通过利用防火墙对内部网络的划分，可实现内部网重点网段的隔离，从而限制了局部重点或敏感网络安全问题对全局网络造成的影响。使用防火墙可以隐蔽那些透漏内部细节如Finger、DNS等服务。Finger显示了主机的所有用户的注册名、真名，最后登录时间和使用shell类型等。防火墙可以同样阻塞有关内部网络中的DNS信息，这样一台主机的域名和IP地址就不会被外界所了解。

除了安全作用，防火墙还支持具有Internet服务特性的企业内部网络技术体系VPN。通过 VPN，将企事业单位在地域上分布在全世界各地的 LAN 或专用子网，有机地联成一个整体。不仅省去了专用通信线路，而且为信息共享提供了技术保障。

当然，防火墙也有其自身的弱点，主要有：

1）防火墙不能防范不经由防火墙的攻击。例如，如果允许从网内不受限制的向外访问拨号，一些用户可以形成与 Internet 的直接的连接，从而绕过防火墙，造成一个潜在的后门攻击渠道。

2）防火墙不能防止感染了病毒的软件或文件的传输。只能通过在每台主机上装杀毒软件的方式来防止感染病毒软件的传输。

3）防火墙不能防止数据驱动式攻击。当有些表面看来无害的数据被邮寄或复制到 Internet 主机上并被执行而发起攻击时，就会发生数据驱动攻击。

2. 防火墙的种类

（1）分组过滤型防火墙　分组过滤或包过滤，是一种通用、廉价、有效的安全手段。包过滤在网络层和传输层起作用。它根据分组包的源、宿地址、端口号及协议类型、标志确定是否允许分组包通过。所根据的信息来源于 IP、TCP 或 UDP 包头。只有满足过滤逻辑的数据包才被转发到相应的目的地出口端，其余数据包则被从数据流中丢弃。

（2）应用代理型防火墙（Application Proxy）　也叫应用网关（Application Gateway），它作用在应用层（见图 7-16），其特点是完全“阻隔”了网络通信流，通过对每种应用服务编制专门的代理程序，实现监视和控制应用层通信流的作用。实际中的应用网关通常由专用工作站实现。

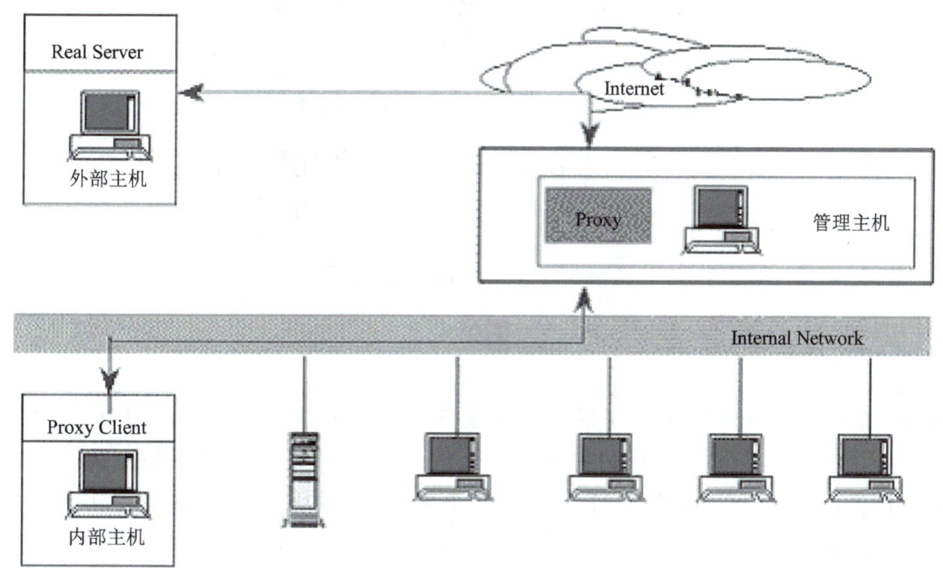

图 7-16　应用代理防火墙逻辑图

应用代理型防火墙是内部网与外部网的隔离点，起着监视和隔绝应用层通信流的作用。同时也常结合过滤器的功能。它工作在 OSI 模型的最高层，掌握着应用系统中可用作安全决策的全部信息。

（3）复合型防火墙　由于对更高安全性的要求，常把基于包过滤的方法与基于应用代理的方法结合起来，形成复合型防火墙产品，如屏蔽主机防火墙体系结构，在该结构中，分组过滤路由器或防火墙与Internet相连，同时一个堡垒机安装在内部网络，通过在分组过滤路由器或防火墙上过滤规则的设置，使堡垒机成为Internet上其他节点所能到达的唯一节点，这确保了内部网络不受未授权的外部用户的攻击。

3. 防火墙发展的新技术趋势

防火墙技术的发展离不开社会需求的变化，着眼未来，应注意到以下几个新的需求：远程办公的增长需求、内网安全需求、无线网络安全需求。

7.3.2 企业防火墙部署实例

由于网络规模的不同，在具体实践中，可以针对不同企业网环境采用不同的部署，一般利用防火墙将网络分为3个安全区域：企业内部网络、外部网络和服务器专网（DMZ区）。一般常用的安全策略是：外部网络不允许访问内部网络、内部网络用户可以根据不同的权限访问Internet资源、内部用户和外部用户只允许访问DMZ区指定服务器的指定服务。具体的环境如图7-17所示。

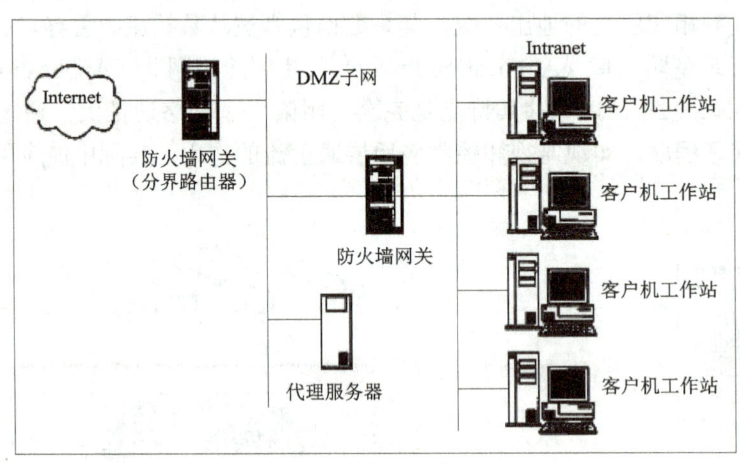

图7-17 企业环境防火墙部署

知识补充

DMZ（Demilitarized Zone）即俗称的非军事区，与军事区和信任区相对应，DMZ可以理解为一个不同于外网或内网的特殊网络区域，DMZ内通常放置一些不含机密信息的公用服务器，比如Web、Mail、FTP等。使整个需要保护的内部网络接在信任区端口后，实现内外网分离。这样来自外网的访问者可以访问DMZ中的服务，但不可能接触到存放在内网中的公司机密或私人信息等，即使DMZ中的服务器受到破坏，也不会对内网中的机密信息造成影响。内部网络一般采用私有的IP地址，DMZ的服务器可以采用公网地址，也可以采用私有地址，但是需要在防火墙上做相应的地址转换来保证外部用户对服务器的正常访问。

具体选择防火墙时，应根据网络的需求和数据流量来决定，一般建议选择硬件防火墙，如 Cisco 的防火墙，国产的天融信等也是不错的选择。

其中，思科 PIX-501-BUN-K9 是一款具有高可用性的防火墙产品，具有以下特点：支持不对称路由、远程接入和站点间 VPN 状态化故障切换、无需停机的软件升级，另外拥有智能网络服务 PIM 组播路由、服务质量（QoS）、IPv6 网络、灵活的管理解决方案、支持 SHv2 和 SNMPv2c、配置回退、可用性增强、基于 Web 的自适应安全设备管理器（ASDM）。在一般中小型企业中都可以部署试用，其设备外观如图 7-18 所示，该防火墙是一种机架式标准，2U 的高度，正面看跟 Cisco 路由器一样，只有一些指示灯，从背板看，有两个以太口（RJ-45 网卡），1 个配置口（console），2 个 USB，1 个 15 帧的 Failover 口，还有 3 个 PCI 扩展口。其主要参数见表 7-3。

图 7-18 思科 PIX-501 防火墙

表 7-3 思科 PIX-501 防火墙详细参数

	防火墙类型	企业级防火墙
基本参数	CPU	133MHz
	内存容量	16MB
	闪存容量	8MB
	网络吞吐量	60Mbit/s
	并发连接数	7500
	VPN 支持	支持
	主要功能	防火墙，VPN，入侵保护，URL 过滤
网络参数	网络管理	CSPM，PDM
	端口类型	CPU：133MHz AMD SC520，闪存：8 MB，随机存储内存 16 MB SDRAM
安全参数	过滤带宽	3Mbit/s
	人数限制	无用户数限制
	入侵检测	DoS，IDS
	安全标准	UL1950，CAN/CSA-C22.2 No. 60950-00，IEC60950，EN60950
端口参数	控制端口	RS-232
电气规格	电源电压	220
	电源功率	5W

【实例 7-1】

管理员小王要对公司新购置的一台 Cisco 防火墙进行设置，要求完成基本参数设置和端口设置、配置 IP 地址、设置访问列表，该如何操作呢。

【分析】上述设置对于一个防火墙产品来说是最基本的，其实防火墙产品和可网管的交换机和路由器一样，需要通过专用端口来进行设置，有自己专用的命令行，这些都是管理员应该熟悉的，在本例中，其基本配置步骤如下：

步骤 1：使用配置线从计算机的串口连到 PIX 防火墙的 Console 口，采用 Windows 系统里的“附件”中的“超级终端”进入 PIX 控制台（方法与第 2 章介绍的交换机和路由器连接类似），通信参数设置为默认。

步骤 2：初始化防火墙，主要设置：Date（日期）、time（时间）、hostname（主机名称）、inside ip address（内部网卡 IP 地址）、domain（主域）等，然后进行保存。

步骤 3：进入端口设置，进入 configure 模式，完成基本端口配置。

```
PIXFW>enable
Password:
PIXFW#config t
PIXFW(config)#interface ethernet0 auto
PIXFW(config)#interface ethernet1 auto
```

一般 ethernet0 连接外网（outside），ethernet1 是属于内网（inside）。

步骤 4：用命令 nameif 命名端口与安全级别。

```
PIXFW(config)#nameif  ethernet0  outside  security0
PIXFW(config)#nameif  ethernet0  outside  security100
```

说明：security0 是外部端口 outside 的安全级别（0 安全级别最高），security100 是内部端口 inside 的安全级别，如果中间还有以太口，则用 security10，security20 等命名，多个网卡组成多个网络，一般情况下增加一个以太口作为 DMZ（Demilitarized Zones 非武装区域）。

步骤 5：利用 ip address 配置以太端口 IP 地址。

例如：内部网络为：172.16.0.X 255.255.0.0，外部网络为：218.18.8.X 255.255.255.0

```
PIXFW(config)#ip address inside 172.16.0.1 255.255.0.0
PIXFW(config)#ip address outside 218.18.8.1 255.255.255.0
```

步骤 6：设置访问列表（access-list）。

访问列表有 permit 和 deny 两个功能，网络协议一般有 IP|TCP|UDP|ICMP 等，如：只允许访问主机：218.18.8.254 的 www，端口为：80

```
PIXFW(config)#access-list 100 permit ip any host 218.18.8.254 eq www
PIXFW(config)#access-list 100 deny ip any any
PIXFW(config)#access-group 100 in interface outside
```

步骤 7：地址转换（NAT）和端口转换（PAT）。

NAT 设置跟路由器基本是一样的，首先必须定义 IP Pool，提供给内部 IP 地址转换的地址段，接着定义内部网段。

```
PIXFW(config)#global (outside) 1 218.18.8.1-218.18.8.100 netmask 255.255.255.0
PIXFW(config)#nat (outside) 1 172.16.0.0 255.255.0.0
```

如果是内部全部地址都可以转换出去则：

```
PIXFW(config)#nat (outside) 1 0.0.0.0 0.0.0.0
```

步骤 8：静态端口重定向（Port Redirection with Statics）。

在 PIX 版本 6.0 以上，增加了端口重定向的功能，允许外部用户通过一个特殊的 IP 地址 / 端口并通过 Firewall PIX，传输到内部指定的内部服务器上。这种功能也就是可以发布内部 WWW、FTP、Mail 等服务器了，这种方式并不是直接连接，而是通过端口重定向，使得内部服务器很安全。

例如：外部用户直接访问地址 218.18.8.88 www（即 80 端口），通过 PIX 重定向到内部 172.16.0.88 的主机的 www（即 80 端口）。

```
PIXFW(config)#static (inside,outside) tcp 218.18.8.88 www 172.16.0.88 www netmask 255.255.255.255 0 0
```

步骤 9：显示与保存结果。

采用命令 show config，保存采用 write memory。

7.4 局域网防病毒技术

7.4.1 网络防病毒技术

在所有计算机安全威胁中，计算机病毒是最为严重的，它不仅发生的频率高、损失大，而且潜伏性强、覆盖面广。目前全球已发现 5 万余种病毒，并且还在以每天 10 余种的速度增长。而网络病毒比起单机病毒更具有危害性，它比单机病毒更易感染，更易传播和大量扩散。对于局域网来说，网络病毒通常是通过“工作站→服务器→工作站”的途径进行传播，但因为其传播方式多种多样，不但能迅速感染局域网内所有计算机，还能通过远程工作站将病毒在一瞬间传播到千里之外。更可怕的是，网络中只要有一台工作站没有清除病毒就可使整个网络重新被病毒感染，甚至刚刚完成清除工作的一台工作站就有可能被同一网络内的另一台带毒工作站感染。所以在网络上安装防网络版病毒软件才能够真正保证网络的安全。

目前常用的计算机网络防病毒技术主要有：分布式杀毒技术、病毒源监控技术、数字免疫系统技术、主动内核技术。比较理想的手段是从源程序级嵌入到操作系统或网络系统内核中的技术，实现了网络防病毒产品与操作系统的无缝集成。这样就可以保证网络防病毒模块从系统的底层内核与各种操作系统和应用环境协调工作，确保防毒操作不会伤及到操作系统内核，同时确保杀毒的功效。

所谓网络防病毒技术，一般采取管理机 / 客户机模式，可以通过全方位的网络管理，支持远程服务器和软件自动分发等机制，帮助网络管理员有效抵御网络病毒的侵袭。

7.4.2 网络防病毒软件部署实例

江民杀毒软件 KV 网络版采用新一代企业级反病毒引擎，杀毒效率更高，运行更稳定、可靠。产品采用全新 B/S 架构，并可采用无线移动控管平台，让企业用户提前进入 3G 高速通信时代。新品具有“染毒电脑隔离”、“文件自动分发”、“全网漏洞管理”等众多亮点功能，并具有详尽的病毒疫情分析、IT 资产管理等创新功能，为企业用户提供了更加强大的网络安全管理利器。

江民杀毒软件 KV 网络版采用了业界主流的 B/S 结构管理模式，C/S 结构通信模式。由控制中心、客户端（服务器客户端、普通客户端）以及及时更新的病毒库形成了全方位，立体式防病毒体系，能够有效拦截和清除目前泛滥的各种木马、蠕虫、病毒、同时还提供强大的管理功能。主要功能有：

（1）Web 方式登录管理页面　江民杀毒软件 KV 网络版，采用 IIS 信使进行配制，有效增加了控制中心的安全性和稳定性。Web 方式的登录界面，将保证所有可连接主控中心机器的客户端都能正常地进行登录，增加验证码安全认证，保障账号在网络内使用的安全性。

（2）移动管理功能　网络管理员只要拥有管理员口令，就可以通过 IE 浏览器，实现对整个网络上所有计算机的集中管理，清楚地掌握整个网络环境中各个节点的病毒状态，既方便管理员管理，又可以有效地减少网络安全风险，最大限度地为用户的网络系统提供了可靠的安全解决方案。

（3）支持 Intel AMT（Active Management Technology）技术的使用　KV 网络版支持先进的 Intel AMT（Active Management Technology）技术，通过控制中心控制支持 AMT 技术的客户端计算机，实现远程开机、客户端计算机资产的管理等功能，方便管理员对远端计算机执行远程故障排除与恢复、显著减少现场维修量，进而提高工作效率，可以有效地掌握客户端的病毒库和系统漏洞补丁的更新时间，而且不影响客户端的正常工作。

（4）完备的远程控制、权限集中管理　KV 网络版提供了强大的远程控制功能，用户通过控制中心不仅可以方便地在网络中的其他计算机上安装和卸载 KV 网络版，而且可以通过控制中心管理页面对网络中所有安装了客户端的计算机进行远程全网统一杀毒、查毒、设置、全网统一升级操作，此外加强了病毒的日志显示功能。不但减轻了管理员的工作负担，同时也极大地提高了管理员的工作效率。

KV 网络采用先进的分布式管理技术，如图 7-19 所示。调用每个节点各自的杀毒软件对该计算机上的所有文件进行全面查杀病毒，使各节点计算机可以脱离主控中心独立工作，因为江民杀毒软件 KV 网络版的每一个节点都有一个独立的杀毒引擎。由于不在网络上传输文件，既保障了每个节点使用者的隐私，又大大提高了全网查杀病毒的效率。控制中心结合移动性极强的控制中心页面实现全网方便管理：局域网内任意一台计算机均可登录控制管理页面。网络管理员通过账号和口令使用管理控制页面，即可清楚地掌握整个网络环境中各个节点客户端的病毒监测状态，对局域网进行远程集中式安全管理。

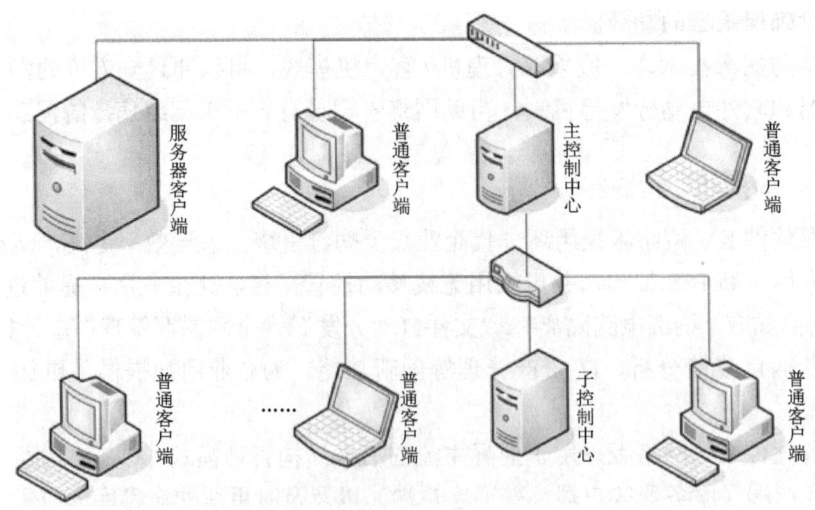

图 7-19　企业网络病毒防范体系结构

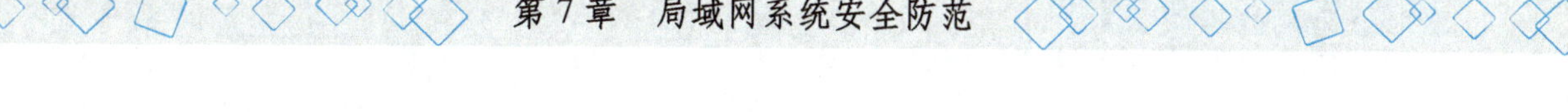

其安装与设置，请访问该公司的技术支持站点（http://kvnet.jiangmin.com/）。本书第 8 章也简单介绍了 KV 网络版的安装过程。

1. 控制中心的安装

步骤 1：安装控制中心，首先进入 KV 网络版安装光盘，双击安装图标，出现如图 7-20 所示的画面，选择“控制中心安装”。

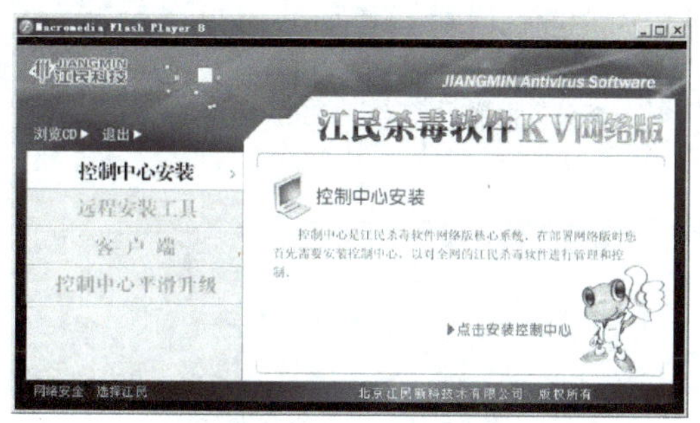

图 7-20 选择安装组件

步骤 2：如图 7-21 所示，检测控制中心配置，并确定需要安装的一些相关组件文件，选中全部组件。

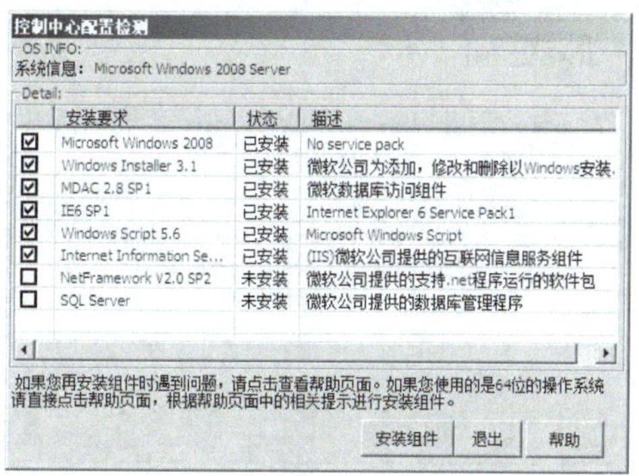

图 7-21 控制中心配置检测

步骤 3：安装相关组件，如果系统中各个组件原来已经安装过，此步骤可以省略，如图 7-22 所示。

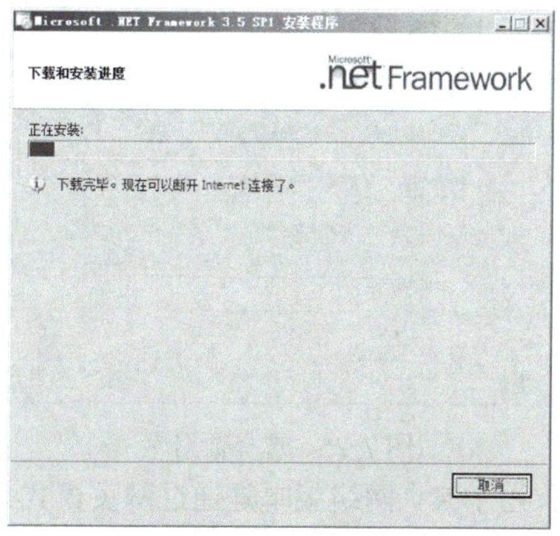

图 7-22 安装组件选项

步骤 4：进入安装向导，继续下一步安装，如图 7-23 所示。

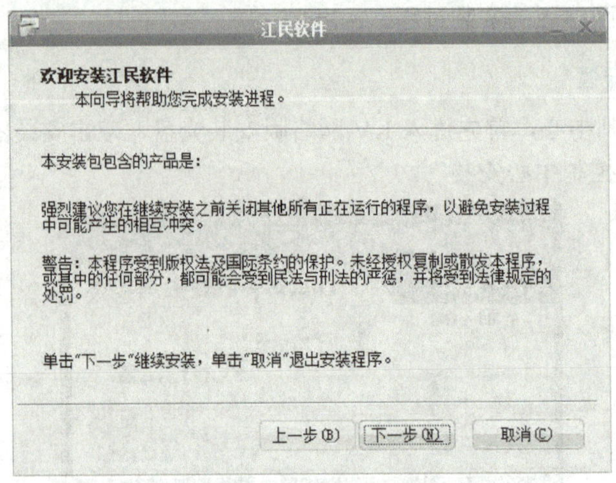

图 7-23　进入安装向导

步骤 5：如图 7-24 所示，设置控制中心模式，如果只有一台计算机作为控制中心，选择第 1 项。如果是复杂网络，需要安装子控制中心，则分别选择第 2、3 项安装。

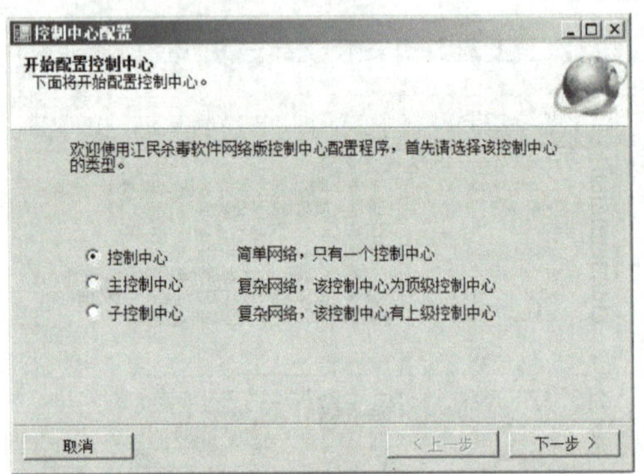

图 7-24　配置控制中心

步骤 6：控制中心配置，选择相关数据库服务器，如图 7-25 所示。

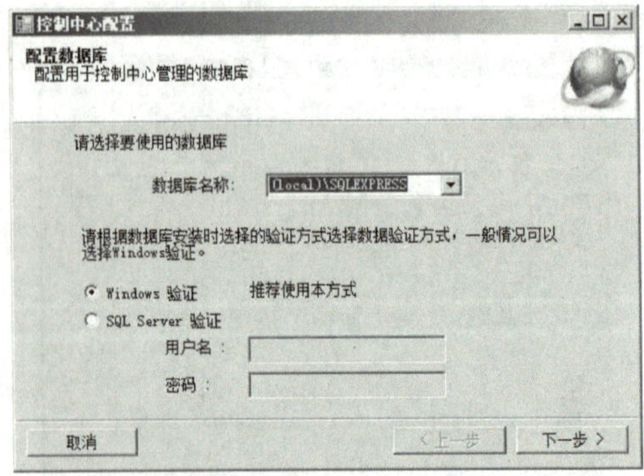

图 7-25　选择数据库

步骤 7：配置控制中心，由于 KV 网络版本是通过网页模式来进行控制中心管理，因此，需要选择管理站点的创建模式，选择“自动创建管理网站”选项，如图 7-26 所示。

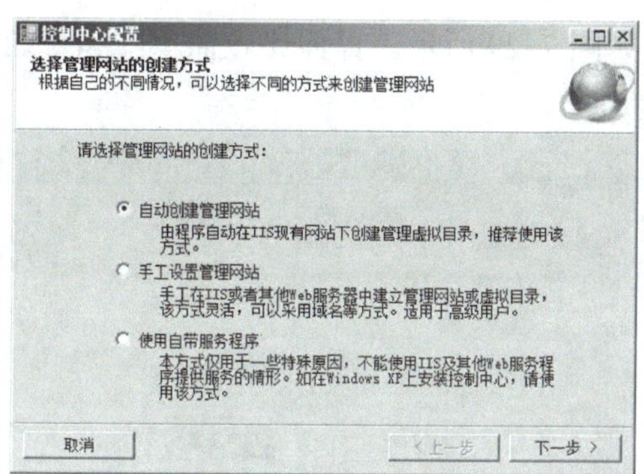

图 7-26　管理站点设置

步骤 8：启动相关服务，如图 7-27 所示。

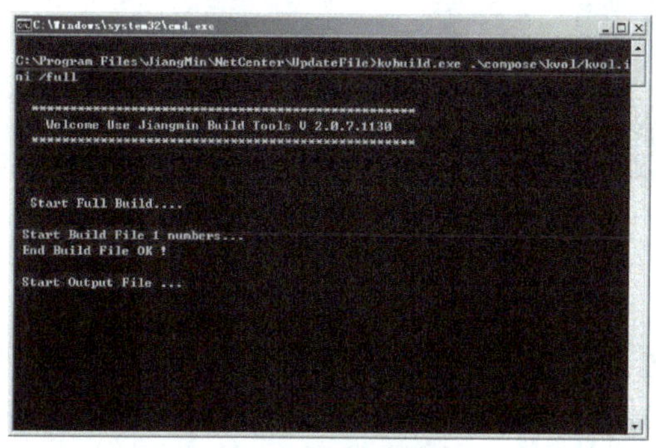

图 7-27　启动配置服务

经过上述步骤，一个 KV 网络版的控制中心就安装结束了。控制中心安装结束后，将在桌面建立快捷图标，可以单击它进入控制中心的管理网站。

2. 客户端安装

对于大部分计算机在 KV 网络版体系中应该部署客户端，客户端安装很简单：打开控制中心登录网页，点击安装客户端，也可以访问【http:// 控制中心计算机 ip 地址 /netcenter】打开客户端安装页面进行安装，选择自动或手动安装客户端，如图 7-28 所示。同时也可以将该安装包连接地址【http:// 控制中心计算机 ip 地址 /netcenter】通过邮件方式发出，或放在内部的网站公告里，使其他用户安装更加方便快捷。

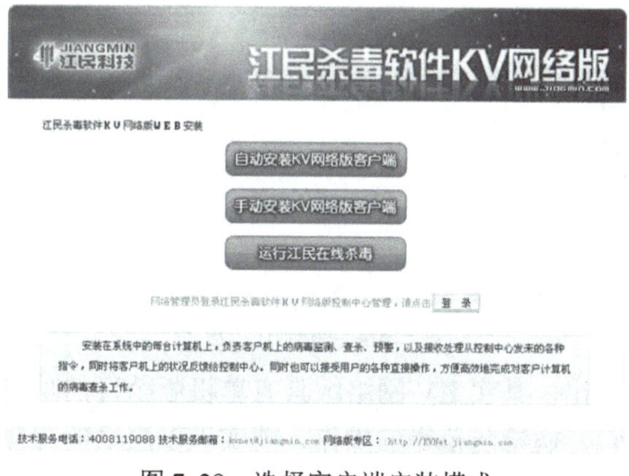

图 7-28　选择客户端安装模式

客户端安装后的界面如图 7-29 所示。界面比较简单，和普通单机杀毒软件类似。此处不再详细介绍。

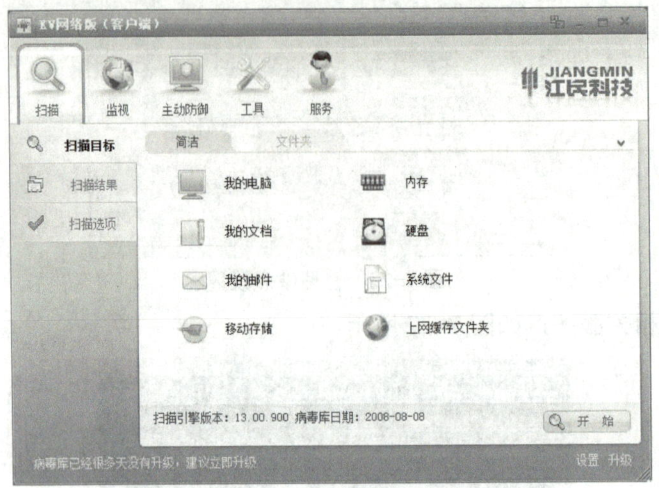

图 7-29　网络版杀毒软件客户端界面

3. 启动控制中心

在安装完成后，通过桌面上的“网络版控制中心”图标，打开控制中心的登录界面如图 7-30 所示，安装客户端及登录控制中心进行管理，在其他计算机上，可以通过访问同一页面来安装客户端及登录控制中心。通过控制中心管理员可以方便地进行全网杀毒、升级及定制全网的安全策略。系统已经建立了默认的管理用户，用户名为：admin，密码为：admin。可以使用该用户登录控制中心并在“用户管理”中创建新的用户。

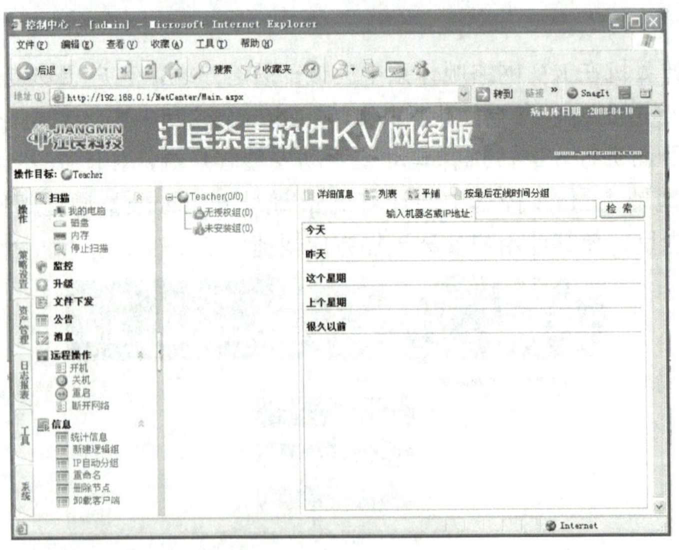

图 7-30　控制中心界面

通过上述操作不难看出，其实 KV 网络版具有单机版杀毒的功能，同时还具有在控制中心的控制下完成全网杀毒，病毒防范等的操作，能实现多层次的立体的病毒防御体系，解决企业病毒防范的问题。

7.5　课后小结与习题

小　　结

本章主要介绍了局域网安全防范知识，重点介绍了网络安全防范的基础，并详细介绍了入侵检测系统以及防火墙和网络病毒防范的相关知识。最后介绍了什么是 VPN 以及具体应用。

知 识 习 题

7-1　局域网的主要安全威胁有哪些，主要的网络防御技术有哪些？

7-2　什么是入侵检测系统，简述其基本原理。

7-3　什么是防火墙技术，其分类有哪些，如何在企业网络安装防火墙？

7-4　网络病毒的特点是什么，如何部署网络防病毒软件？

7-5　什么是 VPN 技术，作用是什么？

技 能 习 题

7-1　下载并安装 X-SCAN 漏洞检测工具，检测计算机有无安全漏洞。

7-2　设置服务器安全策略，关闭网络共享，修改 Administrator 账号用户名和口令。

7-3　从网络下载一个企业网络版的杀毒软件试用版，安装并设置，实现网络病毒防御功能。

第 8 章 局域网组建与维护综合实训

局域网组建与维护的学习由 3 个方面来决定。首先是掌握必要的理论基础，其次有扎实的实践技能，还有就是靠管理经验的积累。因此，本章将在前 7 章的基础上，安排一些必要的实训内容学习。本章计划安排的实训内容是 7 个，内容大体覆盖了劳动与社会保障部职业资格计算机网络技术人员技能考试的要求。目的是通过本章学习，将所学过的知识和技能系统化，为今后解决网络管理与维护中的实际问题奠定必要的技能基础。

实训 1　以太网网络组建

【实训背景】假设某网络有 6 台计算机，现在想连接在一起，实现资源共享，那么如何将其连接在一起实现这些功能呢？

【分析】有 6 台计算机的网络只能算是小型局域网，可以采取用双绞线 + 交换机的形式来完成，也可以采用无线局域网来实现。本次实训准备采取有线连接方式，也就是双绞线 + 交换机的方式。尽管该网络规模比较小，但是在组建一个中型网络之前，还是可以通过其了解网络软硬件的基本组成，并能完成网络中的主要设备和软件的识别。同时掌握基本的双绞线的制作、测试，并可掌握简单的网络参数配置。

1. 实训目的

1）识别网卡、线缆、交换机和 Hub（集线器）硬件设备。

2）掌握各种网线制作的材料及工具的使用方法，掌握各种网线的制作方法，包括 RJ-45 交叉接网线的制作。

3）掌握网卡的安装和配置（IP 地址与子网掩码设置）。

4）熟悉 Ping、Net、Ipconfig 等网络命令的运用。

5）掌握拓扑图的绘制。

2. 实训环境与拓扑

以组的形式进行组建，组编号从 1 到 X。每组设置交换机（8 口）1 台，Hub 1 台（可选），6 台计算机（Windows 2003/2008/XP 操作系统），RJ-45 网卡 6 块，RJ-45 压线工具，RJ-45 插头若干、5 类双绞线若干米、双绞线网络测试仪，其他网络设备（无线网络设备），拓扑图绘制软件。实训拓扑如图 8-1 所示。

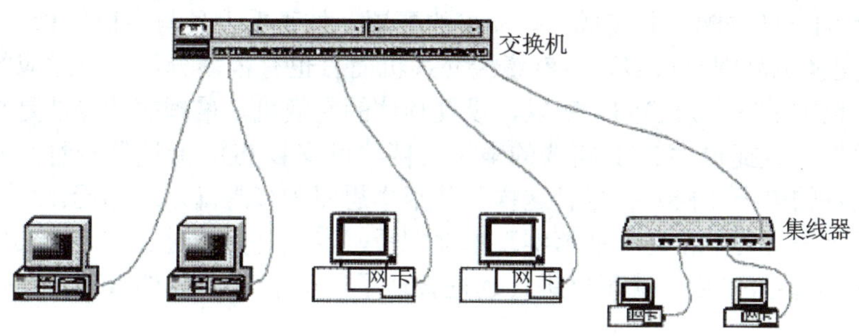

图 8-1 以太网网络组建实训拓扑

3. 实训步骤

1）首先，识别实训室内的各网络设备，说出其名称，观察其接口，并记录在纸上，要求以表格形式提供（设备名称、型号、作用、接口个数、功能）。

2）组内成员配合完成 RJ-45 网线的制作，按 T568B 标准制作 6 条 5 类（或超 5 类）双绞线（因具体的网线制作方法在前面已作详细介绍，在此不再赘述）。

3）分别用网络测试仪测试网线连通性，如有问题，重新做第 2 步。

4）把网卡分别插入到计算机空余 PCI 插槽中，然后用螺钉固定在机箱上。启动计算机，由操作系统自动搜索驱动程序，安装驱动程序。

5）将交换机电源开启，使交换机能够工作，观察其指示灯状态与各端口位置和信息。

6）用网线分别连接到交换机端口和计算机的网卡上。

7）分别设置每台计算机的 IP 地址的参数（推荐使用 C 类 IP 地址，192.168.x.x 段，建议分配方式是：192.168. 组编号 . 学号（例如：192.168.1.1），子网掩码是 255.255.255.0，网关 IP 地址统一设置为 192.168.0.1）。

8）将每台计算机的 D 盘设置为共享，共享名是“WS 学号”（例如：WS01），通过“网络邻居”相互访问共享资源。

9）练习网络命令，用 Ping 命令彼此之间检查连通性，用 Net 命令访问共享资源。并练习其他网络命令，只要能熟悉其格式及基本作用即可。

10）查看网卡的 MAC 地址（用 Ipconfig 命令或通过网络属性查看）。

11）组与组之间利用事先准备好的一根线进行连接，看是否能连通。（线缆应连接在交换机的级连口上，再就是注意 IP 地址的分配，可以将 IP 地址的第 3 部分改为相同的编号）。

12）用 PowerPoint 画出本网络的拓扑图。再用 VISIO 软件或亿图拓扑图绘制工具来完成拓扑图，比较区别。

4. 实训扩展

假设本网络改为无线网络实现，需要购买或者配置那些设备，提示：根据无线局域网的模式来决定购买设备。具体连接可通过“百度”搜索“小型无线网搭建”来实现。

实训 2 交换机的连接与配置

【实训背景】现在有一锐捷品牌的交换机锐捷 R-3670，想设置其能够被远程管理，并通过交换机进行 VLAN 分配，并完成一些简单的配置，如查看设备与端口信息。

【分析】交换机品牌有很多，单就锐捷交换机而言也有很多分类，以对应的接口与命令行方式来说，也不是完全兼容的，所以，设置具体的交换机，最理想的办法是拿到该系列的交换机帮助手册（锐捷提供 PDF 格式的电子文档，可安装 PDF 阅读器查看，本书教学资源中提供相关设备的电子文档）。尽管这样，其基本思路和步骤却基本相同。

要想实现远程管理，首先要能够实现本地配置，也就是先通过通信电缆实现本地连接，设置完 IP 地址等参数以后，就可以进行远程管理了。至于 VLAN 的管理，要规划好 VLAN 划分的原则和方法。

1. 实训目的

本实训的主要意义有两个：一个是了解交换机的基本配置与步骤，另一个是掌握模拟器软件的使用。在理解交换机的工作原理的基础上，使学生熟悉交换机管理控制台、端口选项等功能部件，并能够对交换机进行配置。主要任务有：

1）完成交换机的连接（级连，与计算机的连接），注意线缆连接。

2）在 PC 上使用超级终端（HyperTerminal）建立终端仿真会话，通过控制台线缆配置交换机。

3）切换主要交换机命令模式，熟悉交换机基本命令格式。

4）为交换机设置基本信息，如主机名、管理 IP、网关地址等。

5）在交换式以太网上划分 VLAN 并管理。

6）完成生成树协议的配置。

2. 实训环境与拓扑

以组的形式提供，组编号从 1 ～ X。每组设置可管理的锐捷交换机 2 台，具有以太网口和串行通信端口（COM 口或串口）的 PC5 台，控制台线缆。超级终端软件。

实训拓扑如图 8-2 所示。

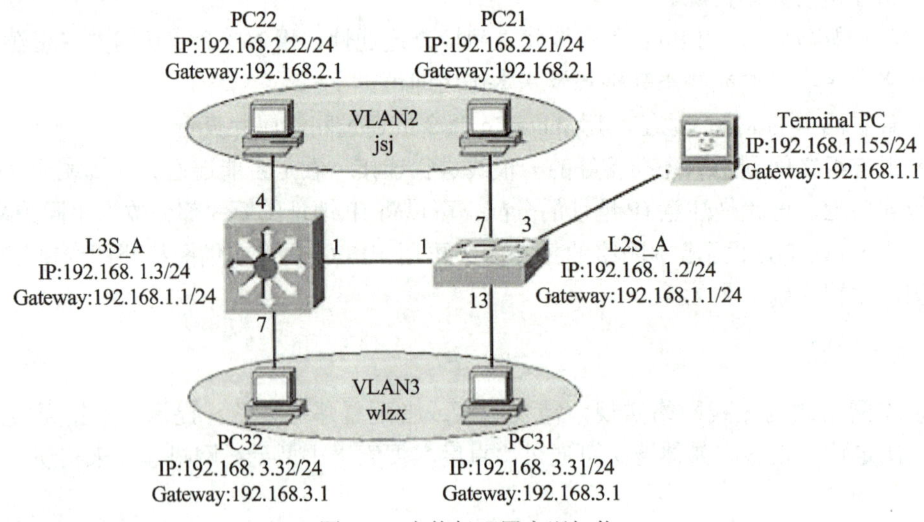

图 8-2　交换机配置实训拓扑

3. 实训步骤

交换机的连接与配置并非很复杂，具体命令模式和命令格式参考本书第 2 章与第 5 章。

（1）交换机的连接　主要完成计算机与交换机的连接；交换机与交换机级联（可采用级联端口与普通端口连接，也可以用交叉电缆来连接普通端口与普通端口）。

（2）交换机的本地连接配置　通过超级终端连接到交换机。通过通信电缆分别连接交换机的控制口和计算机，如图 8-3 所示。

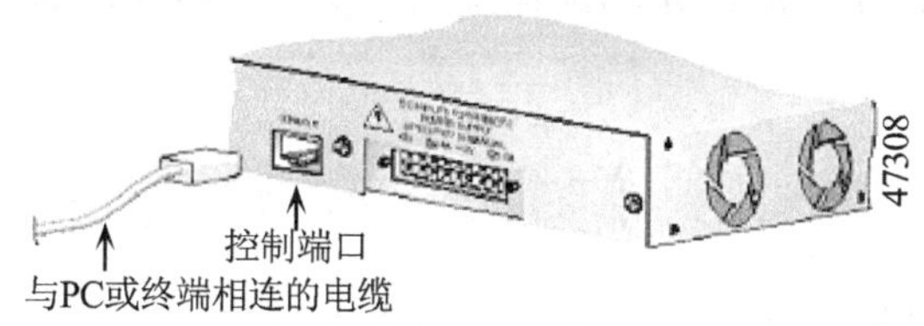

图 8-3　计算机与交换机的连接

基本步骤：在 PC 上使用超级终端（HyperTerminal）建立终端仿真会话，通过控制台线缆配置交换机。（有关参数参考硬件说明书或本书第 2 章）。查看交换机的基本信息，检查运行状态。

（3）交换机基本配置与命令练习　练习主要命令，熟悉命令格式。

1）练习交换机命令模式的切换与退出命令。

2）练习帮助命令（？）和状态显示命令（SHOW）。

3）为交换机设置基本信息，如主机名、管理 IP、网关地址等（命令参考本书第 2 章），具体参数参考实训拓扑图中的相关数据。

4）查看以太网交换机的端口 /MAC 地址映射表。

【命令简明参考】输入“en”，并输入口令，然后输入“show mac-address-table”，交换机就回送当前存储的端口 /MAC 地址映射表。

（4）VLAN 配置与管理

1）添加 VLAN。添加 2 个 VLAN，分别是 VLAN2、VLAN 3。

2）分配端口。

【命令简明参考】用 configure terminal 命令进入配置终端模式；用 interface 命令通知配置的端口号，格式是：interface < 端口号 >，例如：interface fa0/1 表示通知交换机配置的端口号为 1；分配交换机的端口号给指定的 VLAN；执行 exit 退出配置终端模式。

3）查看 VLAN 信息。

命令简明参考：输入 show Vlan，交换机就回送存储的 VLAN 配置信息，信息含义是

VLAN	Name	Status	Ports
↓	↓	↓	↓
VLAN 编号	VLAN 名字	VLAN 状态	VLAN 所包含的端口号

4）测试不同的 VLAN 之间是否可以通信，用 Ping 命令测试。

5）设置 Trunk，实现交换机端口之间的通信。

6）再次测试 VLAN 之间通信。

（5）STP 生成树实验

1）启用生成树协议。

2）配置生成树协议。

3）检测生成树协议。

4. 实训扩展

如果实验室提供的不是锐捷的交换机设备，例如思科的设备，能否借助简单的命令手册，参考锐捷交换机的设置来完成呢？另外，如果不具备网络管理交换机，命令练习可在Cisco虚拟机软件完成，并提供中文版的帮助及命令简明手册（Word文档或印刷文本），是否有把握完成相关操作呢？

实训3　路由器的连接与配置

【实训背景】假设某网络有3组计算机，属于不同的网段（C类和B类IP地址），现在想连接在一起并能够实现彼此访问，如何将其连接在一起实现这些功能呢？

【分析】不同的网段之间的计算机，由于IP地址不属于一个子网内而不能直接通信，这在网络互连中是很常见的一种现象，解决办法是分别在各自的网络出口安装路由器，通过路由器来实现彼此的通信。路由器的连接与交换机类似，但是其配置命令却不相同。

1. 实训目的

了解路由器是如何安装并连接的，熟悉常用的路由器配置命令，并能够对路由器进行简单的配置。

1）确认实训所用路由器的型号，以及它有哪些接口。

2）了解路由器的配置连接方式。

3）了解路由器的不同配置模式和命令格式参数以及常用命令。

4）通过命令查看路由器的CPU型号，RAM、NVRAM以及Flash Memory型号与参数。

5）懂得如何通过终端登录与退出路由器控制台。

6）根据网络环境要求完成路由器的简单配置。

7）完成动态路由协议、NAT的设置。

2. 实训环境与拓扑

3台锐捷路由器，6台PC，连接电缆。其拓扑图如图8-4所示。

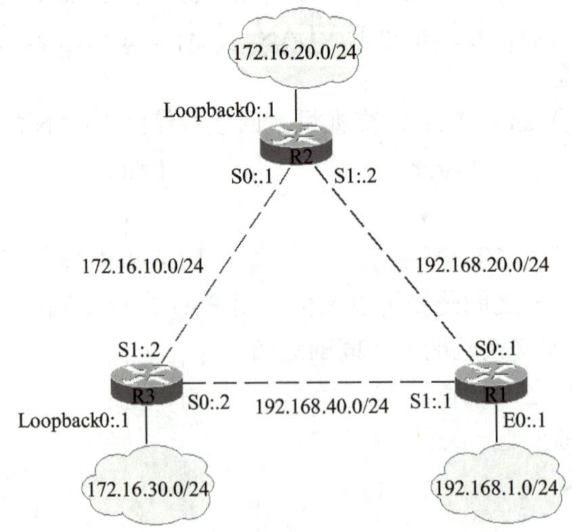

图8-4　路由器连接与配置实训拓扑图

【说明】R1、R2、R3 分别代表不同的路由器，能够实现 R1 所连接的计算机能与 R2、R3 的交换机直接通信（用 Ping 可以连通即可）。

3. 实训步骤

1）观察路由器外观以及连接口，并用通信电缆分别连接，以超级终端方式连接（分组依次进行）。如无实物，建议以图片形式提供（前面板与背面板两张图）。

2）用 Telnet 命令登录路由器，提示符为 router>，此时，练习切换路由器命令模式，例如：输入 enable 命令以及特权密码进入路由器的特权配置模式，提示符为 router#，分别切换不同命令模式比较路由器在不同模式下的提示符，把对应的提示符填入表 8-1 中。

表 8-1　路由器模式切换表

模式种类	提示符
用户模式（User EXEC Mode）	
特权模式（Privileged EXEC Mode）	
全局配置模式（Global configuration mode）	
路由配置模式（Router configuration mode）	
端口配置模式（Interface configuration mode）	

3）路由器简单命令练习。主要练习的命令有：帮助命令“?”。退出命令“EXIT”。

4）显示路由器当前配置信息。运行 show running-config 命令来获取路由器上的配置信息。并完成表 8-2 中的内容填写。（按照路由器实际情况填写，没有的内容可以不填）

表 8-2　路由器当前配置信息

配置信息	内容	Running-config 对应的命令行
E0 口 IP 地址		
E0 口子网掩码		
E1 口 IP 地址		
E1 口子网掩码		
S0 口 IP 地址		
S0 口子网掩码		
其他端口		

5）练习其他路由器 show 命令。参考命令有：

①用 show version 命令获取路由器的硬件配置信息。

②用 show running-config 获取在内存中的路由器当前的运行配置文件。

③用 show startup-config 查看在 NVRAM 中的备份配置文件。

④用 show flash 查看 IOS 文件信息。

⑤用 show interface 查看路由器端口的当前状态。

⑥用 show protocol 查看所有已配置的第 3 层协议的状态。

⑦观察每条命令输入后的现象。

6）练习路由器测试命令。主要练习 Ping 与 Traceroute 命令的使用。分别用 Ping 和 Traceroute 命令验证网络是否正常工作。

7）路由器基本参数配置。分别完成路由器的 IP 地址与相关网络参数的配置，具体参数见网络拓扑图。

8）设置路由器的静态路由表信息（参数见拓扑图），分别配置，配置后，检查当前信息，并要在 PC 上用 Ping 命令彼此测试连通性。

具体命令参考第 2 章和第 5 章，拓扑参数可以根据需要调整。

9）启用动态路由协议（分别是 RIP、OSPF），比较二者区别，详细步骤参考第 5 章。

10）启用 NAT 实现公网地址转换，步骤参考第 5 章。

11）设置访问控制列表，禁止 192.168.1.x 段计算机访问外网。

说明：相关步骤参考第 2、5 章，注意实验拓扑和第 2、5 章对比来说主要是参数发生变化。

4. 实训扩展

如果路由器采用思科或者神州数码的设备，可否借助帮助手册完成本次实训。

实训 4　网络操作系统的安装与管理

【实训背景】现在要在网络上实现资源共享，能完成文件管理、磁盘管理、打印机管理等资源共享功能。并且必须能做到具体人或群体对文件及目录的访问权限不一样。

【分析】出于安全与管理的考虑，普通的对等网络是不能完成以上任务的，在本书前面章节已经介绍过了，可以通过安装 Windows Server 2008 服务器，并建立活动目录，以组织单元的形式来组织网络各种资源。

1. 实训目的

通过本次实训，应能够独立安装 Windows Server 2008 网络操作系统，并可以完成其配置与管理。

1）掌握 Windows Server 2008 网络操作系统的安装。

2）学会管理磁盘和分区。

3）活动目录的建立与规划。

4）域控制器中建立用户和组。

5）实现工作站与服务器的连接。

6）学会设置和使用 NTFS 权限。

7）学会设置共享文件夹及共享权限。

8）掌握客户端访问文件服务器共享资源的方法。

9）学会使用 NTFS 分区的磁盘配额功能限制用户使用磁盘。

10）掌握连接物理打印机的方法，学会添加逻辑打印机和安装驱动程序。

11）学会共享打印机和设置权限。

2. 实训环境与拓扑

以组的形式进行，其环境和拓扑同实训 1。计算机安装双系统，并采用 NTFS 文件系统，要求安装活动目录服务，分别安装虚拟机软件（有关安装的实训要求在虚拟机上完成，虚拟机软件可以是 VMware 或 Virtual PC，如图 8-5 所示）。硬盘上准备好 Windows Server 2008 网络操作系统的安装光盘镜像文件（ISO 文件）。

【建议】安装过程由于涉及破坏硬盘原始数据，因此，其安装与管理安排在虚拟机软件上完成比较合适。

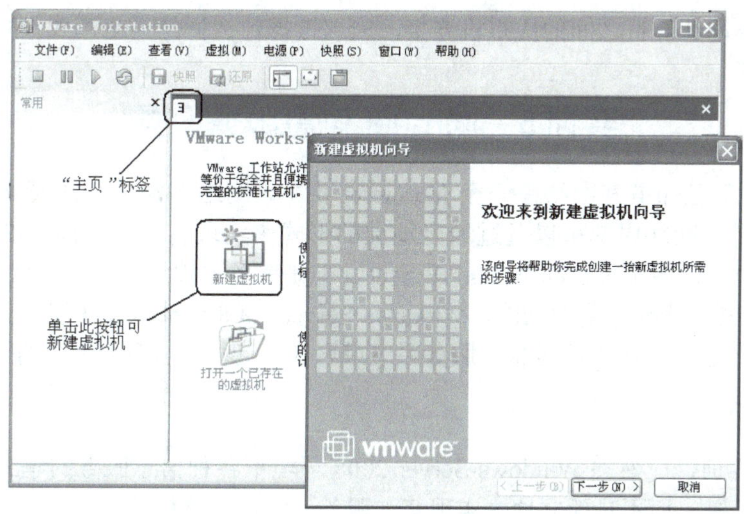

图 8-5　VMware 虚拟机界面

3. 实训步骤

1）启动虚拟机软件，认真检查服务器外设连接。

2）在虚拟机上完成系统安装，其安装步骤参考本书第 3 章，认真记载安装过程的相关资料。注意磁盘分区要合理，参数选择符合实际。

3）安装打印机驱动程序，例如：EPSON LQ1600K。

4）安装结束后，重新启动虚拟机，进入系统界面。

【说明】以下操作根据实际，分别在虚拟机和本地机完成。具体参数设置如无统一要求，可以自己定义。

5）在 D 盘建立目录 TEST（D 盘文件系统是 NTFS），设置该目录的安全属性，并观察 NTFS 文件系统的权限有哪些。

6）安装活动目录，设置相关参数（参数事先以班级形式公布）。

7）建立组织单元，名称是 OU+ 组号，如 OU01；在其下分别建立组，组名 G+ 学号，如：G01；建立用户，用户名是 U+ 学号，如：U01，使用户隶属于组。

8）设置用户属性，设置上网时间只能是在上午 8:00 ～ 12:00。

9）设置用户本地安全策略，规定用户口令必须大于 8 位。

10）将管理员用户改名，并修改口令（实训结束后，再改回）。

11）将 TEST 目录共享，共享名是组内成员的学号，设置 EVERYONE 组不能访问该共享。

12）通过网络邻居来实现资源访问，注意能否访问到，如不能，如何解决（注意用户访问权限）。

13）设置打印机共享，共享名是 PRINT+ 学号。如 PRINT01，设置其共享权限。

14）打开管理工具，分别打开"事件查看器"、"性能监视器"、"网络监视器"。观察其界面，并对系统日志进行保存，然后清除。

15）设置磁盘配额限制，设置用户对 D 盘的磁盘配额是 20MB。

4. 实训扩展

如果实现不同计算机之间的虚拟机连接，应该选择什么样的网络模式（桥接，NAT）？

实训 5　Intranet 信息服务设置

【实训背景】已知道某网络是一个 Intranet，要在该网络上提供 Web 服务、FTP 服务，同时要注意的是，网络内部可以通过域名地址的形式来实现客户端访问。IP 地址方面，为减轻管理员的负担，希望可以动态分配 IP 地址，但是服务器地址却是需要保留的。

【分析】该例所需要达到的功能，Windows Server 2008 全部可以实现，具体的步骤在第 3、4 章已经介绍过，本实训就是将各服务系统综合在一起，来实现这些服务。

1. 实训目的

通过本次实训，应熟悉 Windows Server 2008 环境下各种信息服务的建立与管理，并能有机地结合在一起，而不是孤立地去实现某一服务功能，主要任务有：

1）熟悉 Windows Server 2008 环境中“管理工具”的组成和各工具的界面。

2）会规划一个网络中 IP 地址的分配方式。

3）会通过管理工具新建 WWW 服务，完成必要的属性设置。会建立 Web 虚拟目录，对用户访问权限做设置。

4）会通过管理工具新建 FTP 服务，完成属性设置；会建立虚拟目录，限制用户的访问（通过用户限制或 IP 地址限制）。

5）能管理 DNS 服务，分别建立 WWW 服务器以及 FTP 服务器的 IP 地址与域名之间的正向解析。

6）能通过 DHCP 服务分配 IP 地址，使客户端可以自动获得 IP 地址及相关参数。

2. 实训环境与拓扑

以组的形式进行，实训环境与拓扑与实训 1 相同，其中，PC 每台都安装 Windows Server 2008 操作系统（由于网络规模小，不需要配置专用的服务器），并事先把实训需要的服务安装好（相关服务的安装不做本次实训的要求），准备好 APACHE 服务器软件，SERV-U 服务器软件（事先准备好安装说明文件）。

由于需要提供 WWW 和 FTP 服务，因此，需要在服务器上事先准备好网页文件（首页文件名是 index.htm）以及几个服务软件文件（用于 FTP 下载）。

3. 实训步骤

首先，以组的形式讨论，主题是本网内 IP 地址的选取，主机角色（本次实训建议选一台计算机充当 WWW 和 FTP 服务器，另外一台充当 DNS 和 DHCP 服务器）；每台服务器的 IP 地址和域名结构；保留 IP 地址以及需要限制的 IP 地址等。

1）按规划好的方案，设置每台计算机的 IP 地址，服务器采取固定 IP 地址，其他计算机采用自动获取的方式（由 DHCP 服务器分配）。

2）在充当 Web 和 FTP 服务的计算机上分别新建 4 个目录，分别用于 Web 主目录、Web 虚拟目录、FTP 主目录、FTP 虚拟目录。并将事先准备好的文件分别复制到这几个目录中。

3）在确定充当 WWW 服务器的计算机上，新建 Web 服务，注意 IP 地址的选择，确定主目录以及访问方式和默认文档的选择（建议改为 Index.htm）。

4）新建虚拟目录，虚拟目录名自己定义，但不要和现有目录名重复。

5）在当前服务器上，访问服务是否建立，访问方式为 http://localhost 或 http://127.0.0.1。如果可以出现事先准备好的页面则表明成功，如果不成功，检查具体参数。再进行虚拟目录的访问，看是否能够成功连接。

6）在确定充当 FTP 服务器的计算机上，新建 FTP 服务以及虚拟目录。

7）在该服务器上，访问 FTP 服务，看是否成功，访问方式 ftp://127.0.0.1。虚拟目录的访问是 ftp://127.0.0.1/ 虚拟目录名。

8）在确定充当 DNS 的服务器上，新建正向解析区域，新建域名（如：OURNET.COM)，然后新建主机，主机名为WWW，IP 地址是 WWW 服务器的 IP 地址。再新建别名记录，别名是 ftp。

9）更改充当 WWW 服务器的主机的 IP 地址属性，将 DNS 的 IP 地址改为充当 DNS 服务器的主机的 IP 地址。此时再用域名方式访问 WWW 服务，如 http://www.ournet.com，看是否能访问到。

10）在确定充当 DHCP 服务的计算机上新建 DHCP 作用域，IP 地址的范围参照事先约定的范围，并将服务器的 IP 地址保留，将对应的 DNS 参数设置好。

11）重新启动其他 PC，启动后，查看当前计算机的 IP 地址参数，分别用域名方式访问 WWW 和 FTP 服务。

12）组内成员删除当前设置，重新按照上述步骤再次完成全部操作。

13）分别安装 APACHE 和 SERV-U 服务软件，熟悉软件界面（如时间充裕，可以设置主要参数，但是建议事先停止当前的 Web 服务和 FTP 服务）。

4. 实训扩展

如果网络中有 Linux 服务器，凭借电子帮助文档，可否完成系统安装，并建立简单的 Web 服务？如果需要系统提供数据库服务，可否在老师帮助下完成数据库服务的安装和配置。

实训 6　局域网管理与维护

【实训背景】在网络运行过程中，管理员必须时刻了解服务器的运行状态，同时能够检测交换机和路由器的状态信息，并针对网络中出现的故障能够及时排除。

【分析】管理员应积极利用系统自带的一些检测工具来了解系统的运行状态，但更多的是要利用网络管理软件来实现网络系统的管理任务，故障检测和排除实际是一个经验的积累过程，但是其思路是差不多的，系统管理员必须能够针对某一故障现象根据网络运行机理去发现问题，解决问题。

1. 实训目的

通过本次实训，可以掌握 Windows Server 2008 自带管理工具的使用，掌握网络管理软件的安装与使用，并能够根据故障现象进行故障的简单排除。

1）能查看当前网络主要设备的状态信息。

2）掌握 Windows Server 2008 自带系统管理工具的使用。

3）会安装和使用常见网络管理软件。

4）掌握故障分析与排除的流程和方法。

2. 实训环境与拓扑

本实训采用分组形式，同时每两组为一协作组（用于背对背故障设置与检测），实训拓扑同实训 2，要求计算机都采用 Windows Server 2008 系统。各组交换机通过一台 24 口主交换机连接在一起，可以根据需要把整个实训室构成一个完整的网络。每组配备双绞线若干根（含有故障的双绞线 1 ～ 2 根），双绞线测试仪 1 台，双绞线压线工具一套，SiteView 网络管理软件每机一套，“超级网管”软件一套，美萍网络管理软件一套。

实训室内配置一套服务器，要求配置 IIS 服务和 DNS 服务， 服务器的参数为 IP 地址 192.168.0.1，域名为 www.ournet.com，并提供活动目录服务，事先建立好 10 个用户，用户名为 U01 ～ U10，用户口令一律为“abcdefgh”。配备路由器一台，路由器提供 NAT 服务，直接可以连接 Internet，路由器的 IP 地址是 192.16.0.88。（所有的计算机相关参数都为正常设置，能够连通并且接入 Internet）。

3. 实训步骤

1）首先，全体组员检测当前系统配置信息（包括 IP 地址、子网掩码、DNS 设置），并彼此用命令 Ping 测试连通性。检测是否可以连入 Internet，检测通过后，先断开与主交换机的连接，使每组成为一个相对独立的网络。

2）练习使用系统管理工具中自带的“事件查看器”、“性能监视器”，参照本书第 6 章，添加对 CPU 和内存的性能监视计数器，观察现象和当前值。

3）安装“超级网管”软件，扫描网络，检测网络中各主机的参数，并练习其他功能。

4）安装美萍网管软件，设置用户上网费用为每小时 2 元，练习其他管理功能。

5）安装 SiteView 管理软件，掌握安装过程，建立监测组，检测有关服务器数据。

6）测试备用的双绞线，用双绞线测试仪检测线缆是否正常（能够连通即可）。找出有故障的双绞线。

7）重新将交换机与主交换机连接在一起。远程登录到交换机和路由器，不用设置。查询当前信息，并记录相关参数信息。

8）人为设置故障点（两组相互配合，相互背对背设置故障点），故障点的范围是

①使用有故障的双绞线连接计算机与交换机。

②在交换机之间用直通线连接普通端口。

③交换机断掉电源或关闭电源开关。

④双绞线与网卡连接时候虚连或直接不连接。

⑤将 IP 地址更改为其他网段地址，如改成 B 类 IP 地址为：172.16.1.x。

⑥将子网掩码篡改。

⑦将网关 IP 地址修改为其他 IP 地址。

⑧删除 TCP/IP 协议。

【说明】可以分别在各计算机设置不同故障点。同一故障现象也可在多台机器出现。

9）两组互换位置，组内成员分工分别按照故障检测的流程，用双绞线测试仪、Ping 命

令、网络管理软件等检测系统故障，并排除。记录故障点及排除办法。

10）两组会合，互相对照检查故障检测是否到位，有无遗漏故障点，并总结故障基本解决思路。

【建议】考虑到学生初次接触网络管理与故障，所以，本次实训最重要的任务并不是熟练掌握管理与维护，这是不符合实际的，而是要掌握必要的故障排除流程与思路，因此，有关故障排除方法和管理软件的使用可以由实训中心直接提供一份故障检测对照单和软件使用手册（以 Word 文档形式提供）。

4. 实训扩展

假设现在要实现一个小型网吧，可以写出全部软硬件清单，并完成网络组建，在此基础上，实现网吧的管理功能。

实训 7　局域网安全设置

【实训背景】网络运行过程中，管理员还必须要考虑网络安全的问题，网络安全攻击可能来自网络外部也可能来自网络内部，面对网络安全威胁，一个网络管理员应该做些什么呢？

【分析】想通过某个软件或某个技术达到一劳永逸地实现网络安全是非常不现实的。网络安全的管理与防御涉及的问题很多，不可能通过一次实训解决掉，但是主要的几个方面还是有必要弄清楚的，如网络操作系统的安全设置，网络病毒的防范等。

1. 实训目的

1）掌握系统日志查看与分析方法。

2）能利用系统漏洞扫描工具检测系统漏洞。

3）掌握服务器安全策略的设置方法。

4）掌握操作系统补丁程序的安装。

5）掌握 KV 网络防病毒软件的安装过程以及 KV 网络防病毒软件在主控制中心的配置，掌握 KV 网络防病毒软件的管理。

2. 实训环境与拓扑

实训拓扑同实训 1 的拓扑图，计算机采用 Windows Server 2008 版本，系统补丁安装程序，X-SCAN 漏洞检测工具，KV 防病毒网络版安装软件（其他版本也可以，但是需要提供安装手册）。

3. 实训步骤

1）查看当前“事件查看器”中的安全日志，检查有无异常情况。

2）安装 X-SCAN 软件，检测当前系统漏洞，形成安全分析报告。

3）根据分析报告，设置系统服务，停止不必要的服务，关闭不必要的端口，停止目前不需要安装的服务。

4）在“计算机管理”工具中关闭本机的默认共享。

5）给管理员用户“ADMINISTRATOR”更改名称，修改口令。删除系统不使用的用户。

6）安装系统补丁程序。

7）修改系统安全策略，主要策略包括：

①账户策略：主要策略包括设置密码最小长度；账户锁定时间。

②审核策略：主要包括对登录事件审核、系统事件审核、账户登录事件审核。

③用户权限指派：主要包括拒绝从网络访问此计算机、拒绝本地登录、关闭系统权限。

8）再次用 X-SCAN 软件检测系统安全漏洞。

9）安装 KV 网络版防病毒软件，首先在控制中心安装 KV 网络版，并对客户端和控制台进行 KV 网络版安装与设置。

【说明】KV 网络版的安装步骤如本书第 7 章。

安装 KV 网络版时，必须首先安装控制中心，然后才能进行客户端和移动控制台的安装，而且在 1 个网段中，只能安装 1 个主控制中心。安装主控制中心之前，请先注册江民通行证（企业用户），绑定序列号以获得授权文件。具体注册方法请参照 [升级与通行证]。

4. 实训扩展

除了 KV 网络版杀毒软件，瑞星、金山等也提供了类似产品，可否自己独立完成安装过程，部署网络防病毒体系？

参考文献

[1] 严体华．网络管理员教程 [M]．北京：清华大学出版社，2009．
[2] 宋一兵．局域网组建与维护 [M]．北京：人民邮电出版社，2009．
[3] 梁军．网络管理与安全综合实训 [M]．北京：人民邮电出版社，2009．
[4] 黄健．网络操作系统与局域网管理 [M]．北京：人民邮电出版社，2005．
[5] 汪荣斌．Windows Server 2008 操作系统应用教程 [M]．北京：机械工业出版社，2010．
[6] 王鸿瑞．局域网管理必备工具 [M]．北京：人民邮电出版社，2002．
[7] 吕政周．Windows Server 2008 系统管理员实用全书 [M]．北京：电子工业出版社，2010．
[8] 甘登岱．网管员实用教程 [M]．北京：清华大学出版社，2006．
[9] 宁蒙．网络信息安全与防范技术 [M]．南京：东南大学出版社，2005．
[10] 卢振侠．实用局域网组建、管理与维护职业教程 [M]．北京：电子工业出版社，2009．